アフリカ安全保障論入門

落合雄彦 編著

晃洋書房

An Introduction to African Security
(Afurika anzenhoshōron nyūmon)
Edited by
Takehiko Ochiai

Table of Contents

Preface   *Takehiko Ochiai*

PART I: MACHINE

Chapter 1	The Military	*Akira Jingushi*
Chapter 2	Police	*Yoshiaki Furuzawa*
Chapter 3	Private Military and Security Companies	*Chizuko Sato*

PART II: STATE

Chapter 4	Conflict	*Shin'ichi Takeuchi*
Chapter 5	Collapsed State	*Mitsugi Endo*
Chapter 6	Borders	*Takuo Iwata*
Chapter 7	"Arab Spring"	*Shoko Watanabe*

PART III: GROUP

Chapter 8	Pirates	*Akiko Sugiki*
Chapter 9	Boko Haram	*Keiichi Shirato*
Chapter 10	Shabaab	*Amane Kobayashi and Shuji Hosaka*

PART IV: RELATION

Chapter 11	United States and Africa	*Norihito Kubota*
Chapter 12	France and Africa	*Shozo Kamo*
Chapter 13	China and Africa	*Shino Watanabe*
Chapter 14	South Korea and Africa	*Kyu-Deug Hwang*
		(translated by *Takehiko Ochiai*)
Chapter 15	United Nations and Africa	*Masatomo Yamaguchi*
Chapter 16	International Criminal Court and Africa	*Hideaki Shinoda*

PART V: REGION

Chapter 17	African Union	*Takehiko Ochiai and Cedric H. de Coning*
Chapter 18	Regional Economic Communities	*Takehiko Ochiai and Daniel C. Bach*

PART VI: PEOPLE

Chapter 19	Human Security	*Yutaro Sato and Yoichi Mine*
Chapter 20	Food Security	*Kenta Sakanashi*
Chapter 21	Food Sovereignty	*Yoshiaki Nishikawa*

Column 1	"South Africa as the Only State to Have Abandoned Nuclear Weapons"	*Shiro Sato*
Column 2	"African Nuclear Weapon-Free-Zone Treaty (Pelindaba Treaty)"	*Shiro Sato*

Research Institute for Social Sciences (RISS) Series Vol. 124, Ryukoku University,
67 Fukakusatsukamoto-cho, Fushimi-ku, Kyoto, 612-8577, Japan

Published in 2019 by Koyo Shobo,
7 Kitayakakecho, Saiin, Ukyo-ku, Kyoto, 615-0026, Japan

まえがき

　本書は，龍谷大学社会科学研究所共同研究プロジェクト「紛争を超えて——アフリカの平和と安全保障に関する総合的な研究の模索——」（2015-2017年度）の研究成果である．

　これまでアフリカは，しばしば「紛争の大陸」とみなされてきた．同地域では，植民地解放運動が武力紛争にまで発展することは必ずしも多くはなかったが，それでも主に1950年代から1970年代にかけて，「植民地独立解放闘争」ともいうべき武力紛争が，今日でいうところのケニア，アルジェリア，ジンバブエなどで展開された．また，独立後のアフリカ諸国では，ナイジェリア（ビアフラ），エチオピア（エリトリア），モロッコ（西サハラ）などで「分離独立闘争」が生じたり，やはり稀なケースではあるが，リビアとチャド，エチオピアとソマリア，ウガンダとタンザニアなどの間で「国家間紛争」が発生したりしてきた．しかし，なによりもアフリカをして「紛争の大陸」たらしめてきたのは，そうした「植民地独立解放闘争」や「分離独立闘争」，そして「国家間紛争」ではなく，「（国家権力をめぐる）国内紛争」の頻発にほかならない．そして，そうした「国内紛争」の発生件数がひとつのピークを迎えたのが冷戦後の1990年代であり，そのインパクトの強さもあって，これまで多くの研究者がアフリカの紛争研究に注力してきた．

　しかし，21世紀に入り，そうした状況にも変化の兆しが少しずつ見え始めている．いまなおアフリカのいくつかの地域では武力紛争が続いている．しかし，アフリカ全体を俯瞰してみると，近年，「国内紛争」に代表されるような従来の武力紛争の発生はやや沈静化しつつあるようにみえる．事実，アフリカ諸国を糾合する地域機関であるアフリカ連合（AU）は2013年，「アジェンダ2063」という半世紀後のアフリカの将来像を見据えた長期ビジョンを発表したが，そのなかで「（アフリカ大陸において）2020年までに銃声を鳴り止まらせる」という平和への希求を表明している．この「ビジョン2020」とも呼ばれる平和への希求は，なお混迷するソマリアやコンゴ民主共和国などでの紛争の現状に鑑みると，残念ながら実現しそうにはない．しかし，21世紀に入ってからのアフリカは，「紛争の大陸」から「紛争なき大陸」への脱皮を単なる夢物語としてでは

なく明確なビジョンとして語りうる段階にまで至っているのであり，本書でも後述するとおり，実際，そのためにアフリカの諸国や地域機関は，これまで様々な努力を積み重ねてきた．そうした「紛争なき大陸」の実現を目指す21世紀のアフリカは，「紛争の大陸」というレッテルを事実上甘受していた20世紀後半のアフリカとは，すでに質的にかなり異なりつつある，というのが編者の理解にほかならない．

　しかし，「紛争なき大陸」を目指す21世紀のアフリカが，果たして「平和の大陸」になりつつあるのかといえば，必ずしもそうではない．というのも，たしかにアフリカにおける武力紛争の発生状況は21世紀に入ってやや沈静化傾向を示してはいるが，かといって銃声が完全に鳴り止んだわけではなく，その一方で同地域は今日，新たな安全保障上の脅威や課題にも晒されるようになっているからである．そうしたアフリカが直面する新しい脅威のひとつがテロリズムの台頭であろう．21世紀に入ってからのアフリカでは，ソマリアのシャバーブ，ナイジェリアのボコ・ハラム，マリを中心としたサヘル地域のイスラーム・マグレブのアル=カーイダといったイスラーム主義過激組織が台頭し，襲撃や拉致といったテロ行為を繰り返すようになった．また，アフリカでは近年，従来のソマリア沖やギニア湾での海賊行為だけではなく，密輸や密漁を含む海洋安全保障上の脅威への懸念も急速に高まりつつある．さらに，ギニア，シエラレオネ，リベリアで2014年に突如発生したエボラ出血熱の感染拡大もまた，アフリカにおける感染症問題やそれへの政府の対応能力の不十分さが，当該国家や周辺地域だけではなく広く国際社会全体にとっても重大な安全保障上の脅威になりうることを鮮烈に印象づけた．

　このように21世紀のアフリカは，武力紛争だけではなく，テロ，海賊，密輸，感染症といった多種多様な安全保障課題に直面している．その意味では，今日のアフリカは，単なる「紛争の大陸」ではもはやない一方，「平和の大陸」でもない，いわば「紛争だけではない大陸」とでも形容すべきような不安定な過渡期的状況に陥ってしまっているのかもしれない．

　そして，そうした困難な状況下でいま求められているのは，「紛争の大陸」時代のアフリカ紛争研究の成果を十分に踏まえつつもそれを超えた，「紛争だけではない大陸」時代のアフリカに対応した新しい安全保障研究を構築することであろう．本書は，その嚆矢となることを意図して編まれた一書である．

とはいえ，本書は，アフリカの安全保障をめぐる最先端の研究成果や理論を駆使して難解な議論を展開しようとする専門書ではまったくない．本書は，学生や社会人を主な読者として想定しつつ，紛争を含む多様な安全保障上の脅威に晒されている今日のアフリカの状況をテーマ別に平易かつコンパクトに説明した入門書であり，別言すれば，新しいアフリカ安全保障研究の構築のために有用な基礎知識を網羅的に解説したテキストブック的な書物といえる．

本書は，6部から構成されている．第Ⅰ部では，アフリカの安全保障をめぐる諸アクターのうち，軍隊，警察，そして民間軍事・警備会社という，物理的な暴力を合法的に保持し行使する3つの「装置」に注目し，それらの史的展開や特質を論じる．第Ⅱ部では，紛争，崩壊国家，国境といった，アフリカの「国家」のあり方と密接に関わる諸テーマを取り上げる．また，2011年1月のチュニジアでの政権崩壊を発端としてアラブ世界全域に広がった「アラブの春」という政治事象についても考察する．第Ⅲ部では，第Ⅰ部において合法的な暴力装置を取り上げたのに対して，海賊，ボコ・ハラム，シャバーブという，物理的な暴力を行使する3つの非合法な「集団」を概観する．第Ⅳ部では，アフリカと域外アクターとの，安全保障をめぐる「関係」を分析する．具体的には，欧米諸国からアメリカとフランス，アジア諸国から中国と韓国，国際機関から国連と国際刑事裁判所という，地域・分野毎に2つのアクターを抽出し，各アクターによる対アフリカ安全保障関係を考察することで，アフリカの安全保障をめぐる諸関係を立体的に描き出す．第Ⅴ部では，アフリカの安全保障をめぐる「地域」的な動態を明らかにするために，AUと地域経済共同体（RECs）という，異なる2つのレベルの地域機関による地域安全保障イニシアティブを概観する．そして，第Ⅵ部では，人間の安全保障，食料安全保障，食料主権という，「人間」を中心とする非伝統的な安全保障に関連する諸事項について分析を試みる．

なお，本書の公刊にあたっては，龍谷大学社会科学研究所より出版助成を提供していただいた．ここに記して謝意を表したい．また，同研究所の北川秀樹前所長や西垣泰幸現所長をはじめ，優れた事務スタッフである廣田雅美氏，朝日さやか氏，中嶋一博氏，角谷祥子氏，荒川尚子氏，水谷素代美氏の各氏には，本書のベースとなった共同研究プロジェクトの運営から本書の編集・完成にいたるまで，実に様々なサポートを直接的あるいは間接的に提供していただいた．あわせて，お礼を申し上げたい．さらに，本書を編むにあたって様々な助言や

提言を頂戴するとともに，忍耐強く編集作業にあたっていただいた晃洋書房編集部の丸井清泰氏と坂野美鈴氏にも心から感謝したい．

2018年12月

神戸・岡本の拙宅にて

編者　落 合 雄 彦

目　　次

まえがき

第I部　装　置

第1章　軍　隊 ……………………………………………… 3

第2章　警　察 ……………………………………………… 16

第3章　民間軍事・警備会社 ……………………………… 27

コラム①　核兵器の「唯一の放棄国」南アフリカ ……… 39

第II部　国　家

第4章　紛　争 ……………………………………………… 43

第5章　崩壊国家 …………………………………………… 55

第6章　国　境 ……………………………………………… 65

第7章　「アラブの春」……………………………………… 76

第III部　集　団

第8章　海　賊 ……………………………………………… 91

第9章　ボコ・ハラム ……………………………………… 105

第10章　シャバーブ ………………………………………… 118

第IV部　関　係

第11章　アメリカとアフリカ ……………………………… 131

第12章　フランスとアフリカ ……………………………… 144

第13章　中国とアフリカ …………………………………… 158

第14章　韓国とアフリカ ·· 173

コラム②　アフリカ非核兵器地帯条約（ペリンダバ条約） ················ 182

第15章　国連とアフリカ ·· 183

第16章　国際刑事裁判所とアフリカ ·· 198

第Ⅴ部　地　域

第17章　アフリカ連合 ··· 211

第18章　地域経済共同体 ·· 236

第Ⅵ部　人　間

第19章　人間の安全保障 ·· 257

第20章　食料安全保障 ·· 267

第21章　食料主権 ·· 280

略 語 一 覧 ·· 293

人 名 索 引 ·· 305

事 項 索 引 ·· 307

アフリカ地図

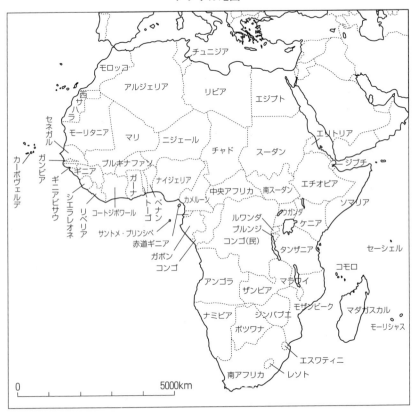

第 I 部

装置

第1章 軍 隊

はじめに

　アフリカの安全保障に軍隊が与えてきた影響は大きい[1]．これは軍隊という組織の目的や任務——自国の安全を確保するための組織的な暴力・武力の行使——を考えるならば当然ともいえる．しかし，アフリカの軍隊と安全保障との関係を理解するには，こうした組織の原理的な性質に加えて，同地域の多くの軍隊に共通する2つの特徴とそれらがもたらす影響について考えることが必要である．

　第1に，軍隊の脆弱性である．アフリカでは，しばしば軍隊は暴力的手段を独占する存在ではなく，自国の安全を確保できる能力を有していない．現在でも一部の国では無数の武装勢力が軍隊と競合または共存している．規模の面では，アフリカでは全人口に占める軍人の割合は0.2%であり，米国（同0.44%）や欧州（同0.3%）などと比較しても低い［Chuter and Gaub 2016: 15］．また，資金面でも2016年のサブサハラ・アフリカ地域の国内総生産（GDP）に占める国防予算の割合は1.25%にとどまり，米国（同3.26%）や欧州（同1.35%）などと比べて低い［IISS 2017］．アフリカの各地で現在も武力紛争が続いていることなどを考えるならば，現状の人員・予算の少なさは明らかであろう．こうした軍隊の脆弱性は，武装勢力や民間軍事会社の台頭に寄与し，アフリカの安全保障に様々な影響をもたらしてきた．

　第2に，軍隊の政治性である．歴史的に，アフリカの軍隊は国内政治の動きと密接な関係を築いてきた．一方では1960年代以降，軍隊はクーデタや軍事政権の樹立などを通じて，政治に大きな影響を与えてきた．他方で，文民の政治指導者も自らの地位・権益を守るために，軍隊を政治的ツールとして用いてきた．こうした政治性は，しばしば軍隊による一般の人びとに対する組織的な暴力・人権侵害へとつながってきた．

　本章ではこうした2つの特徴——脆弱性と政治性——を念頭に，アフリカに

おける軍隊の役割や位置づけ，その変遷を考察する．第1節では欧州諸国による植民地支配の時代から2000年代頃までの時期における軍隊の役割や変化を概観する．第2節では21世紀に入って拡大しつつある軍隊の役割，すなわち平和維持活動（Peacekeeping Operation: PKO）などの国際的な軍事作戦への参加と組織犯罪や感染症などの新たな脅威への対応について，現状やその背景を考察する．第3節では，軍隊の役割が変化しつつある現在においても，脆弱性と政治性は依然として重要な課題として残されていることを指摘する．最後に将来のアフリカの安全保障における軍隊の役割・重要性について考察する．

1　軍隊の歴史的変遷
——植民地支配から冷戦終結まで——

　アフリカの軍隊を理解するためには，その歴史的背景を知ることが必要である．ここでは，欧州諸国による植民地支配から独立を経て1990年代に至るまでの軍隊の役割や特徴，その変遷をみていく．

植民地支配と軍隊の役割
　欧州列強による植民地化が始まるはるか以前から，アフリカには軍隊と呼びうる組織が存在していた．たとえば西アフリカで6世紀頃に誕生したガーナ王国は，鉄製の武器や騎馬隊を擁する強力な軍事力を有していた［Reid 2012: 22-24］．東アフリカでも，現在のエリトリアやエチオピア北部に存在したアクスム王国が，軍事力を背景にアラビア半島にまで勢力圏を伸ばした．しかし，この時代の軍隊は，ほとんどの場合において常備軍ではなく，戦争のたびに一般の人びとを動員して編成された．軍隊は独立した組織というよりも，社会と一体的な存在だったのである［Stapleton 2013: x］．
　現在にまで続く軍隊の組織や制度の原型がアフリカで作られたのは，19世紀以降の植民地支配下でのことである．1857年にはフランス統治下でセネガル狙撃兵部隊（Tirailleurs Sénégalais）が編成され，フランス領西アフリカの治安を担[2]う組織へと発展していった．また，イギリス支配下の西アフリカでは，1897年にナイジェリア，ゴールドコースト（現ガーナ），シエラレオネ，ガンビアの各植民地部隊から構成される西アフリカ・フロンティア軍（West African Frontier Force）が創設され，のちにそれが王立西アフリカ・フロンティア軍（Royal

West African Frontier Force: RWAFF）へと改称された．さらにイギリス領東アフリカ（現ケニア）やウガンダでは王立アフリカ小銃隊（King's African Rifles: KAR）などが編成された．

　この時代における軍隊の役割は，大きく分けて2つあった．第1に，植民地支配の確立・維持である．支配が完全でない地域の安定化や現地住民による暴動・反乱の鎮圧などのためにこれらの軍隊は用いられた．たとえばケニアでは，1950年代に発生したマウマウの反乱の鎮圧にKARが重要な役割を果たした．コンゴ自由国（現在のコンゴ民主共和国）では現地の人びとにゴム採取の労働を強いるために，現地の人びとの手を切断するなどの残虐行為が公安軍（Force Publique）によって行われた．軍隊はそこに住む人びとの安全ではなく，もっぱら植民地支配あるいは欧州の宗主国の利益のために存在したのである．そのため現地の人びとは保護されるどころか，しばしば攻撃や迫害の対象となった．

　第2に，植民地軍は欧州の宗主国が戦った戦争，特に2つの世界大戦の際に動員された．第1次世界大戦では，セネガル狙撃兵部隊はドイツ領のトーゴランドやカメルーンへの攻撃，欧州の西部戦線に参加した．また第2次世界大戦では，RWAFFやKARはビルマ（現ミャンマー）に送り込まれ，日本軍と激しい戦いを繰り広げた．これらの戦争を通じて，植民地軍の規模は急激に拡大した．たとえば1930年時点でRWAFFは5000名程度に過ぎなかったが，第2次世界大戦期には25万人以上が動員されたという［Killingray 1989: 146］．

　植民地軍の特徴であり，独立後に様々な影響をもたらすこととなったのが，不平等な採用・昇進制度である．軍隊の幹部である士官は1930年代頃まで欧州の宗主国出身者によって独占され，現地の人びとが士官以上に昇進することはほとんど不可能であった．また兵士の採用では，政治的に忠実かつ戦闘や軍隊に適しているという「神話」に基づき，特定の民族や地域出身者が重点的に集められた．たとえばナイジェリアやゴールドコーストでは，北部出身者が数多く採用された［Killingray 1989: 175］．またウガンダではアチョリ，ケニアではカンバやカレンジンといった特定の民族が軍隊で大きな割合を占めた［Clayton 1989: 224-225］．こうした軍隊における民族的・地域的偏重は特にイギリスの植民地で顕著だったが，同様の政策はベルギーやフランスの植民地においてもとられた．

独立と政治化・弱体化

1950年代後半以降，アフリカの国々が次々と植民地支配からの独立を果たすと，多くの国で植民地期に確立した軍の組織や制度がそのまま継承された．しかし，独立から間もなくして，軍隊による政治への介入が各地で頻発する．1958年のスーダンを皮切りに，1960年にはコンゴ民主共和国で，1963年にはベナンとトーゴで，それぞれ軍事クーデタが発生した．その後も西・中部アフリカを中心に高い頻度でクーデタが起き，軍事政権が誕生した．ナイジェリアでは1960年の独立から1999年の民政移管までの約39年間のうち，計29年間にわたって軍隊が政権を担った［落合 2007: 49-55］．アフリカ諸国のうちクーデタを20世紀中に経験しなかったのは，エリトリア，カーボヴェルデ，南アフリカ，ナミビア，ボツワナ，マラウイ，モーリシャスのわずか7カ国にすぎない［Englebert and Dunn 2013: 150-151］．

クーデタや軍事政権に象徴されるような軍隊の政治化には様々な要因があるが，そのひとつが急速な「アフリカ化」であった．宗主国出身者で占められていた軍幹部を，独立に際して現地出身者に代えていったのである．ガーナでは1957年の独立時には士官238人中29人のみが現地出身者であった［Killingray 1989: 160］．ベルギー領コンゴの公安軍には独立した1960年時点で現地出身者としては3人の曹長（下士官）がいるのみであり，士官は皆無であった［Howe 2001: 33］．そのため多くの国で，独立前後の時期に現地軍人の登用が積極的に進められた．しかし，急激な「アフリカ化」は，政治家による軍隊の人事への介入を招くこととなった．すなわち，軍人としての能力ではなく，政治指導者との個人的な関係を持つ者が，しばしば軍幹部への昇進の際に優遇されたのである．また，一般の兵士採用では，特定の民族・地域出身者を優先するやり方が独立後も継続し，軍内部の民族的不均衡状態は多くの国で維持・拡大された．その結果，民族間の対立に伴って派閥が軍内部で形成され，将来のクーデタの素地を形成したのである［Nugent 2012: 211-212］．こうして独立後のアフリカ諸国の軍隊は急速に政治性を帯びていったのである．

政治化は，軍の弱体化にもつながっていった．独立後のアフリカ各国の政治指導者にとって軍事クーデタは，最も深刻かつ切迫した脅威となり，それを防ぐために様々な手段が用いられた．自身と同じ民族出身者の軍幹部への登用や，軍隊とは別の軍事・治安組織（大統領警護部隊など）の創設，軍事費の抑制などが行われた．また，セネガルやコートジボワールなどは旧宗主国であるフラン

スの部隊を自国内に常駐させることで，クーデタを抑止しようとした．しかし，こうした施策は軍隊の一層の政治化とともに，組織的な腐敗を助長したり，士気の低下などをもたらしたりした．その結果，1980年代末頃までに多くの国で軍隊は総じて組織として弱体化し，人びとからの信頼も失っていった．しかし，アフリカでは国家間の戦争が比較的まれであったことや，国内の治安維持や反政府運動などの弾圧が主要な任務であったことにより，軍隊の脆弱性が問題として認識される機会は少なかった［Englebert and Dunn 2013: 154］．さらに冷戦という国際環境下で，米ソをはじめとする東西両陣営が競ってアフリカの国々に対して莫大な援助や軍事介入を行ったことも，軍隊の実態を覆い隠すことに寄与した［Howe 2001: 48-49］．

武力紛争・民主化と国軍改革

　経済の停滞やそれに伴う政府の正統性の失墜，軍隊の弱体化，さらに冷戦終結に伴って域外の大国がアフリカへの関心を失ったことなどが重なった結果，1980年代末から1990年代にかけてアフリカ各地で内戦が勃発した．1970年代には13の国々で武力紛争が行われたが，その数は1980年代には20カ国，1990年代には27カ国へと増加した［Chuter and Gaub 2016: 20-21］．また，特に冷戦後は，域外の国からの軍事的支援や介入が乏しいなかで，弱体化した軍隊のみで紛争を短期に解決することもできず，長年にわたる戦闘や，それによってもたらされた貧困や飢餓などによって多くの人びとが犠牲となった．

　武力紛争は軍隊のより一層の弱体化や内部の規律低下をもたらした．たとえばルワンダでは1990年に内戦が勃発すると，わずか2年余りで5200人から5万人にまで軍隊の規模が拡大した．しかし，新たに採用された兵士の多くは失業者や経済的に困窮する農民などであり，衣食にありつくことや略奪が彼らの軍隊に入る目的であった．その結果，それまで比較的高い規律を保っていたルワンダ軍の質は大幅に低下することとなった［Howe 2001: 57］．シエラレオネでも，1991年に始まった内戦で，兵士は反政府勢力との戦闘よりも，ダイヤモンドの採掘や一般の人びとからの略奪に力を注いだり，敵対勢力への武器売却などを行ったりした［渡邉 2014: 35］．多くの国で，軍隊は紛争という問題の解決策ではなく，その一部となっていた．

　その後，1990年代中頃から2000年代にかけて各地で紛争が終結すると，軍隊の再建・改革は平和構築における重要な課題のひとつとして位置付けられた．

8 　第Ⅰ部　装　置

具体的には，軍隊や反政府勢力の武装解除・動員解除・社会復帰（Disarmament, Demobilization, Reintegration: DDR）や新しい国軍の編成，軍隊の文民統制に関わる制度の確立，兵士に対する基本的な訓練・教育の提供，兵舎などの基本的なインフラの整備などが行われた．しかし，こうした多岐にわたる課題に，紛争で疲弊した国のみで取り組むことは難しく，国際社会はアフリカ各地で軍隊の再建・改革支援を進めた．シエラレオネでは，内戦によって事実上崩壊した軍隊の再建を主導すべく，イギリスが1997年から10年以上にわたって大規模な支援を行った．

　大規模な武力紛争を回避した国でも，軍事政権や一党独裁体制下における経済的な失敗などを背景に，民政移管や複数政党制の選挙など民主化に向けた動きが1990年代以降に活発化した．そして，民主化実現における主要課題のひとつとして国軍改革が位置づけられた．長年にわたって軍部が政権の座に就いていたナイジェリアでは，1999年の民政移管から間もなくして，兵力の削減等を含む合理化，腐敗の除去，政軍関係の刷新などの国軍改革の方針が発表された[落合 2000: 35-36]．

　また，南アフリカでは1994年のアパルトヘイト体制終焉とともに，それまでの南アフリカ防衛軍（South African Defence Force: SADF）に代わり，南アフリカ国防軍（South African National Defence Force: SANDF）が創設された．SANDFのもとで，SADFやアフリカ民族会議（African National Congress: ANC）の軍事部門であるウムコント・ウェ・シズウェ（Umkhonto we Sizwe），「ホームランド」と呼ばれた複数の自治区の軍隊などが統合された．またその過程で，それまでの民族的不均衡も急速に是正された．1994年時点でSANDFにおける黒人の割合は４割弱にとどまっていたが，1997年には７割にまで増え，それまで支配的であった白人の割合は大幅に減少した[Van der Waag 2015: 292]．また国防政策の見直しでは，アパルトヘイト体制下における国内での弾圧・人権侵害の反省から，国外からの脅威に対する防衛こそが軍隊の役割であることが強調された[Le Roux 2005: 256]．

2　軍隊の新たな役割

　21世紀に入り，アフリカにおける軍隊の役割は変化しつつある．本節では特にPKOなどの国際的な軍事作戦への参加と，密猟などの組織犯罪やテロ，感

染症などの多様な脅威への対応という2つに焦点を当てて，軍隊の役割の変化とその背景について考える．

国際的なPKO・軍事作戦

　冷戦終結後，アフリカで頻発した武力紛争に対して，国連はPKOを通じて停戦の監視や和平合意の履行促進，平和構築などに取り組んだ．それに対してアフリカの国々は1990年代末以降，軍部隊の派遣を大幅に拡大させた．1997年時点でPKOに部隊を派遣していたのは，わずか4カ国（ガーナ，ザンビア，ジンバブエ，ナミビア）のみであったが，2015年には34カ国にまで急増した．派遣要員の総数も，同時期に1392人から4万5000人を超えるまでに増加した（図1-1）．また，2017年末時点で8000人以上がPKOに参加し，世界最大の部隊派遣国となっているエチオピアをはじめとして，ルワンダ，タンザニア，エジプト，ガーナの5カ国が国連PKO部隊派遣上位10カ国に名前を連ねている．

　また，国連PKOだけでなく，アフリカ連合（African Union: AU）や西アフリカ諸国経済共同体（Economic Community of West African States: ECOWAS）などの（準）地域機構が設置・主導するPKOあるいは軍事作戦も1990年代末以降，活発化している．こうした地域主導のミッションは，停戦監視を目的とするものから，特定の武装勢力やテロ組織の掃討を目指すもの，そして，選挙結果の履行を促

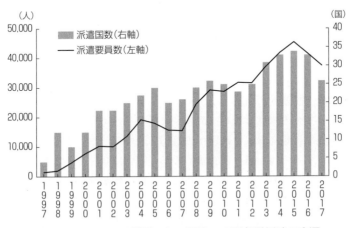

図1-1　アフリカ諸国からの国連PKO軍部隊派遣の変遷
注）各年とも12月末時点の数値．ただし1998年は11月末時点での数値．
出所）United Nations Peacekeeping Websiteをもとに筆者作成．

すものまで，その目的・任務は様々であるが，いずれにおいても軍隊は中心的な役割を担っている．

　国連あるいは地域主導のPKO・軍事作戦に部隊を派遣する理由は国によって様々である．たとえばエチオピアは，自国周辺のミッション（スーダンのダルフール，スーダン・南スーダン国境のアビエ，南スーダン，ソマリア）にのみ部隊を派遣している．これらの地域の安定化を通じて自国の安全保障を確保することが，エチオピアのPKO等への参加の重要な動機のひとつとなっているのである［Dersso 2017］．またエチオピアと同様に多数の要員をPKOに派遣するルワンダは，1994年に自国で起きたジェノサイドとその際に無力だった国連PKOの失敗を繰り返してはならないという政治的決意が，積極的貢献の重要な背景となっている［Beswick and Jowell 2014］．また，これ以外にも政治的理由（紛争の帰趨への影響力保持など），経済的なメリット（国連や先進諸国からの補償金・援助への期待）あるいは軍事的理由（軍隊の練度の向上）なども各国の部隊派遣の動機となっている．

　こうしたアフリカ諸国による取り組みに呼応するかたちで，国際社会からの支援も増大している．米国は1997年以降，アフリカ各国によるPKO部隊派遣を促進するために，教育・訓練面での支援や装備・物資の提供などを行っている．また，欧州連合（European Union: EU）も2000年代初めからAU主導のミッションに莫大な資金援助を行っている．特にアフリカ連合ソマリア・ミッション（African Union Mission in Somalia: AMISOM）に対してはこれまでに12億ユーロ以上の支援をしており，その大半は軍事要員の派遣手当に充てられている［山下・神宮司 2017］．

多様な脅威・課題への対応

　近年，アフリカの軍隊はテロや海賊・密猟などの組織犯罪，自然災害，感染症など，多様な脅威あるいは課題への対応を求められるようになっている．たとえば象牙やサイの角を狙う密猟組織の重武装化に伴って，警察や自然保護官（レンジャー）のみで対応することが困難となり，軍隊が派遣されるケースが増えている．南アフリカ北東部のクルーガー国立公園では2000年代後半以降にサイの密猟が急増したことを受けて，2011年にSANDFが動員された．このほかにもカメルーン，ジンバブエ，ボツワナなどで，密猟組織の取り締まりのために軍隊が活用されている［Carlson et al. 2015: 25-27］．

また，2014年に西アフリカでエボラ出血熱が流行した際にも軍隊は様々な役割を担った．シエラレオネでは，医療従事者や治療施設などの安全確保のほか，複数の治療施設の運営や遺体の埋葬などに軍隊が携わった．さらに，エボラ対策における政府の司令塔である国立エボラ対策センター（National Ebola Response Centre: NERC）のトップには退役軍人でもある国防大臣（当時）が就任するとともに，軍隊はNERCの組織運営に深く関与することとなった［Ross et al. 2017: 16-17］．

他方，ルワンダでは，ウムガンダ（Umuganda）と呼ばれる伝統的な社会奉仕活動に参加して，地域の清掃や植樹，貧困層のための住居建設を行ったり，2009年から始まった陸軍週間（Army Week）と呼ばれる期間中には，医療の無償提供や道路や橋，学校などの建設・補修などを行ったりするなど，軍隊は社会福祉的な活動に従事している．

軍隊がこうした様々な役割を担う機会が増えた背景には，アフリカにおける政府機関の脆弱性という問題がある．すなわち，エボラ出血熱のような突発的事態や重武装した犯罪組織等の脅威に対して，効果的に対処するための資源や能力を多くの政府機関が有していないのである．また，一部地域を除いて内戦が終結したことで，PKOやこれらの非軍事的な任務に取り組む能力的余裕が各国の軍隊に生まれたこと，人びとの関心が武力紛争などの狭義の安全保障課題から，貧困や疾病，組織犯罪といった社会経済的な課題に移りつつあることも軍隊の役割の多様化に寄与していると考えられる．さらに，こうした人びとの生活により近い任務に携わることで，軍隊も自らの存在意義を示すことが可能となる．

3　軍隊をめぐる課題

これまでみてきたように1990年代末以降，国軍改革やPKO参加などアフリカの軍隊を取り巻く環境は大きく変化しつつある．その一方で，各国の軍隊は依然として様々な課題に直面している．ここでは，特に脆弱性と政治性という2つの特徴の克服について考察する．

資源的制約の克服

PKOなどに参加する機会が増えたことで，アフリカの軍隊の脆弱性，特に

装備・資金面での不足がこれまで以上に明らかとなっている．特にソマリアやサヘル地域のミッションでは，武装勢力が用いる即席爆発装置（Improvised Explosive Device: IED）が深刻な脅威となっているが，IED対処に必要な装備や訓練は米国などの域外国からの援助に依存する状況が続いている．また，すでに触れたとおり，AMISOM要員の派遣手当はもっぱらEUが負担するなど，資金面でも域外国・機関からの援助が欠かせない状況が続いている．しかし，こうした支援が将来にわたって安定的に行われるという保証はない．AU独自の財源の拡充など，近年，対外的な依存を克服する取り組みが進められているものの，今後も資金や装備をはじめとする資源的な制約が，PKOや様々な軍事作戦を効果的に行う上でのボトルネックとなる可能性は高い．

脱政治化

アフリカ各国における国軍改革の取り組みにおいて，脱政治化は主要な目標のひとつであったにもかかわらず，依然として軍隊が国内政治に介入するケースが後を絶たない．2017年11月にはジンバブエで，それまで30年以上の長きにわたって同国に君臨したロバート・ムガベ（Robert Gabriel Mugabe）大統領が軍隊によって辞任に追い込まれた．このほか，2010年以降に限ってみても，ニジェール，エジプト，ギニアビサウ，マリ，ブルキナファソで軍隊によって政権が倒されており，失敗したものも含めれば少なくとも11カ国がクーデタを経験している．アフリカの多くの国で，軍隊の脱政治化は引き続き重要な課題として残されているのである．

脱政治化が困難な理由としては様々なものが考えられる．第1に，アフリカではクーデタは政治的な問題を解決するために必要な最後の手段として，一般の人びとにもしばしば許容されてきたことが挙げられる［Englebert and Dunn 2013: 151］．第2に，民主化の限界である．1990年代以降に各地で民主化が進められた後も，政治指導者による自身の支持勢力への経済的便益の優先的分配（パトロン・クライアント関係）や民族間の亀裂などの基本的な社会経済構造が多くの国で維持された．そしてそれは軍隊が政治的に中立な立場を保つことをしばしば困難なものとしている．たとえば，ブルンジでは2000年代以降，国軍改革が進められたが，2015年に民族的基盤が異なる政治勢力間の対立が再燃すると，これに影響を受ける形で軍内部でも民族間の亀裂が表面化し，軍隊の再政治化が進んでいった［Wilén et al. 2018］．第3に，PKOなどの新たな任務も軍隊によ

る政治への働きかけを促している可能性がある．1991年以降，西アフリカで起きた兵士による暴動のうち，少なくとも10件が，PKO派遣から生じた不満を背景とするものであった［Dwyer 2015: 207］．このように軍隊の政治性の克服は，単に制度や組織を変えるだけで解決する問題ではなく，人びとの認識や各国の社会経済システムなどとも関わる根の深い課題であり，長期的な取り組みが必要とされているのである．

おわりに

　軍隊はアフリカの安全保障に様々な，そして重要な影響をもたらしてきた．特に，軍隊の脆弱性と政治性という2つの特徴は，現在も続く武力紛争や不安定化の要因のひとつとなってきた．21世紀に入り，民主化や国防改革などを経て，軍隊の役割はPKOや組織犯罪の対処などを含めて多様化しつつある．しかし，資源的制約の克服と脱政治化は引き続き各国政府・軍にとって喫緊の課題として残されている．

　本章の結びに代えて，これらの課題を抱えた軍隊の将来における役割・存在意義について考えてみたい．すなわち，武装勢力や民間軍事会社など様々な軍事的アクターが存在するなかで，アフリカにおける軍隊の重要性とは何かという問題である．

　非正規あるいは非国家のアクターと比較した際の軍隊の重要性は，軍事的な能力ではなく，その正規性，すなわち主権国家の正式な組織・制度であることから生じることになろう．つまり，国際機関である国連のPKOは引き続き各国の正規軍が主に担うことが期待されるであろうし，また，域外国からの軍事的な協力についても，非正規の武装勢力よりも正規の軍隊が基本的な支援対象であり続ける可能性が高い．こうしたことから，主権国家体制が続く限り，軍隊は引き続きアフリカの安全保障における重要なアクターとして存在し続けることになると考えられる．

　しかし，経済的にひっ迫するアフリカの多くの国々において，国防費や軍隊の存在を正当化するためには，一般の人びとからの理解や支持を得ることが少なくとも長期的には必要不可決である．そして，そのためには政治性と脆弱性という課題の克服とともに，多様化する軍隊の行動や任務に対する説明責任や透明性を確保し，人びとからの信頼を高めていくための取り組みがますます重

14　第Ⅰ部　装　置

要となるであろう．

注
1）本章は，アフリカ各国の正規軍（国軍）のみを扱う．非正規の治安組織や武装勢力，
　　傭兵，民間軍事会社などは考察の対象外である．
2）現在のギニア，セネガル，コートジボワール，ニジェール，ブルキナファソ，ベナン，
　　マリ，モーリタニアにまたがる地域．
3）一般に軍隊の階級は上から順に士官（将校），下士官，兵卒に分類できる．士官はさ
　　らに将官，佐官，尉官に分かれる．下士官は曹長・軍曹・伍長などからなり，士官の命
　　令に基づいて兵卒の指揮・統率などを担う．
4）またケニアでは，マウマウの反乱を主導したキクユが軍隊から排除されたことで民族
　　的な不均衡はより高まった．

参考文献
邦文献
落合雄彦［2000］「転換期を迎えた国軍と国防政策」，望月克哉編『ナイジェリア――第四
　　共和制の行方――』アジ研トピックレポートNo. 39: 22-39.
　　――――［2007］「ナイジェリア軍政期における個人支配」，佐藤章編『統治者と国家――
　　アフリカの個人支配再考――』日本貿易振興機構アジア経済研究所，47-84.
山下光・神宮司覚［2017］「平和維持活動派遣国に対する国際支援」『防衛研究所紀要』20
　　(1): 1-36.
渡邉覚［2014］「紛争後の治安部門改革と軍・警察の役割――シエラレオネを事例に――」
　　『防衛研究所紀要』17(1): 21-48.
欧文献
Beswick, D. and M. Jowell [2014] "Contributor Profile: Rwanda," Providing for
　　Peacekeeping (http://www.providingforpeacekeeping.org/ 2018年1月7日閲覧).
Carlson, K., J. Wright and H. Dönges [2015] "In the Line of Fire: Elephant and Rhino
　　Poaching in Africa," in Small Arms Survey ed., *Small Arms Survey 2015: Weapons
　　and the World*, Cambridge: Cambridge University Press.
Chuter, D. and F. Gaub [2016] *Understanding African Armies*, Paris: EU Institute for
　　Security Studies.
Clayton, A. [1989] "The British Military Presence in East and Central Africa," in
　　Clayton, A. and D. Killingray eds., *Khaki and Blue: Military and Police in British
　　Colonial Africa*, 197-270.
Clayton, A. and D. Killingray, eds. [1989] *Khaki and Blue: Military and Police in British
　　Colonial Africa*, Athens: Ohio University Center for International Studies.
Dersso, S.A. [2017] "Contributor Profile: Ethiopia," Providing for Peacekeeping (http://
　　www.providingforpeacekeeping.org/ 2018年1月7日閲覧).

第 1 章　軍　隊　　15

Dwyer, M. [2015] "Peacekeeping Abroad, Trouble Making at Home: Mutinies in West Africa," *African Affairs*, 114 (455) : 206–225.

Englbert, P. and K.C. Dunn [2013] Inside African Politics, Boulder: Lynne Rienner.

Howe, H.M. [2001] *Ambiguous Order: Military Forces in African States*, Boulder: Lynne Rienner.

International Institute for Strategic Studies (IISS) [2017] *The Military Balance 2017*, London: The International Institute for Strategic Studies.

Killingray, D.[1989] "The British Military Presence in West Africa," in Clayton, A. and D. Killingray, eds., *Khaki and Blue: Military and Police in British Colonial Africa*, 143–195.

Mbaraga, J. [2017] "Rwanda: Army Week to Address Human Security Issues," *The New Times*, May 4 (http://allafrica.com/ 2018年1月7日閲覧).

Nugent, P. [2012] *Africa since Independence*, second edition, Basingstoke: Palgrave Macmillan.

Reid, R. J. [2012] *Warfare in African History*, New York: Cambridge University Press.

Ross, E., G. H. Welch and P. Angelides [2017] *Sierra Leone's Response to the Ebola Outbreak: Management Strategies and Key Responder Experiences*, London: Chatham House (https://www.chathamhouse.org/ 2018年1月9日閲覧).

Le Roux, L. [2005] "The Post-Apartheid South African Military: Transforming with the Nation," in Rupiya, M., ed. *Evolutions and Revolutions: A Contemporary History of Militaries in Southern Africa*, Pretoria: Institute for Security Studies, 235–268.

Stapleton, T.J. [2013] *A Military History of Africa, Vol. 1, The Precolonial Period: From Ancient Egypt to the Zulu Kingdom (Earliest Times to ca. 1870)*, Santa Barbara: Praeger.

Van der Waag, I. [2015] *A Military History of Modern South Africa*, Johannesburg and Cape Town: Jonathan Ball Publishers.

Wilén, N., G. Birantamije and D. Ambrosetti [2018] "The Burundian Army's Trajectory to Professionalization and Depoliticization, and Back Again," *Journal of East African Studies*, 12(1): 120–135.

ウェブサイト

United Nations Peacekeeping Website (https://peacekeeping.un.org/en 2018年3月23日 閲覧).

(神宮司 覚)

第2章　警　察

はじめに

　「迷子の迷子の子猫ちゃん，あなたのおうちはどこですか」と始まるのは，2006年に「日本の歌百選」に選定された「犬のおまわりさん」である．この歌では，犬のおまわりさんが迷子の子猫と一緒に途方に暮れるという（少し頼りないが）心温まる光景が描かれている．小さい頃から耳にされている方も多いかもしれないが，実はこの歌は「困ったときにはおまわりさん」という警察に対する人びとの（暗黙の）信頼がなければ成立しない歌でもある．1960年に発表されてから現在もなお歌い継がれているということは，少なくとも日本社会では警察に対する一定の信頼が確立していることを示唆している．

　他方，東アフリカを訪問したことがあれば，「チャイ（chai）が飲みたい」と道端で警察官に話しかけられたことがある人も少なくなかろうか．「チャイ」とは甘く煮だした紅茶のことで，この場合は，紅茶が本当に飲みたいのではなく，紅茶を飲みにいくお金をもらえないか，というある種の挨拶である．アフリカでは多くの国々が汚職・腐敗撲滅を打ち出しているが，その取り組みは依然として道半ばである．汚職・腐敗撲滅に取り組む国際NGOのトランスペアレンシー・インターナショナル（Transparency International: TI）は，『腐敗認識指数』（*Corruption Perceptions Index*）のなかで，たとえばケニアでは75％，ジンバブエでは92％の回答者が「警察は腐敗している」と回答したと報告している[TI: 2016]．このような状況下では，「困ったときにはおまわりさん」となることはまずない．

　なぜ，アフリカの多くの国々では警察のイメージがそこまで悪いのか．「日々の警察官の振る舞いによって人びとの信頼が損なわれている」といってしまえばそれまでのことである．だが，アフリカの国々の歴史を振り返ると，警察に対する人びとの信頼の欠如は現在のみに目を向けていては読み解くことができない複雑さを有していることがわかる．また，近年の「平和構築」や「テロ対

策」が示すように，警察を取り巻く環境もいま激動の時代を迎えている．

　本章では，なぜ，アフリカの多くの国々で警察のイメージが悪いのか，また，警察を取り巻く状況がどのように変わりつつあり，それが人びとの警察に対する信頼にどのような影響を与えているのか，について考えてみたい．

1　アフリカにおける警察の歴史

　国家の本質を「（ある一定の領域の内部での）正当な物理的暴力行使の独占」とする著名なマックス・ヴェーバー（Max Weber）の定義に従えば，警察とは，国家権力の中枢である治安部門の一部であり，国内秩序の維持に対して中心的な役割を果たす国家機関である．それは軍が国内社会を国外の脅威から守り，警察が国内社会の秩序を維持するという軍と警察の分業，つまり「国内社会において暴力が独占され，国際関係では暴力が拡散している」という認識を前提としている［藤原 2005: 32］．また，この前提によって成り立つ近代的な警察機構は1829年にイギリスで施行された首都警察法（Metropolitan Police Act）を契機に誕生したともいわれている［Smith and Natalier 2005: 85］．これらの前提をアフリカ諸国の警察にもそのまま適応できるのか，本節では植民地時代から第2次世界大戦後の独立以降の警察の歩みを概観しながら考えてみたい．[1]

植民地時代の警察

　アフリカ諸国の警察の起源を遡ると植民地時代へと行き着く．たとえば，西アフリカのシエラレオネでは，シエラレオネ警察の起源は解放奴隷の移住地として設立されたイギリス直轄植民地が誕生した1808年にまで遡り，その名称は1894年から正式に使われている［Foray 1977: 200］．また東アフリカのケニアでは，ケニア警察の起源は1902年に当時の植民地政府が新設した「イギリス東アフリカ警察隊」（British East Africa Police Force）にまで遡り，その名称は1920年から使われている［Foran 1962: 10, 53］．

　植民地政府の力を誇示することに重きを置き，「強圧的」（coercive）とも描写される植民地時代の警察は，① ヨーロッパ人入植者が住む都市部や通商上利益を警護し，また，② 武装警察隊を中核としながら各植民地の状況に合わせて警察機構が編成されていた［Killingray 1997: 170–172］．[2]たとえば，シエラレオネでは鉱山で採掘されたダイヤモンドを警備する「ダイヤモンド警察隊」

(Diamond Police), ケニアでは内陸地から物資・資源を運ぶ鉄道を警備する「鉄道警察隊」(Railway Police) が編成されていた，という記録が残っている．また，シエラレオネではシエラレオネ警察の前身となる「文民警察隊」(Civil Police) が都市部を警護し，「チーフダム警察」(Chiefdom Police) とのちに呼ばれることになる「コート・メッセンジャー」(Court Messenger) が大多数の「アフリカ人」(Africans) を担当する分業体制が築かれていた．ケニアでは「行政警察」(Administrative Police) とのちに呼ばれる「トライバル警察」(Tribal Police) が同様の役割を担った．1947-54年のケニアでは，英国植民地省とヨーロッパ人入植者がナイロビ市内の入植者居住区域のみに関心を示し，暴動等の影響が波及しそうな場合を除いてアフリカ人居住区域には無関心であったという記録も残されている．

「『法秩序』は使う人，使われた時代により，その意味は異なった」という言葉を残している歴史家デイビッド・キリングリーは，植民地政府による「法秩序」とは「植民地統治の維持に対する脅威への断固とした対応」を意味した，と解説している [Killingray 1986: 412-413]．植民地政府は，犯罪予防や容疑者の逮捕といった「法の支配」の遵守ではなく，植民地体制を支えることを目的とし，植民地時代の警察は「植民地政府を支えること」を職務とした．植民地時代の警察は，アフリカの人びとにとっては「押しつけられた法制度の持続に資する法秩序維持」の担い手であり，その活動は「政治的」(political) であった [Killingray 1986: 413]．植民地政府が，植民地体制に対抗するアフリカ人を取り締まる新たな「罪状」を作ったのはその一例である．植民地の警察は「パックス・ブリタニカ」の繁栄に貢献したともいえるが，それは見方を変えれば「経済・政治的に搾取された植民地に住む人びとからすると『ポックス・ブリタニカ』であった」と，「パックス」(pax：平和) ではなく，病気の一種である「ポックス」(pox：痘) に譬えて揶揄されることもある [Killingray 1997: 169]．

独立後の警察

第2次世界大戦後の脱植民地化を経て植民地統治は終焉を迎えるが，植民地期に築かれた警察は「そのまま独立後の新政府に引き継がれる」ことになった [Killingray 1997: 186]．1961年4月に独立したシエラレオネ，1963年12月に独立したケニアも例外ではなかった．植民地政府の政治的ツールとして機能していた警察は，独立後の新国家にとっても同様の役割を担うことになった．

独立後のシエラレオネでも，警察は政治的ツールとしての色彩を強めていった．1973年，キューバ政府の支援のもと，シエラレオネ警察内に「国内治安部」(Internal Security Unit: ISU) が新設されたのはその一例であった．1977年に学生による反政府デモが発生した際にはISUがその鎮圧にあたった。ISUは当時の大統領と同郷のリンバ人のみによって構成されていたことから「シアカ・スティーブンスの番犬」(Siaka Stevens' Dogs) と揶揄されたり，すぐに発砲することから，ISUは「撃ってやる」(I shoot you) の略称だと批判されたりもした．また，1978年の一党制への移行によってシエラレオネ警察の政治化はさらに進み，警察長官に国会の議席が与えられたり，縁故にもとづく警察官採用が横行したりするようになった [Republic of Sierra Leone 1996: 4, 9]．1991年に勃発したシエラレオネ内戦では，警察が反政府武装勢力の攻撃の標的のひとつとされたが，その背景には，こうした過度に政治化された警察の歴史が存在していた．

1982年に一党制国家へと移行したケニアでも警察への政治介入は顕著であった．第3代目警察長官に就任したベルナード・ンジヌ (Bernard Njinu) は1982年の就任のいきさつについて，ケニアの大衆新聞『デイリー・ニュース』紙に次のように語っている．

> 就任前夜，大統領官邸に朝一番にくるようにとの電話があった……官邸に着くと大統領執務室に通され，大統領から1通の手紙を手渡された．その手紙には「君を信頼しているので，警察長官に直ちに任命する．私の期待を裏切らないように」と書かれていた……大統領は矢継ぎ早に罷免されたばかりの前警察長官を逮捕するようにと書記長に電話をした……30分後，前警察長官がカミチ重警備刑務所に連行されたとの報告を受け，大統領から「オフィスに直行し，すぐに仕事を始めるように」と言われた [Ngotho 2003]．

ケニアでは1991年12月の複数政党制復帰後にも警察への政治的介入は報告されている．たとえば，1997年国勢選挙時に発生した住民襲撃事件について，数日後に発言は撤回されたものの，警察副署長であったスティーブン・キメンチュ (Stephen Kimenchu) は当初，「(ある有力な政治家によって平和的な) 抗議活動を追い払うように」と命令された，と証言していた [Achieng 1998]．複数政党制復帰後初の政権交代が2002年に実現した際，「政権の警察」から「人びとの警察」への転換が警察改革の課題のひとつとして位置づけられた背景には，やはりこ

20　第Ⅰ部　装　置

うした警察の政治化の歴史があったのである.

　シエラレオネやケニアの事例からは,警察が,植民地時代には植民地政府に,独立後は大統領や与党といった一部の既得権益層に掌握され続けてきた組織であることがみえてくる.アフリカにおける警察官への悪いイメージの直接的な要因は,警察官による日々の悪しき振る舞いにあろうが,警察官がそうした振る舞いをする背景には,国家によって政治化されてきた警察の歴史があることを看過すべきではない.それはアフリカ諸国の警察について議論する際に,過去との連続性を意識すると同時に,現在進行形の各国の国家形成の中に位置づけて理解することの重要性を示唆しているともいえる.

2　警察を取り巻く2つの潮流

　次に,警察を取り巻く状況がどのように変わりつつあり,それが人びとの警察に対する信頼にどのような影響を与えているのかについて考えてみたい.本節ではアフリカの国々の国家形成に多大な影響を与えている「平和構築」と「テロ対策」という2つの潮流に着目する.

平和構築と警察

　近年,警察改革は内戦や政権交代,大規模暴動後といった政治的転機に平和構築という観点から実施されることが多い.その際に,政府の思惑ではなく法に従い,人権規範を遵守し,外部の組織に対して説明責任を果たし,かつ公的奉仕を職務の最優先に掲げる「民主的警察」(democratic police) が目指すべき警察像として描かれるのが平和構築の特徴である [Bayley 2006: 19-21].紛争後・移行期の国々における平和構築は,政治・経済・心理的な側面,そして国内秩序といった4つの側面に細分化されることが一般的で,警察改革は国内秩序の維持に資する政策領域と位置付けられる [古澤2013].植民地時代,そして独立後の歩みの中で警察が政治化していたシエラレオネとケニアでどのような警察改革が行われたのか,その概要について以下に簡単に整理する [古澤2011; Furuzawa 2011].

　シエラレオネでは1991年3月に反政府勢力が武装蜂起し,2002年3月に国家非常事態宣言が解除されるまで内戦が続いた.先述の歴史的経緯からも内戦中に警察は攻撃の標的となることが多く,首都と地方の計4カ所にあった警察学

校は1990年代半ばまでには活動停止に追い込まれ，内戦後のシエラレオネ警察の規模は3割減の6600人になった．この際に，警察改革の対象となった警察が内戦による物理的な損傷を負っていただけでなく，「シアカ・スティーブンスの番犬」とも呼ばれていた組織であることを忘れてはいけない．

　シエラレオネの警察改革（支援）は，旧宗主国のイギリスと国連が主導した．そして，そうした警察改革の初期段階において，警察と人びととの関係改善に重きを置く「ローカルニーズ・ポリシング」(Local Needs Policing) という改革の方向性が明確になった．また，シエラレオネ警察の全国規模での強化が急務とされるなか，シエラレオネに展開していた国連PKOに所属していた国連警察に対して国連は，シエラレオネ警察を「助言・指導」する任務を付与した．以降，国連警察は警察官採用人事，基礎訓練，特殊訓練（国境警備，空港警備など），教官育成，日常業務に関する助言・指導を行った．国連は3500人以上の現地警察官の採用・訓練に携わり，警察の規模を紛争前の9500人水準に戻すことに成功した．また，国連開発計画やイギリス国際開発省の資金提供により，改革初期段階は600人であった警察学校の年間訓練可能人員を1800人へと増大し，内戦中に閉鎖された地方の警察学校分校もすべて2004年7月には活動を再開した．9500人という数値目標を達成し，国連PKOは2005年12月にシエラレオネから撤収している．

　ケニアでは2002年12月に初めて野党による政権交代が実現し，「政権の警察」から「人びとの警察」へというスローガンの下，警察改革が進められることになった．ケニアの警察改革のポイントは，2002年から数えて警察改革タスクフォースが2回立ち上げられているところにある．一度目の警察改革タスクフォースは2003年4月に設立され，その助言を受けて大統領府が国際NGOのセーファーワールド (Saferworld) へ依頼を行い，警察改革が始まった．目指すべき警察像として「法の支配を順守し，外部からの干渉を受けずに活動するプロフェッショナルな警察」が掲げられ，その実現に向けて「警察と地域社会が一体となって協同する哲学であり，かつそれを具体化する警察活動の手法」を意味する「コミュニティ・ポリシング」(Community Policing: CP) の重要性が強調された．しかし，セーファーワールドはCPを軸に警察改革を進めたが，2007年12月の大統領選挙後の暴動を受けて一度目の警察改革は頓挫してしまう[3]．

　同国政府が立ち上げた選挙後暴動を調査した委員会報告書には，暴動による

22　第Ⅰ部　装　置

死者全体の35.7%にはなんらかの形で警察が関与したことが指摘され，警察の行動，もしくはその消極的な姿勢が選挙後暴動の「一翼を担った」という見解が示された [Republic of Kenya 2008: 342, 346]．パイロット事業地のひとつでも警察が住民を射殺したことを契機に，住民が警察に協力することを拒否するようになった．このような事態を招いてしまった背景には，第1期の警察改革では警察と地域社会の関係改善に力を入れつつも，議会に2004年に提出されたCP政策草案がイニシアチブを巡る争いにより議会で審議されなくなるなど，警察の機構改革に着手できなかったことが大きい．こうした第1期を総括すると，CPという言葉は定着した一方，制度化が追い付かなかったといえる．

　2007年選挙後暴動を受けて，2009年5月に設立され同年11月に報告書を政府に提出したのが，フィリップ・ランズリー（Philip Ransley）元裁判官が取りまとめる警察改革タスクフォースであった．具体的には，警察サービス委員会と独立警察審査会の新設，2004年に上程されながら放置されていたCP草案の，議会における速やかな審議，制度面での警察の脱政治化などを提言したのがランズリー・タスクフォースであった．警察サービス委員会の新設には，大統領の特権であった警察長官の任命権に関して政治的介入から切り離すという意図が存在した．また，市民から構成される独立警察審査会という外部監査組織を新設することも提案し，必要あれば警察の内部調査に介入する権限，また，その指示に従わない場合は罪に問うことができるなど，強い権限を付与することが明記されていた．2002年の政権交代を機に始まったケニアの警察改革は，① 警察と市民の関係を改善して歴史的なイメージを払拭しようとするCP，② そのイメージを作り上げた政治的介入という根本的原因に切り込もうとした制度改革の2段構成と整理することができる．ケニアではこれまでにも「良い報告書が書かれても，政治的意志が欠落している」(good report, lack of will)」と揶揄されることがあるが，今後の進展について引き続き注視していく必要はある．

　シエラレオネやケニアをはじめとする紛争後・移行期の国々では，現地政府や市民社会，国際社会が警察改革に共に取り組んできた．その際に，冷戦期の警察改革（支援）が人権侵害につながってしまったという反省から，捜査能力を強化するだけでなく，シエラレオネの「ローカルニーズ・ポリシング」やケニアのCPが体現するような民主的警察が志向された．「人びとの警察」という側面に重きを置くのが平和構築の中で実施される警察改革の特徴といえる．

テロ対策と警察

　アフリカ諸国の警察改革が「平和構築」という言葉のみで語りきれないところに，現在のアフリカの警察を取り巻く環境の難しさがある．ケニアの「ニュンバ・クミ」(nyumba kumi)はその一例である．スワヒリ語で「ニュンバ」は「家」，クミは「十」を意味し，文字通りコミュニティを10軒ずつで1つの単位に再編した近隣住民同士による相互監視・通報システムである．2013年9月のイスラーム過激派シャバーブによるナイロビ市内のウェストゲート・ショッピングモール襲撃事件を発端にニュンバ・クミが警察改革のひとつの柱になることがケニア政府により同年10月に明らかにされた．ニュンバ・クミは同国政府によりCPとも呼ばれたので，2002年以降の警察改革と繋がりがありそうにみえるが，民主的警察や平和構築のロジックとは異なり，「テロ対策」の一環として実施されている別物と理解されるべきものである．

　ケニアにCPが導入され始めた2000年代当初，CPは「治安の民主化なのか，それとも抑圧の分権化なのか」(Democratizing Security or Decentralizing Repression?)という問いかけがなされたことがあった[Ruteere and Pommerolle 2003]．CPが警察と市民間の風通しをよくする協働作業を意味するのか，それとも市民を動員して政府による監視を強化する犯罪対策を意味するのかが問われたのである．当時，セーファーワールドが推奨したのは前者であった．だが，CPの法律上の定義がケニア国内で定められていないという制度面における警察改革の遅延の負の影響がこのようなところにも影響し，皮肉なことに十数年を経て「ニュンバ・クミ」といった形で同様の議論が再度注目を集めることになってしまった．ケニアでは，「テロ対策」という名目によるソマリ系ケニア人に対する不当な抑留・拘禁に関する報道が後を絶たない[Allison 2017]．CPが目指していたのとは異なるベクトルなのである．

　紛争後・移行期の国々において国内秩序を維持できる効果的な警察が求められる現実的なニーズと，そのような警察は必ずしも民主的ではないという現実との間で警察改革が板挟みとなる中，民主的な側面に軸足を置くのが平和構築であれば，秩序維持に軸足を置くのがテロ対策である．前者は「人びとの警察」という側面を重視し，後者では「政権の警察」という側面が強くなる．平和構築とテロ対策の狭間で揺れるアフリカ諸国の警察が今後どのような道を歩むことになるのか，今後も引き続き注視する必要がある．

おわりに

　本章では，第1に，「なぜ，アフリカの多くの国々では警察のイメージが悪いのか」という問いを設定した上で，警察官による日々の振る舞いだけではなく，アフリカの国々を取り巻く歴史的背景にも着目すべきであることを指摘した．また，第2に，「平和構築」や「テロ対策」を介した国際社会とアフリカ各国の警察の接点についてもシエラレオネやケニアの事例を通して概観し，「人びとの警察」を重視する平和構築と，「政権の警察」に重きを置くテロ対策の狭間で揺れる警察の現状を整理した．最後にアフリカの警察の今後の展望に触れて筆を置きたい．

　戦後復興の道半ばにあるシエラレオネをみていると，もちろん課題はあるが，世の中悪いことばかりでもない，という印象を受ける．内戦直後は国連PKOを受け入れていたシエラレオネだが，現在は87人のシエラレオネ人警察官が逆に国連PKOに従事している（2018年3月末時点）．国連PKOに対する開発途上国の人的貢献は以前から外貨稼ぎの側面があると批判されてきたが，壊滅的状況に陥っていたシエラレオネ警察が他国の再建に関わっている現実，またそのポジティブなメッセージを無視することはできない．「ローマは一日して成らず」ではないが，アフリカにも「一日でゾウは腐らない」(One day is not sufficient to rot an elephant) という言葉がある．試行錯誤を続けながら，一歩ずつ前に進むしかないのである[4]．

注

　　1）イギリス以外にもイタリアやドイツ，フランス，ベルギー，ポルトガル等もアフリカ大陸に植民地を持っていたが，本節では主にイギリス植民地に焦点をあてる．

　　2）武装警察隊とは，脅威に対応するために最大限の武力行使が許され隊列を組んで行動する「軍隊」と，法執行業務の遂行のため必要最小限の武器使用に留められ個人単位で活動する「警察」の中間に位置づけられる準軍事組織を指す．フランスのジャンダルムリ（gendarmerie）が有名である．

　　3）ケニアでは2007年12月27日の大統領選挙後から2008年2月28日までの約60日間にわたって全土で治安が悪化し，1000人を超える死者を出し，最大時には60万人が国内避難民化するという事態が起きた．

　　4）警察だけでなく，シエラレオネのチーフダム警察など厳密な意味では「警察」ではない組織も活用しようという動きが平和構築にはみられる［Furuzawa 2018］．

参考文献

邦文献

藤原帰一［2005］「軍と警察」，山口厚・中谷和弘編『安全保障と国際犯罪』東京大学出版
会，27-44.

古澤嘉朗［2011］「警察改革支援——1998-2005年——」，落合雄彦編『アフリカの紛争解
決と平和構築——シエラレオネの経験——』昭和堂，157-171.

―――――［2013］「『平和への課題』以降の平和構築研究の歩み」，広瀬佳一・湯浅剛編『平
和構築へのアプローチ』吉田書店，35-48.

欧文献

Achieng, J. [1998] "Cleaning Up the Image of the Police," *Inter Press Service*, December
22 (http://www.ipsnews.net/ 2018年5月8日閲覧).

Allison, S. [2017] " 'You Were Supposed to Die Tonight' : US Anti-terror Strategy
Linked to Torture in Africa," *Guardian*, March 9 (https://www.theguardian.com/
2018年5月7日閲覧).

Bayley, D. H. [2006] *Changing the Guard: Developing Democratic Police Abroad*, Oxford:
Oxford University Press.

Foran, W. R. [1962] *The Kenya Police: 1887-1960*, London: Robert Hale Limited.

Foray, C. P. [1977] *Historical Dictionary of Sierra Leone*, London: Scarecrow Press.

Furuzawa, Y. [2011] "Two Police Reforms in Kenya," *Journal of International
Development and Cooperation*, 17(1): 51-69.

―――――［2018] "Chiefdom Police Training in Sierra Leone (2008-2015) : An
Opportunity for a more Context-based Security Sector Reform?" *Journal of
Peacebuilding and Development*, 13(2): 106-110.

Killingray, D. [1986] "The Maintenance of Law and Order in British Colonial Africa,"
African Affairs, 83(340): 411-437.

―――――［1997] "Securing the British Empire: Policing and Colonial Order, 1920-1960,"
in Mazower, M. ed., *The Policing of Politics in the Twentieth Century: Historical
Perspectives*, Oxford: Berghahn Books: 167-190.

Ngotho, K. [2003] "Former Police Chief Speaks out on the 'Mwakenya' Crackdown,"
Sunday Nation, March 2.

Republic of Kenya [2008] *Report of the Commission of Inquiry into Post-Election
Violence*, Nairobi: Commission of Inquiry into Post-Election Violence.

Republic of Sierra Leone [1996] *Report of the Dr. Banya Committee on the Republic of
Sierra Leone Police Force*, Freetown: Republic of Sierra Leone.

Ruteere, M. and M. Pommerolle [2003] "Democratizing Security or Decentralizing
Repression? The Ambiguities of Community Policing in Kenya," *African Affairs*, 102
(409): 587-604.

Smith, P. and K. Natalier [2005] *Understanding Criminal Justice*, London: Sage.

Transparency International (TI) [2016] "How to Put an End to Police Corruption in

Africa," July 7（https://www.transparency.org/ 2017年12月28日閲覧）.

（古澤　嘉朗）

第3章 民間軍事・警備会社

はじめに

　冷戦終焉後，安全保障部門で民間企業が果たす役割が大きくなっている．とりわけ2000年代初頭のアメリカによる対イラク戦争とその後の占領期には，要人や輸送車両の警護，施設警備，兵站支援，そして新生イラク警察および軍隊の訓練に至るまで，安全保障にかかわる多岐にわたる分野で民間企業が活動した [Scahill 2008]．これらの企業は一般に，民間軍事会社（private military companies: PMC, private military firms: PMF），民間警備会社（private security companies: PSC）あるいは民間軍事・警備会社（private military and security companies: PMSC）と呼ばれ，売上高の大きい主要企業の多くが欧米諸国に本社を置き，国内外で様々な事業を展開する多国籍企業ないしその子会社となっている [Singer 2003: 邦訳 102-107]．

　アフリカの安全保障に関してPMSCが注目されるようになったのは，イラク戦争から遡ること約10年前の1990年代初頭，エクゼクティブ・アウトカムズ（Executive Outcomes: EO）という南アフリカに本社を置く民間企業がアンゴラとシエラレオネの内戦において，両国政府との契約の下で戦闘に参加したときであろう．旧南アフリカ軍兵士を中心とするEOは，両国の内戦において，短期的な軍事的勝利を両政府にもたらした．現代の「傭兵」と称されたEOは，軍事力を民間企業に頼らざるをえないアフリカ国家の脆弱性を浮き彫りにし，戦争の民営化という現代のアフリカにおける紛争の一特徴を表すものとされた [Howe 1998; 武内 2001: 14; Singer 2003: 邦訳 7 章; 佐藤 2009]．

　EOが放つ強烈な存在感のため，PMSCというとカネで雇われて戦闘行為に従事する民間人・企業のイメージが，特にアフリカにおいては強いように思われる．しかしながら，今日のPMSCが担っている業務は実際には非常に多様で，かつ安全保障部門における官民連携事業として合法的に行われる場合がほとんどである．とりわけアフリカにおいてみられるのは，紛争終結後の治安部門改

革（Security Sector Reform: SSR）や国際的な平和維持活動において，兵站や軍隊の再編支援などの業務を主要ドナー国の下請けとしてPMSCが担う場合である［Abrahamsen and Williams 2008］．また，PMSCの中には，石油や鉱物資源などの採掘現場を警備したり，住宅地や商業施設の一般警備を担ったりする会社が含まれるが，治安の悪化を背景に，複数のアフリカ諸国において，このような事業を行うPMSCも増加してきている．

　本章では，アフリカにおけるPMSCを，①紛争や軍事に関わるものと，②人びとの生活の安全や企業の経済活動のための治安維持に関わるものとに大別したうえで，その活動内容について具体例をもとに検討する．なお，前者の活動はさらに，（1）直接的な戦闘支援，（2）軍隊の訓練や再編支援，（3）兵站・後方支援，の3つに細分化される．この細分化はピーター・シンガー［Singer 2003］に依拠したものであるが，シンガーがこの区別を企業のタイプとして分類したのに対し，本章ではPMSCが提供するサービスの分類として用いる．最後に，PMSCの展開がアフリカの安全保障にとって持つ意味について考察する．

1　紛争・軍事部門におけるPMSC

直接的な戦闘支援——EOの事例——

　今日，直接的な戦闘支援を行うPMSCはほとんどないが，アフリカでPMSCが知られるきっかけとなったEOについて簡単に振り返っておこう．EOは南アフリカ防衛軍（South African Defence Force: SADF）に所属していた元兵士により，アパルトヘイト末期の1980年代末に設立された．SADFは南部アフリカの周辺諸国に対して不安定化工作を実施しており，アンゴラやモザンビークの内戦に関与し，南アフリカやナミビアの解放闘争勢力に亡命基地を提供する諸国へ爆撃を行っていた．しかし1980年代後半，アパルトヘイト体制からの転換へ向けた政治的な機運が高まると，不安定化工作は徐々に減少し，SADFの縮小が行われた．職を失った元兵士の受入れ先となったのがEOであり，2000人余りの元兵士がデータベースに登録し，必要に応じてその都度，部隊が組織されることになった．当初，EOは白人の傭兵会社だとする誤解が存在したが，登録兵士の7割はアンゴラとナミビア出身の黒人戦闘員だった［Howe 1998: 310; Singer 2003: 邦訳7章］．

　1990年代を通じて，EOはザンビア，ガーナ，アルジェリア，インドネシア

などでも活動したが，EOを最も有名にしたのはアンゴラとシエラレオネでの活動である［Avant 2005: 18］．アンゴラでは，1993年に政府との契約に基づき約550人の元兵士を展開し，国軍兵士に訓練を施すとともに，戦略的拠点を奪還するための戦闘に従事した．国土の状況を熟知していたEO戦闘員にはアドバンテージがあり，首都ルアンダ近郊の重要拠点奪還などの軍事的勝利に貢献した．その後，EOはアンゴラから段階的に撤退していくが，戦闘員の約半数は別のPMSCに警備員として雇用されるなどの形で同国に留まることになった［Singer 2003: 邦訳 233-236］．シエラレオネでもEOは内戦状態にあった政府を支援するために1995年に約30人の人員を投入し，諜報活動や国軍の訓練を行った．だが，国軍には組織としての規律が皆無に等しく，一般市民の略奪に走る兵士も多かった．そのため，EOはカマジョー（Kamajor）と呼ばれる伝統的なハンターを民兵として雇用・訓練し，彼らとともに戦闘に従事した．カマジョー民兵・EOは反政府勢力による首都フリータウン陥落を阻止し，戦況を政府側に優位に逆転させて1996年11月の停戦合意へと導いた［Howe 1998: 311-317; 落合 2011］．

　アンゴラでもシエラレオネでもEOによる軍事介入は非常に効果があった，と評価されている．しかもEO戦闘員は一般市民に対する略奪や人権侵害をほとんど行わず，両国の反政府勢力やシエラレオネ国軍兵士と比べてはるかに規律ある兵士であった．その一方で，EOがアフリカで石油などの資源開発に利権を有するイギリスの多国籍企業とつながりを持っていたことから，両国政府を軍事的に支援する動機として経済的権益が根底にあることに対して問題視する声が上がった．さらには，軍事的勝利が短期的なものにすぎず，EO撤退後に両国とも内戦状態に逆戻りしたため，根本的な問題解決にはつながらなかったとの批判もある．特にシエラレオネではカマジョー民兵がEO撤退後にクーデターに関与し，その後の混乱がフリータウンにおいて内戦中最大の被害をもたらすことになった［Howe 1998: 315-322］．

　EOがシエラレオネから撤退した後の1997年，南アフリカで「外国軍事支援規制法」が成立し，海外で軍事的支援を行う企業は，契約ごとに政府の許可を申請しなければならなくなった．この法規制の強化を受けて，EOは1999年に正式に解散した．しかしながら，EO元社員が創業する複数の新しいPMSCが誕生したことを含め［Singer 2003: 邦訳 237-238］，PMSC自体は1990年代後半以降，アフリカへの関与を拡大させていった．

軍隊の訓練や再編支援

　紛争や軍事に関わる分野でのアフリカにおけるPMSCの活動は，今日，EO
の時代とは大きく異なっている［Spearin 2009］．とりわけPMSCの活用が進んだ
のが，アメリカによるアフリカ諸国への軍事援助であった．その背景には，軍
事業務の大幅な外注化という，冷戦終焉に伴ってアメリカ国内で生じた変化が
あった．この変化の理由をシンガー［Singer 2003］は以下の3点にまとめている．

　第1が，冷戦終焉後，さまざまな地域で国家の崩壊や紛争などの不安定化が
起きた一方で，正規の軍隊自身は縮小されたことである．結果，解雇された元
兵士という大量の余剰人員が生まれたが，かつての大国にとって武力紛争に介
入する意欲も能力も減少したため，余剰人員を吸収した民間企業が軍事市場に
参入することになった［Singer 2003: 邦訳 111-128］．

　第2が，軍事行動の性格が変容したことである．使用される兵器の技術や効
果が変わり，かつてのように大人数の兵士や資金を大量に蓄積して戦闘に備え
る必要性は弱まった．他方で，最先端の兵器や情報機器を使いこなせる専門家
の重要性が増したが，こうした知識や人材は，軍よりも民間の兵器開発業者や
IT技術者の方が効率良く提供できると考えられた［Singer 2003: 邦訳 132-141］．

　そして第3が，1970年代末以降，小さな政府を標榜する民営化潮流が世界的
に広まり，警察や軍隊のような分野でも外注化がビジネス戦略として最適であ
ると考えられるようになったことである［Singer 2003: 邦訳 142-150; Abrahamsen
and Williams 2011: 2-3］．

　冷戦終焉直後の1990年代，多くのアフリカ諸国で紛争が起こったが［武内
2001］，アメリカはソマリアでの軍事ミッションに失敗した後，直接的な軍事
力の展開を渋るようになった．その代わりに，「アフリカの問題はアフリカ自
身が解決する」というスローガンのもと，アフリカ諸国の軍事力を強化するた
めの二国間軍事援助に力を注いだ．そして9.11同時多発テロ事件が起き，イス
ラーム過激派勢力を一掃するための戦いが始まったが，アフガニスタンやイラ
クへの駐留で手一杯の状態であったこともあり，アフリカに米軍を展開するこ
とには消極的であり続けた．この状況において，アフリカにおける軍事援助の
実行主体となったのが，アメリカに本社を置くPMSCであった［Aning, Jaye and
Atuobi 2008: 615］．

　1996年，米国政府は，アフリカ7カ国（セネガル，ウガンダ，マラウイ，マリ，ガー
ナ，ベナン，コートジボワール）の兵士を対象に，平和維持活動と人道的援助の提

供に関して訓練を施す「アフリカ危機対応イニシアティブ」(African Crisis Response Initiative: ACRI) を設立した. この訓練課程を米軍特別部隊とともに行ったのが, アメリカに本社を置くミリタリー・プロフェッショナル・リソーシズ (Military Professional Resources Inc.: MPRI) であった [Aning, Jaye and Atuobi 2008: 616]. 1987年に創立された同社は, 「社員予備軍の集団が最高レベルの退役米国軍人」[Singer 2003: 邦訳 240] によって構成される総合軍事コンサルタント企業であり, 1990年代半ばにペンタゴン (米国国防総省) から受注して旧ユーゴスラビアで行った軍事訓練によって世界的に有名となった. 国内で米軍のために訓練や分析などの様々な業務を行うほか, 海外では「軍事教義の改善, 国防関係省庁の再編, 高等図上演習, 各兵器運用の訓練, 分隊規模の戦術まで含む軍事教育」を顧客に提供している [Singer 2003: 邦訳 240-246].

ACRIは2004年にジョージ・W・ブッシュ (George W. Bush) 政権により「アフリカ緊急作戦訓練支援」(African Contingency Operations Training and Assistance: ACOTA) に変更されたが, ACOTAもMPRIが運営する訓練センターで実施された [Aning, Jaye and Atuobi 2008: 619-620]. 1997-2012年にはACRIとACOTAを通じて総計21万5000人のアフリカ人兵士が軍事訓練を受けている. アメリカがアフリカ諸国に軍事援助を行う主目的は, アフリカにおける平和維持活動へのアフリカ諸国による軍隊派遣を促進することにあるが, 実際にアメリカの軍事訓練を受けたアフリカ諸国による平和維持部隊への貢献度は, 訓練を受けていない国と比べて高くなっている [Emmanuel 2015: 26-27, 35-36].

兵站・後方支援と平和維持活動

軍事部門でPMSCへの外注化が進められているもうひとつの重要分野は, 軍が必要とする物資の調達や施設の建設・運営, 車両機器整備, 兵員の輸送, 燃料補給などを含む多岐にわたる補足的な軍事業務であり, すなわち兵站であるといえる. PMSCがグローバルな規模で提供するサービスの9割は兵站支援である, との論文もある [Barbieri and Brooks 2011: 139]. 兵站は, 戦闘の最前線からは最も離れているため, 後方支援とも呼ばれる. 基本的には戦闘に直接従事することはないため, 外注化が比較的しやすい分野ではあるものの, 兵站・後方支援を行うPMSCはサービスの提供対象である軍とともに行動することになる. たとえば, 1992年から米軍への兵站支援を請け負ってきたブラウン・アンド・ルート・サービス (Brown & Root Services: BRS) は, ソマリア軍事ミッショ

ンの際に米軍に帯同し、「最初の米国兵士が到着した24時間後にモガディシオ
に入り」、「最後の米国海兵隊員たちと一緒に引き上げた」のであった。ソマリ
ア滞在中、BRSは「部隊輸送と補給線の維持から兵士の食事の世話まで、様々
な業務」を行い、洗濯や掃除等をする「現地の人を2500人ほど雇」う「ソマリ
ア最大の雇用主」となっていた [Singer 2003: 邦訳 285]。

　紛争終結後に行われる治安部門改革（Security Sector Reform: SSR）においても
PMSCが活動している。たとえばリベリアでは、武装勢力の動員解除と国軍お
よび防衛省の再建を目的にアメリカの支援のもとでSSR事業が実施されたが、
この事業は完全にPMSCに外注化して行われた。イラクとアフガニスタンへの
駐留に部隊を削がれていた米国国防総省が、資源的制約を理由にSSR事業の実
施は不可能であると判断したためである。アフリカにおける平和維持活動を支
援するための5カ年契約を米国国務省との間ですでに結んでいたダインコープ
（DynCorp）とパシフィック・アーキテクツ・アンド・エンジニアーズ（Pacific
Architects and Engineers Inc.: PAE）のみが入札を認められ、ダインコープはリベ
リア国軍に対する基本設備の提供と訓練の実施、PAEは国軍のための基地建
設と特別訓練の実施を受注した [McFate 2008: 646-649; Aning, Jaye and Atuobi 2008:
623]。

　かつて米軍に対して兵站支援を行っていたPMSCの多くは、現在では国連や
アフリカ連合（African Union: AU）による平和維持活動へと活動（ビジネス）の場
を拡大させている。加えて、人道的支援の分野では、NGOとの契約の下、
PMSCが難民キャンプの建設や食料・物資供給を担ったり、援助団体の職員の
警護を担当したりしている [George n.d.: 20-26]。スーダン西部のダルフールに
おけるPMSCの役割は、難民・国内避難民（internally displaced people: IDP）やチャ
ドとの国境付近の住民を武装勢力の攻撃から守ることから、人道・援助団体の
職員の警護、さらには反乱勢力や民兵の動きを監視するための諜報活動まで多
岐に渡っていた。ダルフールでは、人道団体が中立性を維持するためにスーダ
ン政府軍よりもPMSCに警護されることを望んだという [Kwaja 2015: 155]。不
発地雷の除去活動を請け負っているPMSCもある。紛争中のみならず、紛争終
結後の平和維持活動、そして人道的支援においてもPMSCは大きな役割を果た
しているのである。

2 非軍事部門におけるPMSC

これまで軍事部門におけるPMSCの活動について述べてきたが，安全保障の民営化には実はもっと長い歴史と領域的な広がりがある．多くの国で，PMSC従業員の方が警察や軍隊などの安全保障部門で働く公的な人員数をはるかに上回っている [Abrahamsen and Williams 2011: 1]．アフリカにおいて，非軍事部門のPSCが主に活動してきたのは，① 石油や鉱物資源の開発が行われている資源飛び地と② 治安の悪化する大都市である．

アフリカでは石油や鉱物資源が政府の歳入に占める割合が大きい国が少なからずあるが，そのひとつがナイジェリアであり，南東部のナイジャー・デルタで産出される石油は連邦政府の歳入源の8割以上を占める．だが，石油からえられる富の恩恵を享受できるのはごく一部の政治指導者やエリート層であり，産出元のナイジャー・デルタでは恩恵が限られているばかりか，石油採掘による環境破壊のために，地元住民の間では国家や石油施設に対する暴力行為を伴う抗議運動が発展した [Avant 2005: 183-184]．このような状況に対して，シェル (Royal Dutch Shell)，エクソン・モビル (ExxonMobil)，シェブロン (Chevron Corporation) などの国際メジャーに雇われたPSCが，ナイジェリア警察や公安，国軍などと協力して，石油産出地帯での施設・職員警備や抗議行動の鎮圧にあたっている [Abrahams and Williams 2011: 129-139]．また，コンゴ民主共和国南部のカタンガ州では，銅やコバルト鉱山において，小規模鉱夫 (artisanal miners) による非合法な採掘や労働者による鉱物資源の窃盗を防止するため，鉱山会社がコンゴ警察とPSCの両方に警備を依存している [Hönke 2013: 55-79]．

PSCはまた，都市部を中心に，人びとの日常的な治安を守るという分野でもアフリカ諸国に浸透してきている．アフリカにおいて，非軍事部門でPSCが最も多く活動しているのが南アフリカである．1970年代半ば以降，都市の黒人居住区 (タウンシップ) を中心に政府に対する抵抗運動が拡大していくなかで，警察は反政府組織や活動家の検挙に人員と資源を集中させるため，通常の犯罪取り締まり業務から撤退した．代わりに政府は民間のセキュリティ産業を促進し，犯罪取り締まり活動に従事させた．民主化前後には政治暴力と一般犯罪の両面で治安が急速に悪化し，PSCが提供するサービスに対する需要が拡大した．2015年には政府に登録しているPSCが8692社，雇用されている警備員数は49万

人弱となり，これはほぼ同時期の警察官の2.5倍の人員に相当した［佐藤 2017］．

このほかにも2000年代半ばの時点で，ケニアで推定2000社，ナイジェリアで1500-2000社，セネガルで150社のPSCが活動し，住宅や公共・商業施設の警備などに当たっていた．ほとんどのPSCは小中規模の地元企業だが，地理的な活動範囲の点で世界最大のPSCとされるグループ・フォー・セキュリコール（Group 4 Securicor plc.: G4S）を含め，数多くの多国籍企業もアフリカ諸国で施設警備や武装対応（armed response）などのセキュリティ・サービスを提供している［Abrahamsen and Williams 2008: 543, 549］．

3　PMSCの展開とアフリカの安全保障

かつて国家は軍や警察という正統な暴力組織を唯一独占的に所持するもの，と考えられてきた．しかしながら，本章で述べてきたように，軍事部門・非軍事部門の双方において，かつて軍や警察が担ってきた多くの役割・事業がいまでは民間企業によって行われている．この状況は安全保障の民営化ないし外注化として語られるが，アフリカの安全保障を考える上で，そこにはどのような問題があるのだろうか．

まず軍事部門の民営化について考えてみよう．アフリカにおけるPMSCの黎明期を担ったEOは，カネで雇われて戦闘に参加する「傭兵」的な側面が濃かったために，多くの批判を浴びることになった．独立直後から今日に至るまで，数多くの傭兵や傭兵部隊が国内紛争に介入して非人道的な戦闘行為を行ったり，政府の転覆を企てたりした苦い歴史を持つアフリカでは，傭兵はセンシティブな問題であり続けている［佐藤 2009: 68-70］．EOの場合，アンゴラでもシエラレオネでも，戦闘員は比較的規律ある行動をし，また，そもそも政府との契約に基づいての活動であったから，何ら違法性は存在しない．だが，両国政府ともに石油やダイヤモンドのような資源採掘に関する経済的権益で代金を支払わざるをえなかったことを考えると，短期的な軍事的勝利の代償は大きかったともいえる［Howe 1998: 321］．

アメリカの軍事援助や国際的な平和維持活動のためにPMSCが活用される際には別の問題も存在する．多くの論者が指摘するのは，PMSCに対して国家による監視や規制が十分に存在しないことである［Singer 2003: 邦訳 298-310; 佐藤 2009: 72-76; Scahill 2008］．その結果，たとえばPMSCの社員が軍事訓練や兵站支

援を行っている現場で現地の人びとに対して過度に攻撃的な振舞いや道徳に反する行為を行ったとしても，軍人ではないため軍法会議のような場で処分を受けることはない．国家ないしそれに準ずる機関による監視が行き届いていないところでは，そもそもそういった行為が明るみに出にくいということにもなるだろう．

また，国家による監視が行き届いていないためにすでに発生している問題として，兵站支援を行うPMSCによる経費の水増し請求がある[2]．PMSCによる水増し請求は「イラク・バブル」と呼ばれたイラク紛争後の復興期に特に問題視されたが［小野 2009a: 39; 2009b: 11-12］，国連の平和維持活動に関する契約でも過大請求が疑われているPMSCがある．米国政府からの契約を請け負ってアフリカで軍事援助や紛争後復興に従事するPMSCは，契約元に対しては説明責任を負うかもしれないが，実際に活動を行う場となるアフリカ諸国に対しては透明性や説明責任が明確には存在しないことに対する批判もある［Aning, Jaye and Atuobi 2008: 623-624］．

他方，非軍事部門におけるPSCの成長は，治安や安全保障という，国家が本来提供すべき公共財をすべての人びとが手にできるという状況がもはや存在せず，対価を支払うことのできる人のみが安全を買うことができる，という状況が生じつつあることを示している．実際，南アフリカに限らず，多くの途上国の大都市において，周囲を高い塀に囲まれ，入り口には警備員が常駐して来訪者をチェックする「ゲーテッド・コミュニティ」と呼ばれる要塞型複合住宅の建設が進んでいる［宮内 2016: 50-56］．資源飛び地やゲーテッド・コミュニティのように特定の限定された場所に安全の場が生まれることは，それ以外の地域での不安全が悪化する危険性を孕んでいるがゆえ，人間の安全保障を考える上では無視できない含意を持つのである．

おわりに

本章では，軍事安全保障のみならず，紛争後の復興支援や平和維持活動，さらには日常的な治安を守る上でも民間企業が広い範囲で活動をし，大きな役割を担うようになっていることを説明してきた．また，安全保障の民営化・外注化と一般に呼ばれるこの状況が，いくつかの問題を伴ったものであることも述べた．問題への対処策として議論されてきたのは，国家による規制や監視の強

化と国際的な規制枠組みの導入である［Gumedze 2011[3)]］．しかしながら，国家に
よる規制については，軍事サービスの契約締結国，軍事サービスの活動（受入）
国，軍事サービス提供企業の拠点所在国のいずれが行うべきかをめぐってはっ
きりしないところがあり［小野 2009a: 40-42］，国際的な規制は実行力の面で常に
疑問符が付きまとう．

　他方で，PMSCの活動範囲の拡大は，紛争や人道的危機が長期化し，国家や
国際機関が人びとの安全を守ることができない状況においては，やむをえない
ものであるばかりか，歓迎すべきものである，との意見もある［Kwaja 2015］．
PMSCについて最も包括的な書籍を記したシンガー［Singer 2003: 邦訳 420］も，
PMSCの役割を完全に否定するのは「偽善」だと指摘する．安全保障の担い手
が多様化するなかでは，国家以外の主体をいかに規制するかという観点からの
議論だけではなく，PMSCを含めたさまざまな主体がいかに調整・協力し，人
びとの安全を確保していくのか，といった観点からの議論を深めていくことが
必要となるだろう．

注

1 ）旦［2010: 199］によれば，アメリカのメディアではPMC，イギリスではPSCが多用さ
　　れる傾向があるが，傭兵部隊を連想させるPMCを自ら名乗る会社は英米問わずほとん
　　どない．本章ではPMSCで表記を統一するが，非軍事部門の企業についてはPSCを用いる.
2 ）水増し請求が行われた背景として，米国政府の兵站支援が，「原価賠償，納期数量不
　　定の契約」と呼ばれる契約方式を採用していることが挙げられる．この方式は，軍事作
　　戦の規模や期間，場所が不確定で，しばしば変更されるため，あらかじめ事業の枠組み
　　を決めることができないために用いられる．原価に応じて利益率が決まる仕組みのため，
　　受注した企業には経費を節約するインセンティブがなく，経費高騰や過大請求が起こっ
　　てしまうのである［Singer 2003: 邦訳 280-281; 小野 2009b: 11］.
3 ）スイス政府と赤十字国際委員会（International Committee of the Red Cross: ICRC）
　　が主導して，2008年に「モントルー文書」（Montreux Document）が採択された．同文
　　書は，PMSCの契約締結国，活動国，拠点所在国のそれぞれの政府に対して，PMSCを
　　規制するためにどのような行動をとるべきかを定めたものであり，2018年 1 月時点で，
　　54カ国とヨーロッパ連合（European Union: EU），欧州安全保障協力機構（Organization
　　for Security and Co-operation in Europe: OSCE），北大西洋条約機構（North Atlantic
　　Treaty Organization: NATO）が承認している（https://www.eda.admin.ch/ 2018年 1
　　月12日閲覧）．さらに，スイス外務省の主導で2010年には「民間軍事会社のための国際
　　行動規範」（International Code of Conduct for Private Security Service Providers）が
　　策定された［小野 2012: 76］.

📚 参考文献

邦文献

落合雄彦［2011］「国連武器禁輸とイギリスのサンドライン事件」，落合雄彦編『アフリカの紛争解決と平和構築──シエラレオネの経験──』昭和堂，55-71.

小野圭司［2009a］「民間軍事会社の実態と法的地位──実効性のある規制・監視強化に向けて──」『国際問題』(587): 36-45.

───［2009b］「紛争後復興における民間軍事会社の活用──市場の特徴と課題の考察──」『防衛研究所紀要』11(3): 1-23.

───［2012］「民間軍事会社（PMSC）による海賊対処──その可能性と課題──」『国際安全保障』40(3): 67-82.

佐藤千鶴子［2017］「南アフリカにおける治安対策──非国家主体に注目して──」近田亮平編『新興途上国地域の治安問題に関する基礎理論研究会　調査研究報告書』日本貿易振興機構アジア経済研究所（http://www.ide.go.jp/ 2018年1月18日閲覧）.

佐藤丙午［2009］「アフリカの紛争と民間軍事会社」『海外事情』57(5): 68-80.

武内進一［2001］「アフリカの紛争──その今日的特質についての考察──」，武内進一編『現代アフリカの紛争─歴史と主体─』日本貿易振興会アジア経済研究所，3-52.

旦祐介［2010］「民間軍事安全保障会社と紛争解決」，川端正久・武内進一・落合雄彦編『紛争解決　アフリカの経験と展望』ミネルヴァ書房，197-220.

宮内洋平［2016］『ネオアパルトヘイト都市の空間統治──南アフリカの民間都市再開発と移民社会──』明石書店.

欧文献

Abrahamsen, R. and M.C. Williams［2008］"Public/Private, Global/Local: The Changing Contours of Africa's Private Security Governance," *Review of African Political Economy*, (118): 539-553.

───［2011］*Security beyond the State: Private Security in International Politics*, Cambridge: Cambridge University Press.

Aning, K., T. Jaye and S. Atuobi［2008］"The Role of Private Military Companies in US-Africa Policy," *Review of African Political Economy*, (118): 613-628.

Avant, D.D.［2005］*The Market for Force: The Consequences of Privatizing Security*, Cambridge: Cambridge University Press.

Barbieri, A. and D. Brooks［2011］"AFRICOM and the Private Sector," in Buss, T.F., J. Adjaye and D. Goldstein eds., *African Security and the African Command: Viewpoints on the US Role in Africa*, Sterling: Kumarian Press, 135-143.

Emmanuel, N.［2015］"African Peacekeepers in Africa: The Role of United States Assistance and Training," *African Security Review*, 24(1): 23-38.

George, E.［n.d.］"The Market for Peace", in Gumedza, S. ed., *From Market for Force to Market for Peace: Private Military and Security Companies in Peacekeeping Operations*, ISS Monograph No.183, Pretoria: Institute for Security Studies, 17-37.

Gumedza, S.［2011］"Regulatory Approaches (if any) to Private Military and Security

Companies in Africa: Regional Mapping Study," in Gumedza, S. ed., *Merchants of African Conflict: More than Just a Pound of Flesh*, ISS Monograph No.176, Pretoria: Institute for Security Studies, 35–75.

Hönke, J. [2013] *Transnational Companies and Security Governance: Hybrid Practices in a Postcolonial World*, London and New York: Routledge.

Howe, H.M. [1998] "Private Security Forces and African Stability: The Case of Executive Outcomes," *Journal of Modern African Studies*, 36(2): 307–331.

Kwaja, C.M.A. [2015] "From Combat to Non-combat Action: Private Military and Security Companies and Humanitarian Assistance Operations in Darfur, Sudan," *African Security Review*, 24(2): 153–161.

McFate, S. [2008] "Outsourcing the Making of Militaries: DynCorp International as Sovereign Agent," *Review of African Political Economy*, (118): 645–676.

Scahill, J. [2008] *Blackwater: The Rise of the World's Most Powerful Mercenary Army*, London: Serpent's Tail (益岡賢・塩山花子訳『ブラックウォーター——世界最強の傭兵企業——』作品社, 2014年).

Singer P. [2003] *Corporate Warriors: The Rise of the Privatized Military*, Ithaca: Cornell University Press (山崎淳訳『戦争請負会社』NHK出版, 2004年).

Spearin, C. [2009] "Back to the Future? International Private Security Companies in Darfur and the Limits of the Executive Outcomes Example," *International Journal*, 64(4): 1095–1107.

（佐藤　千鶴子）

コラム① 核兵器の「唯一の放棄国」南アフリカ

　南アフリカは，核兵器のない世界を目指して積極的に行動をしている国のひとつである．たとえば，スウェーデンやニュージーランドなどで構成される「新アジェンダ連合」のメンバーとして，2000年の核拡散防止条約（NPT）再検討会議において，核兵器を廃絶するという「明確な約束」を核兵器国から取りつけることに成功している．最近では，2017年に採択された核兵器禁止条約の交渉で主導的な役割を果たした．「唯一の戦争被爆国」である日本にとって，南アフリカはもはや無視できない存在となっている．

　しかし，南アフリカはかつて核兵器を保有していた．1993年，デクラーク大統領は，1979年から6個の核兵器を製造・保有していたこと，1989年に核兵器を放棄したことを声明で発表している．

　1977年，ソ連は人工衛星のデータから，南アフリカがカラハリ砂漠で地下核実験を準備していると警告した．1979年には米国の衛星「ヴェラ」が核実験で生じたと思われる閃光を捉えた（ただし，隕石が衛星の近くを横切った際に生じた光とも指摘された）．南アフリカは，1960年代に登場したアフリカ非核兵器地帯構想を妨げる一因であった．

　だが，冷戦の終結で事態は大きく動いた．南アフリカは，ソ連とキューバの部隊がアンゴラから撤退したこと，南部アフリカ諸国間の和平が進展したこと，アパルトヘイト時代の孤立から脱却して国際社会への復帰を望んだこと等の理由で，核兵器を放棄したのである．また，白人政権から黒人政権に核兵器を移譲したくなかったことも指摘されている．

　南アフリカは，NPTに1991年に加入し，アフリカ非核兵器地帯条約には1996年に署名，1998年に批准した．核兵器の「唯一の放棄国」である南アフリカの事例は，核不拡散という点で，きわめて重要な示唆を与えてくれよう．

（佐藤　史郎）

第Ⅱ部 国家

第4章 紛 争

はじめに

　本章の目的は，アフリカの紛争の特徴，特にその時代的変化を具体的事例に基づいて考察することである．紛争は広範な事象を含む多義的な概念である．一般的にいえば，それは意見や利害を異にする主体間の両立しえない行為を指す［Yarn ed. 1999: 114］．本章では，それを大規模な物理的暴力を伴う集団間の紛争に限定して考える．アフリカでは，とりわけ1970年代以降，深刻な暴力を伴う紛争がしばしば勃発した．ビアフラ戦争，スーダン内戦，ルワンダのジェノサイドなど，その人道被害が世界に衝撃を与えたアフリカの紛争は少なくない．本章のフォーカスはこうした紛争に当てられる．

　個人間の紛争や物理的な暴力を伴わない紛争は，本章では直接の分析対象とはしない．特定集団に対する差別や抑圧，また著しい経済格差が存在する社会状況を広義の紛争と考えることは可能だし，そうした状況はふつう物理的暴力と密接な関係を持つ．しかし本章では，議論の焦点を絞るために分析の対象から外すこととする．以下では，まず紛争の種類について概念的な分類を行って本章の射程を明らかにしたうえで，具体的な紛争に即して，時代に応じたアフリカの紛争の特徴とその変化について考察する．

1　紛争の種類

　紛争と一口に言っても，その主体や暴力の性格によって様々なタイプを想定しうる．本章は分析対象を大規模な物理的暴力を伴う集団間紛争に限定するが，こうした紛争もまた多様である．

紛争主体
紛争について考えるとき，国家がその主体となるのか，そうでないかは重要

44　第II部　国　家

な分類基準である．ここではさしあたり，国家を中央政府を掌握する権力主体とみなすことにしよう．マックス・ウェーバー（Max Weber）が指摘するように国家は暴力の独占を許されており，治安維持機能を果たすために警察や軍など組織的な暴力装置を保持している．したがって，国家が紛争の主体となれば，暴力の程度は顕著に高まる．この観点から，主体に着目すれば，① 国家対国家，② 国家対非国家主体，③ 非国家主体対非国家主体の3つのタイプに紛争を分類することができる．

　日本人が「戦争」という言葉を聞いたときに連想するのは，①の国家間紛争であろう．しかし，現代世界において国家間戦争の数は著しく減少している．アフリカも同様である．現代世界で最も注目され，またきわめて多くの犠牲者を生み出しているのは，②のタイプである．これはいわゆる内戦，国内紛争で，国家と反政府武装勢力が衝突するタイプの紛争といえる．以上の①と②については，ウプサラ大学が中心になって作成しているウプサラ紛争データプログラム（Uppsala Conflict Data Program: UCDP）が1946年以降の詳細なデータを提供しており，その特徴や傾向を知ることができる．

　一方，非国家主体どうしの紛争（③）については，信頼に足るデータがほとんどなく，その把握が難しい．UCDPがこうした紛争をデータから排除しているのも，それに関する正確な情報収集が極めて困難であるためであろう．ただし，アフリカにおいてこうした紛争が頻発していることは明らかで，具体的には，牧畜コミュニティ間の家畜略奪，農耕民と牧畜民の衝突などが指摘できる．近年，自動小銃など強い殺傷力を持つ武器がアフリカに浸透し，非国家主体間の紛争が重大な人的被害を生むようになった［佐川 2011］．人口増加に伴って水や土地などをめぐる資源制約が強まるにしたがって，コミュニティ間紛争が増加傾向にあるとの指摘は多い．また，2007-08年にケニアで起こった選挙後暴力のように［津田 2008］，政治権力闘争と密接に結びつく形でコミュニティ間暴力が生じることも少なくない．データ面の制約は免れないものの，本章では①②のみならず③も視野に入れて，アフリカの紛争を考えることとしたい．

暴力のパターン

　どのような暴力が行使されたのかによって紛争を分類することも可能である．紛争主体の一方が重火器を持ち，他方が小火器すら持たない状態で武力紛争が起こるなら，前者から後者への一方的な暴力行使がなされ，結果として虐

殺が起こるだろう．1994年のルワンダでは，大統領暗殺事件をきっかけにトゥチ住民を標的とした殺戮が全土で実行されたが，そこでは教会に避難した丸腰の住民を軍や警察が火器を使って攻撃した．ルワンダの虐殺では「隣人」による「ナタ」を使った襲撃が強調される傾向にあるが，それは事実の一部でしかない．100日足らずのうちに少なくとも50万人に及ぶ人びとが殺害されたのは，軍や警察による組織的な攻撃があったからである．これは，所持する武力の圧倒的な不均衡に基づく一方的な暴力であった．

　先述のUCDPは，紛争の定義に「双方の主体が武力を行使する」ことを含めており，一方的な暴力については別のカテゴリー（"One-Sided Violence"）に分類してデータベースを作っている．しかし，本章では，この種の暴力も紛争に含めて議論を進める．アフリカの紛争を概観することが本章の目的であり，一方的暴力を分析から排除する理由はない．加えて，第2次世界大戦期のユダヤ人虐殺が示すように，こうした一方的暴力は多くの場合武力紛争に随伴して起こる［Shaw 2003］．ルワンダの虐殺もまた，1990年に勃発した内戦の一環として捉えるべき事象である．

　本章が分析対象とする「大規模な物理的暴力を伴う集団間紛争」が明確になったところで，アフリカにおける具体的な紛争をみてみよう．表4-1に，1940

表4-1　アフリカの主要な紛争

年代	紛争国
1940-50年代	アルジェリア，ケニア，マダガスカル
1960年代	コンゴ民主共和国，スーダン，ナイジェリア
1970年代	アンゴラ，ウガンダ・タンザニア戦争，エチオピア，エチオピア・ソマリア（オガデン）戦争，スーダン，ジンバブエ，チャド，ブルンジ，南アフリカ（ナミビア），モザンビーク，モロッコ（西サハラ）
1980年代	アンゴラ，ウガンダ，エチオピア，スーダン，ソマリア，チャド，チャド・リビア，南アフリカ（ナミビア），モザンビーク
1990年代	アルジェリア，アンゴラ，エチオピア，エチオピア・エリトリア戦争，コンゴ共和国，コンゴ民主共和国，スーダン，シエラレオネ，ソマリア，チャド，ナイジェリア，ブルンジ，モザンビーク，リベリア，ルワンダ
2000年代	アンゴラ，コンゴ民主共和国，スーダン，ソマリア，リベリア
2010年代	コンゴ民主共和国，ソマリア，中央アフリカ，ナイジェリア，マリ，南スーダン，リビア

出所）UCDPデータ（UCDP/PRIO Armed Conflict Dataset version 17.1）をもとに筆者作成．

年以降のアフリカにおける主要な紛争を挙げる．UCDPデータにおいて紛争強度が「強い」と評価された紛争を中心としつつ，筆者の判断も交えてピックアップした[1]．データソースがUCDPなので，基本的に政府が少なくとも一方の紛争主体となったものしか挙げられておらず，コミュニティ間の紛争は含まれていない．そのような制約はあるが，この表からアフリカの紛争の特徴やそれが経験した変化をある程度みてとることができる．

2　冷戦期の紛争

　アフリカの紛争には，時代ごとに特徴が観察できる．まず冷戦期の紛争について検討しよう．1940–50年代の紛争は，いずれも植民地解放闘争に関わる．マダガスカルでは，フランス統治期の1947–48年に大規模な農民蜂起が起こり，その後の容赦ない鎮圧によって数万人が殺害されたといわれている．アルジェリアもケニアも，入植者に占拠された土地の解放を求めて1950年代に激しい武力闘争が勃発し，多くの人びとが犠牲になった．

　1960年代には，コンゴ民主共和国（以下，コンゴ），ナイジェリア，スーダンという大国で深刻な紛争が起こっている．前2者ではいずれも東南部の資源産出地域（カタンガ州, ビアフラ地域）が分離独立要求を掲げて内戦へと突入し，スーダンでものちに南スーダンとして独立を果たす南部から紛争の火の手が上がった．独立直後に3つの大国で起こったこれらの紛争は，アフリカの紛争を考えるうえで重要なポイントをいくつも含んでいる．ここでは3点指摘しておきたい．

　第1に，独立直後の国家運営の難しさである．アフリカ諸国はヨーロッパの恣意的な分割によって誕生し，80年程度の植民地支配を経て独立した．国家の運営がヨーロッパ人からアフリカ人へと引き渡された直後は，独立祝賀の華々しい雰囲気とは裏腹に，政治的に極めて不安定な時期である．そこでクーデタや紛争が勃発しやすいことは，今日の南スーダンにも通じる事実である．

　第2に，植民地期の遺産に関わる問題である．第1の点と密接に関連するが，独立直後に勃発する紛争の原因は植民地期に形成されたものである．ナイジェリアやスーダンでは，ムスリムが国家形成を進めていた北部と非ムスリムが複数の政治的共同体を形成していた南部が同じ植民地に含まれたものの，植民地当局は両者を相互に隔離したまま統治を続け，相互理解が進まないまま独立に

至った．コンゴにおいても，鉱物資源を豊富に産出するカタンガ州には植民地当局の利権が集中しており，この州の経済的な富をどう分配するのかが決まらないまま独立を迎えた．独立直後のコンゴでカタンガ州が分離独立を宣言した背景に，旧宗主国ベルギーの手引きがあったことはよく知られている［三須2017］．

　第3に，紛争と資源の関係である．カタンガ州では銅やコバルト，ビアフラ地域では石油が豊富で，その富が国家の歳入を支えていた．その地域が紛争の震源地となったことは，資源と紛争との密接な関係を示している．これは冷戦終結後に世界の耳目を集める論点だが，独立直後の紛争にも表れていたのである．

　次に，1970-80年代の紛争についてみよう．この時代の特徴として，2点を挙げることができる．第1に，同時期は依然として植民地解放闘争が続いている．この点は，特に南部アフリカで顕著であった．南ローデシア（現ジンバブエ）では，アフリカ人中心の独立に向けた宗主国（英国）からの働きかけに反発して，白人入植者が1965年に一方的独立を宣言した．そのため1980年に独立を勝ち取る直前まで，植民地解放のための武力闘争が続けられた．南アフリカ（以下，南ア）による占拠が続くナミビアにおいても，同様に武力闘争が続いた．この時期，アパルトヘイト体制下の南アフリカを筆頭に，南部アフリカでヨーロッパ人勢力は依然強力であった．

　第2に，域外諸国の公然たる軍事介入や代理戦争がしばしばみられた．アンゴラでは，マルクス・レーニン主義を掲げるアンゴラ解放人民戦線（Movimento Popular de Libertação de Angola: MPLA）の政権をソ連とキューバが支援し，アンゴラ全面独立民族同盟（União Nacional para a Independência Total de Angola: UNITA）などの反政府武装勢力を米国と南アが支援するという，冷戦下の代理戦争が展開した．モザンビークにおいても，マルクス・レーニン主義を掲げるモザンビーク解放戦線（Frente de Libertação de Moçambique: FRELIMO）の政権に対して南アが不安定化工作を働き，反政府武装勢力であるモザンビーク民族抵抗運動（Resistência Nacional Moçambicana: RENAMO）を支援した．アパルトヘイト体制下の南アは強力な反共国家であり，周辺諸国，特にマルクス・レーニン主義国家に対して積極的に不安定化工作を行った．この時期，戦略的利害関係を異にする国家が相互に介入し，国家間戦争に至るケースもままあった．1980年代のチャド内戦はフランスとリビアの代理戦争という性格が強く，双方が対

立する勢力を支援したが，北部アオズ地域の帰属をめぐってはチャド・リビア
両国間の武力衝突に発展した．その他にも，エチオピア・ソマリア間のオガデ
ン戦争（1977-78年）やウガンダ・タンザニア戦争（1978-79年）のような国家間の
戦争がこの時期に起こっている．これら3つの戦争の背景には，リビアのムア
ンマル・カダフィ（Muammar Gaddafi），ソマリアのモハメッド・シアド・バー
レ（Mohamed Siad Barre），ウガンダのイディ・アミン（Idi Amin）という，いず
れも拡張主義政策を遂行した政権の存在があるが，この時代は米ソを筆頭に他
国への介入がときとして公然と行われ，国家間の緊張が著しく高まった．

3　ポスト冷戦期の紛争

　冷戦終結という国際政治上の巨大な変化は，アフリカにも重大な影響を与え
た．1990年代のアフリカでは，深刻な紛争が多発している．国連と米国による
大規模な介入にもかかわらず紛争の収束に失敗したソマリア，100日足らずで
50万人以上が殺戮されたルワンダ，国民の大多数が難民や国内避難民となった
リベリアなど，きわめて重大な物的，人的被害を与える紛争が頻発した．
　筆者は，この時期のアフリカにおける深刻な紛争の頻発には，国際政治の変
化が大きく影響したと考えている．冷戦期，米ソやフランスといった（超）大
国の外交戦略を特徴づけていたのは，アフリカ諸国を自分たちの陣営に取り込
み，それを強化しようとする姿勢である．敵対陣営の政権をはじめ，国益に反
する政権への不安定化工作をためらわず，自陣営の政権が危機に陥れば救済の
ために軍事介入することもしばしばだった．前節でアンゴラやモザンビークの
例を述べたが，フランスも国益むき出しの介入を行った．1964年にガボンで親
仏のレオン・ムバ（Léon Mba）政権に対するクーデタが起こった際には，軍事
介入してムバを政権に復帰させたし，1979年には人権侵害で悪評高いジャン＝
ベデル・ボカサ（Jean-Bédel Bokassa）を排除するために中央アフリカに軍事介
入した．（超）大国にとって最大の関心は自陣営を守りその勢力を拡大させる
ことであり，その点を除けばアフリカ諸国の内政への関心は薄かった．人権侵
害や汚職で悪名高いザイール（現コンゴ）のモブツ・セセ・セコ（Mobutu Sese
Seko）が米国をはじめ西側諸国と親密な関係を結び，手厚い支援を受けたこと
に示されるように，東西の（超）大国はいずれも，自分たちに忠実な政権であ
れば支援を惜しまなかったのである．

しかし，冷戦終結は国際政治を激変させた．東側陣営の消滅によって，西側のイデオロギーである自由民主主義が世界的に主流化しただけでなく，西側諸国は対アフリカ政策を変化させた．冷戦期と違って東側陣営の影響力拡大を恐れる必要はなくなったため，アフリカ諸国の内政に目が向けられるようになったのである．人権抑圧や汚職が蔓延する政権への支援は，冷戦期には対東側戦略として正当化できたが，冷戦後はもはや自国民（納税者）の理解をえられなくなった．1990年代初頭，西側援助国は相次いで「民主化しない国には援助を供与しない」政策を打ち出すようになる．冷戦終結によって民主化が開発援助のコンディショナリティとなり，経済危機に喘いでいたアフリカ諸国はそれを受け入れる以外の選択肢はなかった．結果として，軍事政権や権威主義的な一党制政権が続々と多党制を導入することとなった．

このように，1990年代初頭のアフリカでは多くの国々が一党制や軍政から複数政党制へと体制転換したが，それらは基本的に外圧による変化であり，結果として政治的混乱を助長したことも少なくない．選挙はしばしば武力紛争の引き金となった．複数政党制に転換すれば，権力者にとって選挙の意味はずっと大きくなる．政治権力を握るために，選挙に勝たねばならないからである．政治権力獲得を目指す政党は，合法的な活動だけでなく，贈賄はもとより，扇動や脅迫，さらには暴力をも用いて人びとの投票行動に影響を与えようとした．

ルワンダでは，1994年に人口上の少数派トゥチに対する大量殺戮が起こった［武内 2009］．この悲劇に至る過程で重要な意味を持つのは，この国が1990年以降トゥチを主体とする反政府武装勢力であるルワンダ愛国戦線（Rwandan Patriotic Front: RPF）の侵攻を受けて内戦状態にあったこと，そして1991年にそれまでの一党制を廃して多党制に移行したことである．内戦終結に向け，国際社会の仲介によって1993年に和平協定が結ばれたものの，同協定の履行に反対する急進派政党はRPFとトゥチを標的としたエスニックな扇動を繰り返した．そこではラジオや新聞が積極的に利用され，政党が組織した若者が人びとを脅迫した．1994年4月6日に大統領搭乗機が撃墜されると，こうした若者が民兵となって大量殺戮を先導したのである．ルワンダの他にも，ザイール（1991年），コンゴ共和国（1993年），ケニア（2007-08年），コートジボワール（2010-11年）など，アフリカの多くの国で選挙がきっかけとなって武力紛争が勃発している．

冷戦終結は，（超）大国のアフリカへの介入の仕方を変化させた．先に述べたように，冷戦期において，米国やソ連，フランスは，自陣営の政権を軍事援

助や開発援助で支え，敵対陣営の政権に不安定化工作を行った．しかし，冷戦終結以降，米国はアフリカに対するこうした直接的な介入を行っていない．東側陣営を意識する必要がなくなったうえに，1993年のソマリアに対する人道的介入が失敗し，米兵が犠牲になって国内から強い批判を受けたことで，米国はアフリカへの軍事介入に極めて慎重になった．同様にフランスも，1994年のルワンダで大量殺戮に加担したハビャリマナ政権を支援したことで国内外から激しい批判を浴び，国益を前面に出した軍事介入を避けるようになった．

　1990年代後半以降の西側諸国による介入事例としては，英国によるシエラレオネへの介入（2000年），北大西洋条約機構（North Atlantic Treaty Organization: NATO）によるリビアへの介入（2011年），フランスによるサヘル地域への介入（2013年以降），フランスによる中央アフリカへの介入（2013-16年）などが挙げられる．これらはいずれも人道的理由を掲げた介入であり，国連安保理の決議を事前にえていた．シエラレオネや中央アフリカでは紛争による人道危機の拡大を予防すること，リビアでは人道に反する行為を繰り返す指導者から市民を保護すること，サヘル地域ではテロを行うイスラーム急進主義グループを排除することが目的に掲げられた．特にリビアでは，史上初めて「保護する責任」（Responsibility to Protect: R2P）を掲げた軍事介入が実施された．これらの軍事介入が国益と無縁だったとはいえない．とはいえ，冷戦期のように露骨な国益のための軍事介入がなくなり，人道的理由を掲げて国連の承認を得た後でしか介入しなくなったという意味では，変化を認めるべきだろう．

　域外大国からの直接，間接の介入，支援が減少したことで，武装勢力は自前での軍事資金調達を迫られた．結果として起こったのは，紛争の自律化である．身近にある天然資源を密輸し，資金調達に当てる勢力が続出した．シエラレオネやアンゴラの「紛争ダイヤモンド」はこの典型例である．その他にも，コルタンや金（コンゴ），木材（リベリア），石炭（ソマリア），象牙（中央アフリカ）など，武装勢力が天然資源を利用して資金調達を実施する事例には事欠かない．武装勢力が自前の資金調達能力を持ったことで，紛争解決は一層困難になった．コンゴ東部の紛争が終結せず約20年にわたって継続している理由のひとつは，豊富な鉱物資源を武装勢力が利用しているからに他ならない．

4 2000年代以降の新たな特徴

　2000年代に入ると，アフリカにおける武力紛争の発生件数や犠牲者数は減少傾向を示した [Straus 2012]．この理由は様々だが，1990年代の深刻な紛争の経験によって，アフリカの政治指導者や民衆に武力紛争を回避する傾向が強まったこと，また国際社会にも紛争の拡大を抑止する政治技術が蓄積されたことを指摘できるだろう．たとえば，国連ではソマリアやルワンダなど1990年代の失敗を総括した文書「ブラヒミ報告」を刊行し [UN 2000]，その反省を踏まえてPKO戦略を転換した．ただし，これをもってアフリカの平和構築が成功したと評価するのは早計であり，紛争の性格が変化したと捉えるべきだろう．

　この時期に顕在化した新しい特徴として，イスラーム急進主義をめぐる動きが挙げられる．これが世界的な注目を集めたのは2001年9月11日の同時多発テロ事件だが，2000年代にサハラ以南アフリカにも次第に浸透し，事件を起こすようになった．イスラーム急進主義を掲げる武装勢力としては，ソマリアのシャバーブ (Shabaab)，ナイジェリアのボコ・ハラム (Boko Haram)，マリを中心としたサヘル地域のイスラーム・マグレブのアル＝カーイダ (al-Qaida in the Islamic Maghreb: AQIM) などがある．これらの組織は武力紛争の中で一定領域に支配力を行使しているほか，近隣諸国でもテロ行為などの形で活動している．2013年9月にケニアの首都ナイロビでシャバーブが起こしたショッピングモール襲撃事件は記憶に新しい．

　これらアフリカのイスラーム急進主義勢力は，アル＝カーイダやイスラーム国 (Islamic State: IS) といった中東に本拠を置くイスラーム急進主義勢力との関係性を強調することが多い．ただし，これらの組織の誕生や拡大は，アル＝カーイダやISが中東からアフリカへ伸長したというより，それぞれローカルな文脈でイスラーム主義が急進化した結果である．ソマリアでは，長期にわたる内戦のなかで2000年代半ばにイスラーム法廷連合 (Islamic Courts Union: ICU) が統治領域を拡大した．ICUは，政府不在の中で司法機能を担う自生的なイスラーム法廷 (シャリーア法廷) の連合体であったが，内部に急進勢力が存在していたため，米国や隣国エチオピアはその勢力拡大を恐れた．結局，米国の支援を受けたエチオピアが2007年に軍事介入してICUを駆逐したのだが，その後より急進的なシャバーブの台頭を招くことになった [遠藤 2015: 第3章]．ナイジェリア北部で

は，19世紀初頭にフルベ人ウスマン・ダン・フォディオ（Usman dan Fodio）が主導する「ジハード」とソコト・カリフ国の成立以来，イスラーム改革運動の形をとった反体制運動が繰り返し起こってきた．ボコ・ハラムの台頭もその文脈で理解すべきものであり，それが暴力化の度合いを一挙に高めるのは，2009年7月に指導者ムハンマド・ユスフ（Mohammed Yusuf）が警察に殺害されてからのことである［坂井 2015］．AQIMは1990年代のアルジェリア内戦の残党が組織したものだが，それがマリ北部で影響力を強めるのは，1960年代以降分離独立を要求して蜂起を繰り返していたトゥアレグ人勢力と結びついたことと，2011年のカダフィ政権崩壊によってリビアからマリに大量の戦闘員と武器が流入したことによる［佐藤 2017］．

おわりに

　アフリカの紛争について時代ごとに特徴を述べてきたが，時代を経ても変わらないものもある．それは，アフリカの武力紛争が基本的に政治制度の脆弱性によって引き起こされてきたという点である．国家の統治に政治権力闘争はつきものだが，多くの国でそれは選挙をはじめとする様々な政治制度を通じて非暴力的に解決される．制度ではなく暴力で権力闘争を解決しようとすれば，クーデタや武力紛争に至るだろう．独立直後から今日まで，アフリカの紛争の圧倒的多数は内戦であり，それらはつまるところ政治権力闘争を暴力的に解決しようとしたために勃発したものである．

　なぜ，アフリカの政治制度は脆弱なのか．そこにはアフリカの国家形成過程が影を落としている．19世紀末のベルリン会議でヨーロッパ列強に恣意的に分割され，その領域が植民地統治を経て主権国家となったアフリカ諸国は，植民地化以前から存在する政治的共同体とはまったく異なる領域で国家を統治せざるをえない．ルワンダやブルンジのように，植民地化以前から存在する政治的共同体が領域的にはほぼそのまま主権国家として独立したケースもあるが，そこではいずれも植民地統治期に社会が顕著に分断された［武内 2009］．政治権力闘争を非暴力的に解決するための経験や知識が有力者の間に共有されていないことが，アフリカでクーデタや武力紛争が頻発してきた理由である．政治指導者間の権力闘争が暴力化する中でエスニシティが政治的に動員され，エスニックな対立へとつながった．ひとつの国のなかに部族が複数存在し，それらの衝

突から武力紛争に至るというよりも，政治指導者間の対立を制度的に解決できずに紛争に至り，その過程で部族を単位とした動員がなされるのである．アフリカの紛争の一因が権力闘争を統御する政治制度の脆弱性にあり，その背景に植民地化以降の国家形成過程が影響していることは疑いない．

　これはアフリカで紛争が頻発する理由として念頭に置くべきことだが，だからといってアフリカ諸国が紛争の頻発を宿命づけられているわけではない．タンザニアやザンビア，ガーナなど，独立以来深刻な武力紛争を経験していない国々はたくさんある．こうした国々では，政治制度の脆弱性にもかかわらず，大規模な紛争に陥らずに国家運営がなされてきた．どのような工夫がなされてきたのか，その知恵を研究，分析することが求められている．

注

1）UCDPのデータでは紛争の強度（intensity）を２つに分類している．年間の戦闘関連死者数が1000人を超えた場合は強度の紛争（war），25人以上1000人未満の場合は低強度の紛争（minor）と見なしている．このデータベースでは，紛争の定義に「年間戦闘関連死者数25人以上」という条件が含まれるので，それ未満の場合は紛争と見なされないことになる．

参考文献

邦文献

遠藤貢［2015］『崩壊国家と国際安全保障——ソマリアにみる新たな国家像の誕生——』有斐閣．

坂井信三［2015］「北部ナイジェリアのムスリム・コミュニティーとイスラーム改革運動」，日本国際問題研究所編『サハラ地域におけるイスラーム急進派の活動と資源紛争の研究——中東諸国とグローバルアクターとの相互連関の視座から——』日本国際問題研究所，53-74．

佐川徹［2011］『暴力と歓待の民族誌——東アフリカ牧畜社会の戦争と平和——』昭和堂．

佐藤章［2017］「イスラーム主義武装勢力と西アフリカ——イスラーム・マグレブのアル＝カーイダ（AQIM）と系列組織を中心に——」『アフリカレポート』（55）: 1 -13．

武内進一［2009］『現代アフリカの紛争と国家——ポストコロニアル家産制国家とルワンダ・ジェノサイド』明石書店．

津田みわ［2008］「2007年ケニア総選挙後の危機」『アフリカレポート』（47）: 3 - 8 ．

三須拓也［2017］『コンゴ動乱と国際連合の危機——米国と国連の協働介入史，1960～1963年——』ミネルヴァ書房．

欧文献

Shaw, M. [2003] *War and Genocide: Organized Killing in Modern Society*, Cambridge:

54   第Ⅱ部　国　家

　　Polity.

　Straus, S. [2012] "Wars Do End! Changing Patterns of Political Violence in Sub-Saharan
　　Africa," *African Affairs*, 111 (443): 179–201.

　United Nations [2000] *Report of the Panel on United Nations Peace Operations*, (A/55/305
　　S/2000/809).

　Yarn, D.H. [1999] *Dictionary of Conflict Resolution*, San Francisco: Jossey-Bass Inc.,
　　Publishers.

ウェブサイト

　Uppsala Conflict Data Program (UCDP) Website (http://ucdp.uu.se/ 2018年9月9日閲
　　覧).

(武内　進一)

第5章　崩壊国家

はじめに

　本章では，1990年代以降のアフリカにおける紛争の過程で生じた崩壊国家状況について，その特徴を論じる．その際に，より一般的に用いられることの多い失敗国家や破綻国家概念が持つ問題性を提示し，ソマリアを事例としながら崩壊国家をより明確で限定的な現象として整理する[1]．そして，国家崩壊ではなく崩壊国家という視座の検討を通じて，構造的な側面からの評価にとどまらず，紛争状況に付随して発生する機会を読み解く観点も加味して崩壊国家の検証を行うことにしたい．

1　失敗（破綻）国家概念の曖昧性

　本来の政府機能が失われたり，それから逸脱する行動をとる状態に陥ったりする国家を「失敗（破綻）国家」（failed states）と呼ぶ場合がある．こうした状況の下では，本来国家により守られるはずの人びとの安全がさまざまな形で危機に晒されることになる．ここで問題化されるのは従来の安全保障の対象である国家ではなく，人びとの安全そのものである．

　失敗（破綻）国家概念には，政策概念という観点からみると，この概念を用いることによって，一部の国連機関などの政策実施機関が，冷戦後の文脈においてもその役割を継続することが可能となるという意味で「延命」が可能となる一種のイデオロギー性をはらんでいるという指摘があるとともに［Woodward 2017］，厳密な術語として用いられる場合には以下のようないくつかの問題があることに留意すべきであろう．第1に政府機能が失われるに至った理由がさまざまであるからである．アフガニスタンのタリバーン政権のように，「対テロ」の名目の下でアメリカの攻撃によって壊された事例と，ソマリアのように，主にクラン間の内戦の下で旧体制が放逐され，その後20年以上にわたり新政権の

56　第Ⅱ部　国　家

樹立が出来なかった状況を，同じ概念でまとめることは十分な妥当性を欠くものである．第2に，失われた政府機能の程度や様態が異なる事例をまとめて議論することになり，むしろ議論の上での混乱を招くことになるからである．ソマリアのように，政府機能が完全に失われた状態が継続している状況と，1997年以降紛争下にあり国の東部に位置する首都キンシャサには政府が存在するものの，国土の一部しか実効支配が行われてこなかったコンゴ民主共和国の状況，さらには1994年に生じたルワンダで発生したジェノサイドのように，本来領民に対する安全を提供すべき政府が，大量殺戮の少なくともその初期段階において，その殺戮に組織的に関与する状況が内戦のなかで発生している状況を失敗（破綻）国家として一括することが妥当性を持つとは言いがたい．

　上記の理由から，一般的に失敗（破綻）国家という形でまとめて概念化してきたものを，次のように分類して考える捉え方が出てきた．すなわち，「弱い国家」（weak state），「失敗しつつある国家」（failing state），「失敗国家」（failed state），「崩壊国家」（collapsed state）というひとつの代表的な分類例である［Rotberg 2004］．

　この場合，「弱い国家」は，さまざまな理由で，本来政府が提供する必要のある公共財の提供が十分に行えなくなっているほか，国内的な対立を抱えたり，都市部の犯罪発生率が高くなっていたり，教育・医療面での十分なサービス提供ができない状況に至っている国家を指している．

　「失敗国家」の場合には，その領内において暴力（あるいは武力紛争）の程度が激しいということ以上に，① その暴力が持続的であること，② その暴力が経済活動と連動していること，③ その暴力が既存の政府に対して行われていること，④ その結果として，暴力の行使が更なる権力獲得の手段として暴力主体の間で正当化されていること，などが挙げられる．その際に重視されているのは，政府が住民を抑圧し，国内の安全を剥奪する行為を行う点である．それによって，現政権に対する国内の反発を招き，武力紛争に発展する状況が生まれのである．失敗国家のその他の特徴としては，国内の周辺地域に対する支配がまったく及ばないこと，犯罪につながる暴力が多発すること，公共財をほとんど提供できないこと，国家の諸制度のなかでも国家元首を中心とした執行部がかろうじて機能している以外ほとんどは機能停止に陥っていること，などを挙げることができる．こうした見方に立てば，先に挙げたルワンダやコンゴ民主共和国は失敗国家の事例と考えるのが妥当であるし，ダルフール紛争の下で

深刻な人道危機が生じ，この問題に関して国際刑事裁判所（International Criminal Court: ICC）からオマル・アル＝バシール（Omar Hassan Ahmad al-Bashir）大統領に対する逮捕状が出されているスーダンもこの範疇に含まれる．

「失敗しつつある国家」は，弱い国家から失敗国家へと政府機能がさらに弱体化している中間的な国家のあり方と考えることができるものである．

そして，「崩壊国家」は失敗国家の極限的な姿であり，政府が完全な機能不全に陥り，公共財は政府以外の主体によってアドホックに提供されるだけで，権威の空白が生じている状態を指している．ソマリアはこの崩壊国家の典型例と考えることができる．失敗国家において政府の支配が及ばない地域や，崩壊国家の場合，特定の領域を実効的に支配し，グローバルな経済ネットワークとも結びついた「軍閥」と呼ばれる新たな紛争主体が，公共財としての治安を代替的に提供する場合もある．

しかし，こうした失敗（破綻）国家をめぐる分類基準も，実際には客観的に設定されているわけではなく，紛争過程で生じてきたさまざまな特徴を後追いする形で提起されているという限界を持っている．そのために解釈によっては恣意的な分類基準になりうる余地を残している．さらに，上記の分類には難点がないとはいえない．それは失敗（fail）と崩壊（collapse）は，定義上は位相が異なるにもかかわらず，その違いが十分に考慮されず，両者が現実にひきつけられる形で連続的に捉えられている点である．失敗の最大の特徴が，「政府が住民を抑圧し，国内の安全を剥奪する行為を行う点」にあるとすれば，そこには機能する政府の存在が前提とされており，その政府機能がほぼ停止することによって特徴づけられる「崩壊」とはずれる．現実的には失敗と崩壊は相補的に進行する面もあり，厳密な区分は難しいが，定義上２つは異なった論理と方向性を持つと考える必要がある．

2　問題化される主権

主権の部分的機能不全
――「国家」と非「国家」，「政府」と非「政府」の位相――

ここではまずスティーブン・クラズナーの主権に関する議論を援用し，以下の議論で用いる概念設定を行う．クラズナーは，主権を便宜的に「国際法的主権」，「ウェストファリア的／ヴァッテル的主権」，「国内的主権」の３つ（当初

は「相互依存的主権」を含めて4つ）の側面に分けた．その上で，「理想的な主権国家体系」においてはこれらが相互に支持しあいながら機能することで国際関係が成立すると論じる一方で，現実世界においては，とりわけ「国内的主権」が機能不全を起こしており，他の側面の主権の機能によりその存立が確保されているような事例があることを指摘している［Krasner 2004］．なお，その際，クラズナーは特にソマリアに言及している．また，トーマス・リッセは「国内的主権」の実現の度合いを広く設定することで，ここで論じているソマリアのような極端な事例以外にも限定的にしか国家性を実現できていない国家におけるガバナンスを扱う際に「限定的国家性」（Limited Statehood）という概念を設定している［Risse, ed. 2011］．

　以下では，「国家」を「国際法的主権」と「ウェストファリア的／ヴァッテル的主権」に関する，特に外との関係をめぐる法と政治に関わる組織と設定する．また，「政府」をクラズナーの定義において「国内的主権」に関わる組織とし，一部国外との交流を念頭に置きつつも主に国内に関わる統治に焦点を当てた組織の側面と考える．これは，一般的には現実レベルでは差異化が困難な主権に関わる問題を，概念上「政府」と「国家」とに腑分けすることによって操作し，分析を試みるためである．

　上記のように「国家」と「政府」を区別することで，非「国家」と非「政府」は，定義の上では前者は何らかの理由で「国際法的主権」と「ウェストファリア的／ヴァッテル的主権」を実行できない組織や政体，後者は「国内的主権」を実行できない組織や政体となる．言い換えれば，非「国家」は他国からの国家としての承認をえることができない組織，あるいは国内の政治的権威が外部主体から自律しておらず，何らかの影響を受ける組織である．他方，非「政府」は国内の実効的な統治を実現できていない組織ということになる．.

　本節における上記の概念整理をもとに作成したのが表5-1である．国家が政府と現実にはほぼ重なりつつも，厳密には区分して考えられるものであり，理念型としての近代国家（ここでは主権国家としておく）は基本的にここで定義される「国家」と「政府」を同時に実行できると想定されることから，左上に分類することが可能である．また，非「国家」と非「政府」である領域は広く，主権国家以外の多くの組織（企業や社会運動組織なども含む）はほぼ右下に収まることになるが，ここではより包括的な概念と考えられるようになった非国家主体（Non-State Actors: NSA）とする．本章の概念設定では，残りの「政府」非「国

表5-1 「国家」と「政府」，非「国家」と非「政府」からみた類型 I

	「国家」	非「国家」
「政府」	主権国家　（国民国家）	A
非「政府」	B	非国家主体

出所）筆者作成.

家」と「国家」非「政府」という形で分類できる2つが分類上存在しうることがわかる．それらを仮にAとBとするが，以下の議論では，この2つを埋める現実の政体が現代アフリカの政治変動に関わる文脈において生起していることを検証する．

実現されない主権の下での政体

　こうした概念設定を行ったうえで，以下において問題化するのは，崩壊国家という国家のあり方である．本章では，たとえば，「1991年以降のソマリアでは国家が機能停止した」といった捉え方とは差別化を図ることをねらいとしている．崩壊国家は本章で定義する「政府」を喪失した状態である．これまでもソマリアに関しては，しばしば「国家性の喪失」（statelessness）といった表現を用いる形で議論の俎上に上ってきた．崩壊国家に至った場合には，政府が領民を抑圧する指向性を持つか持たないかということはすでに問題にならなくなるところまでその機能は失われている．しかしこれを「国家性の喪失」といった形で概念化することは国家をめぐる内なる論理に偏りすぎた議論でもある．本章の概念設定に基づいて解釈すれば，崩壊国家は「国内的主権」が極限的な形で失われているからである．しかし，現代世界において崩壊国家は「当該国家の消滅や機能停止と同義ではない」ことに留意する必要がある．

　上記の点を敷衍しよう．崩壊国家は，内なる統治の論理からすれば「政府」が機能してないことにより国家の体をなしていない．しかし，その国家は「国家」として完全に消滅したわけではない[2]．国際社会における認識の上では，引き続き存在している．言い換えると，国際法上国家の要件のひとつとして考えられている実効的な「政府」の存在していない「国家」が崩壊国家という形で存立し続けているのである．崩壊国家は，「国内的主権」が極限的に失われ，国家承認＝「国際法的主権」によってのみのその存立が担保され，その枠組み

60　第Ⅱ部　国　家

のなかでの再建が期待されるほか，「ウェストファリア的／ヴァッテル的主権」
の下で外部からの介入には国際社会のルールに基づいた一定の手続きを必要と
する状況にある．実際，国連安全保障理事会の承認を経て行われた1993年の第
2次国連ソマリア活動（United Nations Operation in Somalia II: UNOSOM II）の失敗
と撤退後は，ソマリアはほぼ国際社会のなかで放置され続けた．この間，隣国
エチオピアをはじめとした域内諸国や諸外国が積極的にソマリアを占領を試み
る動きがあったわけではないし，それは国際法上認められない．2006年末から
の暫定連邦政府（Transitional Federal Government: TFG）支援の形でエチオピア軍
が侵攻し，一時首都モガディシュを事実上掌握したものの，これもソマリアの
占領・統合を意図したものではなかった[3]．たとえ崩壊国家であっても，その領
土を侵犯することを規制・自制する規範が国際社会のなかに存在していること
が，こうした一連の経緯には示されている．

　ソマリアという崩壊国家とほぼ「ネガポジ」の関係でアフリカの文脈におい
て出現している政体のあり方は，ソマリアの北西部のソマリランドに典型的に
示されている．それは，「事実上の国家」（de facto states）[Pegg 1998]，あるいは
国際法上「未（非）承認国家」（unrecognized states, non-recognized states）[Schoiswohl
2004; Caspersen and Stansfield, eds. 2010; Caspersen 2011] などとして概念化されてき
た政体である[4]．概念の名称は多様であるが，国際法的な根拠に十分に担保され
ていないという点で共通点がみられるほか，「未承認」に関しては今後国家承
認の可能性が期待される，あるいは国際社会の一部の国家による承認があると
いうニュアンスがあるのと比べ，「非承認」は国家承認を得られる可能性が低
いというニュアンスも感じられる．こうした政体をより厳密に定義する作業は
他に譲ることとする[5]．

　ところで，「ネガポジ」と表現したのは，便宜的に腑分けした主権概念の観
点からみれば，崩壊国家は「国際法的主権」によって「国家」であることを維
持している一方で，未（非）承認国家は「国内的主権」を一定程度実現してい
るにもかかわらず，結果的には国際社会における国家承認を何らかの理由でえ
られていない政体だからである．表5-1ではあえてAとBという形で明示しな
かったが，崩壊国家は本章の定義では「『政府』なき『国家』」であり，逆に未
（非）承認国家（事実上の国家）は「『国家』なき『政府』」という形で考えること
が可能となる．表5-2は，表5-1で明示を避けたA，Bをこれまでの議論を
踏まえて埋めたものである．

表 5-2 「国家」と「政府」，非「国家」と非「政府」からみた類型 II

	「国家」	非「国家」
「政府」	主権国家 （国民国家）	未（非）承認国家 （事実上の国家）
非「政府」	崩壊国家	非国家主体

出所）筆者作成.

　そもそも主権を分割不可分で絶対のものと規定し，主権国家を分析単位とした議論に立脚したままでこれらの政体を理論的に位置づけることは困難である．これらの政体は，国家そのものを単位として考察することから距離を置きつつ，現代世界に生起しうる国家とは異なる「国際」関係に関わる主体の関係性を捉えなおすアプローチによってはじめて可能となるものである．ただし，ここで提示している類型はきわめて「静的」なものである．

3　機能する崩壊国家

　上記の検討のなかでは，国境を越えて移動する人，商品，資本などの管理に関わる「公的な権威」の側面に着目する「相互依存的主権」（interdependence sovereignty[6]）については積極的に取り上げていない．「相互依存的主権」は，実はクラズナーが主権に関する一連の論考の初期段階で主権の第 4 の側面として別個に上げたものである．ところが，社会の回復力（resilience）をみようとする「動的」な分析の視座を加えたとき，ここまでの「静的」な類型論にとどまっていた上述の崩壊国家に関わる分析をさらに展開させる可能性が示される．言い換えると，「相互依存的主権」に関わる部分に新たに焦点を当てた分析を行うことで，崩壊国家が，紛争をめぐって形成される外との「機会」（たとえば，以下でも扱う人道支援など）を利用しながらきわめて「動的」な動きをみせていることを確認できるのである．そこで次に，「動的」な側面を組み入れた分析を行うことにより，「機能する崩壊国家」（functioning/working collapsed state）というあり方を提示しておきたい．

　崩壊国家ソマリアの事例が提起するものとは，アフリカにおける国家に関わる「公的な権威」への再考を促す問題群であると同時に，アフリカにおける国家とその形成，あるいは建設過程の持つ意味の問い直しに関わる問題群である

といえる．ここで，主権の4つの側面を論じる際にクラズナーが議論した「権威」(authority) と「支配」(control) という2つの概念の峻別は，一定の有用性を持つと考えられる [Krasner 1999].

　クラズナーは，「権威」とは，ある主体が特定の活動（他に命令を与える権利を含む）に関与できる権利を有していることを相互に認め合っていることに由来する，としている．他方，「支配」とは，権威を相互に認め合うということがないまま，暴力を通じても達成可能との見方をしている．しかし，この2つは相互に無関係ではない．ある正統な国家の「支配」に関わる能力が低下すれば，その主体や制度の「権威」も低下するし，逆に効果的な「支配」が持続すれば，「権威」も向上するからである．そして，4つの主権の側面に関してクラズナーは，「国内的主権」は「権威」「支配」両方を含むもの，「相互依存的主権」は「支配」のみを含むものとしている．これに対して，「国際法的主権」と「ウェストファリア的／ヴァッテル的主権」は「権威」のみを含むものとされている．本章での議論と関係づけるとすれば，「国家」に関わる問題は「権威」に由来するものであり，「政府」に関わる問題は，一方で「権威」にも関わるものの「支配」にも同時に由来する．そして，「相互依存的主権」自体は，まさにこの「支配」にその多くが依存する主権の側面である点に留意する必要がある．

　この枠組みに照らしてみれば，ソマリア南部における「ビジネスマン」と呼ばれる人々の動態は，実効的な「政府」不在の崩壊国家において，本来は「政府」に帰属する「相互依存的主権」を巧みに利用している状況を示してきた．そして，これまでのソマリアでの紛争の方向性を事実上左右してきた．「ビジネスマン」は単にインフォーマルな（違法な）ネットワークだけではなく，「人道（緊急）支援空間」につながる戦略的な要衝となる港湾という国際的な物流の入り口を「支配」することを通じて，継続的に紛争の局面に対応しながら，国際機関からもさらなる資源を引き出し，その「権威」を高めてきたのである．しかし，結果的にはそれがソマリアでの紛争をさらに継続させる方向に作用するという循環が生起する形にもなってきた．このように，崩壊国家は現代世界における異型の存在でありながら，同時に世界と様々に結び会う形で機能する状況が生まれたのである．

おわりに

　本章では，崩壊国家という視座から治安と司法を提供する代替制度といった内なる論理だけではなく，外とのつながりのなかでソマリアという崩壊国家がその機能を維持していることを検証することを試みた．特に，国際機関などの提供する資源を活用しながら，欧米諸国が求める国家建設を積極的に阻むあり方がここに展開している，と考えることもできる．非常に逆説的であるが，人道（緊急）支援活動や暫定政府樹立といった，本来的には国家建設を指向する外からの取り組みに支えられてソマリアが崩壊国家として機能しているという側面があるともいえよう．

　ソマリアには，現状では国際社会からの支援のもとで2012年に樹立され，国際的な政府承認を受けた連邦政府（Federal Government of Somalia）が存在し，厳密な意味では，崩壊国家と概念化することはできない状況にある．しかし，依然として国土の広い領域を実効的に統治できる状況には至っていないことに加え，イスラーム主義勢力のシャバーブ（Shabaab）による「テロ」が継続的に行われるなど，安全保障上の脅威に晒されている．その意味において，ソマリアは，「政府」機能が限定的な国家が現代世界に安全保障上持つ意味の再検討を迫る課題を提起し続けている．

注
　1）本章は，遠藤［2015］の第1章と第4章における議論を中心に再構成したものである．
　2）これは旧ユーゴスラビアで起こった連邦制国家の解体（dissolution）とも異なる問題である．「国家の死」を扱ったFazal［2007］は，定義上双方を「国家の死」としている．
　3）2006年6月には首都モガディシュを中心に勢力を拡大してきたイスラーム主義勢力の連合体であるイスラーム法廷連合（Union of Islamic Courts: UIC）が首都をほぼ掌握した．UICが南部への勢力を拡大する中，バイドアに拠点を置くTFGとの間の武力衝突が激化し，TFGを支援する隣国エチオピアが自衛を目的に宣戦布告を行って武力介入を行った．エチオピア軍は，TFGを支援して首都モガディシュを制圧し，南部を軍事的に掌握した．
　4）こうした概念のもとで議論されるのはソマリランドに限らない．歴史的背景や問題の性格は異なるが，コソボ，チェチェン，北キプロス，パレスチナなどがその事例である．詳細については，Caspersen［2012］，Caspersen and Stansfield, eds.［2010］を参照のこと．

64 第Ⅱ部 国 家

5）この点に関する議論は，スコット・ペッグが多面的に行っている［Pegg 1998］．ただ
し，近年のニナ・カスパーセン［Caspersen 2012: 11］による定義がより包括的である．
6）クラズナーは，後に「相互依存的主権」を「国内的主権」に組み入れて考察する方針
を示している［Krasner 2009: 15］．これは，グローバル化の下での主権の相対化という
問題の中で，その現象がより顕著に観察される側面であることにも由来する．
7）ソマリアの場合には，中央政府不在状況下で，一般に経済活動に関わるとされる「ビ
ジネスマン」の活動領域が，（輸出入を含む）流通部門，通信分野，送金，建設，運輸，
私的な港湾や空港の管理運営，ホテル経営，商業的農業，軽工業，食品加工，国際援助
機関との契約（特に食糧援助）といった広範な分野に及び，その一部は通常ならば政府
が担うべき領域をも含んできた［遠藤 2015］．

参考文献

邦文献

遠藤貢［2015］『崩壊国家と国際安全保障――ソマリアにみる新たな国家像の誕生――』
有斐閣.

欧文献

Caspersen, N. [2012] *Unrecognized States: The Struggle for Sovereignty in the Modern International System*, London: Polity.

Caspersen, N. and Gareth Stansfield, eds. [2010] *Unrecognized States in the International System*, London: Routledge.

Fazal, T.M. [2007] *State Death: The Politics and Geography of Conquest, Occupation, and Annexation*, Princeton: Princeton University Press.

Krasner, S. [1999] *Sovereignty: Organized Hypocrisy*, Princeton: Princeton University Press.

――― [2004] "Sharing Sovereignty: New Institutions for Collapsed and Failing States," *International Security*, 29(2): 85–120.

――― [2009] *Power, the State, and Sovereignty: Essays on International Relations*, London: Routledge.

Pegg, S. [1998] *International Society and the De Facto State*, Aldershot: Ashgate.

Risse, T., ed. [2011] *Governance without a State: Policies and Politics in Areas of Limited Statehood*, New York: Columbia University Press.

Schoiswohl, M. [2004] *Status and (Human Rights) Obligations of Non-Recognized De Facto Regimes in International Law: The Case of 'Somaliland,'* Leiden: Martinus Nijhoff Publishers.

Rotberg, R.I., ed. [2004] *When States Fail: Causes and Consequences*, Princeton: Princeton University Press.

Woodward, S.L. [2017] *The Ideology of Failed States: Why Intervention Fails*, Cambridge: Cambridge University Press.

（遠藤 貢）

第6章 国　境

はじめに

　国境は，地図上では国家間の領土・領海の地理的境界点によって結ばれた線としてイメージされ，国家の主権が及ぶ地理的領域を面もしくは空間として認識可能にしている．しかし，現実には国境の大部分はフェンスや壁などで物理的には遮断されてはいない．自然国境（河川，山脈など）を除き，一般的に人の手によって目に見える形で国境を示しているものは，国境を往来する道路，鉄道上に設けられた検問所，税関施設や国家間の合意によって設置された国境標などである．

　大半のアフリカ諸国は，19世紀末以降にヨーロッパ諸国によって画定された植民地間の「境界」が新たに誕生した主権国家間の「国境」として引き継がれる形で独立を迎えた．「アフリカの年」（1960年）から半世紀あまりを経た現在においても，国境をめぐる問題は紛争，難民，密輸など安全保障に深く関わるアフリカ諸国の政治・経済・社会・国際関係における悩みの種であり続けてきた．一方で，国境は21世紀のアフリカの経済的・政治的協力や地域統合を進めるための可能性も併せ持っている．

　しかしながら，国家の存立に深く関わるにもかかわらず，アフリカの国境問題に正面から取り組んだ研究は十分ではない．国境は（一部を除けば）首都から遠く離れた辺境地域にあることから，一般的に中央政府の関心も低く，開発に取り残されてきた．アフリカ諸国の政治的競争は基本的に首都で繰り広げられると考えられてきたため，国境に対する政治研究者の関心も高くなかった[1]．

　本章では，アフリカ諸国間の国境の形成過程と安全保障をはじめとする国境に関わる諸課題を整理し，次に近年の国境をめぐるアフリカ諸国，国際社会のアプローチの変化について紹介する．なお，本章では多くのアフリカ諸国において安全保障により重大な影響を及ぼしてきた「陸」の国境を中心に考察を行う[2]．

1 アフリカの国境形成の過程と混乱の起源

植民地支配とアフリカの政治的境界の形成

植民地化以前のアフリカの国家や統治機構の間にも「境界」は存在し，それらは長い歴史のなかで大きな変動を経験した．しかし，当時のアフリカでは，必ずしも地理的に厳密な国境が求められていた訳ではなかった．狭い土地に人口が過密になった近代のヨーロッパとは対照的に，植民地化以前のアフリカでは，日本の約80倍（約3030万km）という広大な土地に比較的希薄な人口しかおらず[3]，そのことがアフリカにおける国家間の境界のあり方にも少なからず影響を及ぼした．

植民地化以前のアフリカでは，統治機構が集約された中心的都市から離れるにつれ，統治はより不徹底，間接的になり，隣国との地理的な境界には曖昧な部分が多く残された．植民地化以前のアフリカの国家間の戦争の第一の目的は，領土の獲得よりも人間集団の従属や忠誠を獲得，維持することに向けられた [Herbst 2014: 20]．14世紀に金の産出や交易による栄華を極めたことで知られたマリ帝国にしても，その統治の実態は各地域の集団間の緩やかな政治的紐帯にすぎなかった [Herbst 2014: 43]．

1884年から1885年にかけて，ドイツの宰相オットー・フォン・ビスマルク（Otto Eduard Leopold Fürst von Bismarck-Schönhausen）の呼びかけのもと，ヨーロッパ列強諸国，オスマントルコ，アメリカを含む14カ国の代表がベルリンに集い，アフリカ分割に関する国際会議が開催された．このいわゆる「ベルリン会議」の当初の目的は，コンゴ川流域での自由通商について協議することにあったが，同会議においてアフリカ分割の基本的なルールが合意されたこともあって，これ以降，ヨーロッパ諸国によるアフリカ分割が急速に進展し，第１次世界大戦までの間に，今日のアフリカ諸国間の国境の起源となる植民地境界の大半が画定された[4]．

とはいえ，ヨーロッパ列強諸国間の植民地境界画定に関する交渉は，利害が錯綜した上にアフリカに関する知識が乏しかったこともあり，容易には進まなかった．ヨーロッパ諸国は当初，「後背地の準則」（Hinterland Theory）にもとづいて，あるヨーロッパの国が支配するアフリカ沿岸部から垂直に内陸側に線をひき，他のヨーロッパの国の支配地域と出会ったところで境界を画定しようと

した．しかし，ほどなくしてそうしたやり方が非現実的な方法であることに気づかされ，境界画定作業はやがて行き詰まった［Herbst 2014: 72-73］．度重なる交渉を経ても合意に至らない場合は，図6-1のように地図上に境界未確定の部分が残された．また，第一次世界大戦でドイツが敗北し，アフリカにおける独領植民地がイギリスやフランスなどの委任統治下に移行したことも，アフリカにおける植民地境界問題を一層複雑化させた．

その一方，ヨーロッパ諸国によるアフリカの植民地境界画定は，大きな不便をアフリカの人びとに強いたり，新たなマイノリティ問題を植民地内に生ぜしめたりしたが，ときに「利益」をも生み出した［Nugent 2002: 273］．植民地間の税制の違いによって一次産品などに価格差が生じ，それを利用した取引（密輸）が活発に行われるようになったのである．その代表例といえるのが，ゴールドコースト，トーゴ，コートジボワール間のココア取引である［Nugent and

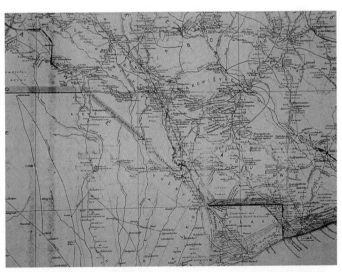

図6-1　独領トーゴと英領ゴールドコーストの境界画定協議に用いられた地図（ロメ周辺の沿岸部）

注）図右下のロメ（Lome）というギニア湾沿岸にある中核的都市とその周辺は独領トーゴであるのに対して，ロメの左手にあって垂直に伸び，すぐに直角に曲がっている植民地境界（太線）の左側は英領ゴールドコーストである．独領トーゴと英領ゴールドコーストとの間には境界が未確定の地域が残されていた（Karte von Togo, Paul Sprigade作成（20世紀初頭頃），ガーナ国立公文書館所蔵）．

Asiwaju 1996: 7］．また，植民地政府による住民に対する厳しい徴税や強制労働
から逃れるために，植民地間の境界を越えた人の移動も広範にみられるように
なった［Nugent and Asiwaju 1996: 9］．

アフリカ諸国の独立と国境

アフリカ諸国の独立の日，それまでの「植民地間の境界」は「主権国家間の
国境」へとその姿を変えた．それ以来，アフリカ諸国は，内戦，難民，地域統
合,密輸といった安全保障と深く関わるさまざまな国境問題を抱え続けてきた．

アフリカ諸国の政府は，植民地政府から継承した国境を堅持するという姿勢
をほぼ一貫して取り続けてきた．たとえば，アフリカ地域を包括する地域機構
として1963年に創設されたアフリカ統一機構（Organization of African Unity: OAU)
では，植民地支配を起源とする従来の国境を尊重することが合意されたが
［Touval 1972: 42, 86］，この国境尊重の原則は2002年にOAUから改組されたアフ
リカ連合（African Union: AU）にも継承された．

歴史的経緯を鑑みると，たとえ植民地境界がアフリカ社会の現実からかけ離
れたものであったとしても，万人が受け入れられるような「真の国境」を提示
することは到底不可能であり，アフリカ各国政府にとって国境変更は「パンド
ラの箱」を開けることになると考えられた［Touval 1972: 83］．国境変更を認め
れば，分離独立運動や民族統一運動などが刺激され，政情が著しく不安定化す
ることは疑問の余地がないことのように思われた[5)]．たしかに,エリトリア（1993
年）と南スーダン（2011年）の独立は，従前からの国境の変更を伴いはしたが,
それらはむしろ例外的な事例とみなされてきた．

2　アフリカ諸国における国境と安全保障

独立後のアフリカ諸国の抱える国境問題

アフリカの国境は基本的に浸透性があり，それを介して隣接する国家間を十
分に分け隔てるものではない［Griffiths 1996: 68[6)]]．たとえば，国境は通常，一国
の通貨流通の限界地点となる．通貨は国家への国内外からの信頼の証明である
とともに，国民にとってはアイデンティティにも関わる要素として理解される
［Herbst 2014: 202-203］．しかし，アフリカでは，ある国の通貨が国境を越えて流
通する場合や，自国の通貨よりもむしろ他国の通貨の方がより信用されること

さえある．さらに，かつてフランスの植民地であったセネガルやカメルーンといった，西アフリカと中部アフリカの諸国では，植民地時代から今日にいたるまで，CFAフラン（Le franc communauté financière africaine）という地域共通通貨が，植民地境界や国境を越えて広く流通している．

また，国境は感染症の拡大予防の役目も期待されてきた［Nugent and Asiwaju 1996: 3］．しかし，2014年に西アフリカで猛威を振るったエボラ出血熱は，国境を越えて感染が広がり1万人以上の死者を出した．感染が最初に報告されたギニア東南部の村は首都（コナクリ）から遠く離れ，リベリア，シエラレオネとの国境に近い地域であったが，人の往来の多い国境地域において目に見えない病原体の流入の遮断と，隣接する政府間の情報の共有には限界があるという現実が改めて突きつけられた．

紛争時において国境は難民の受け入れ，認定において人びとの生死に決定的な意味を持つ舞台となった．

平時，紛争時のいずれの時期においても，アフリカ諸国の政府は国境（周辺地域）をくまなく管理することはできない．現実には，首都のみを辛うじて支配しているだけの状態であるにもかかわらず，主権行使主体である正統な政府として国際社会から承認されるケースは珍しくない[7]．首都から離れるにつれて国家主権が及ばなくなり，反政府勢力によって実効的に支配されている地域がみられることも珍しくない[8]．

地域統合に加えて，グローバル化はアフリカ諸国の国境のあり方にも影響を及ぼしたものの，その意義，存在感は低下していない．アフリカの国境は透過的でありながらも，国境の向こうに確実に「他者」を作り出すという点において決定的な存在感を保ってきた．依然として，国境管理は多くの人びとの生活に重大な影響を与えている．

安全保障をめぐる国境問題の性質の変化

独立以来，アフリカ諸国は国境を舞台に様々な問題に悩まされてきた．国境そのものの帰属をめぐって引き起こされた国家間の戦争から武装勢力によって開始された紛争の越境化，民族の分断に対する不満，密輸，地域統合の停滞まで，国境はアフリカ諸国の政治的，経済的安全保障に軽視できない影響を及ぼすファクターとして認識されてきた．

アフリカ地域で発生する武力を伴う紛争の大部分は，ある一国内で始まり，

場合によっては国境を越えて他国の人びとをも巻き込むという過程を経る．アフリカ諸国は大なり小なり国境をめぐる係争を抱えており，国境を挟んだ政府間の衝突自体はけっして珍しいものではない．しかし，国境問題を直接の原因として国家間の戦争にまで発展するケースは，これまで多くはなかった．それゆえ，国境係争を直接の原因として，オート・ヴォルタ（1984年に国名をブルキナファソに改称）とマリのように1974年と1985年の2度にわたって戦争に至ったケースはめずらしい．その背景には，フランスによる一貫性のない植民地行政区の再編成があった [Touval 1972: 11–13]．

　現在のブルキナファソに相当するオート・ヴォルタ植民地は，1919年にフランス領西アフリカ（Afrique occidentale française: AOF）植民地内の一行政区として設置された．しかし，それは1932年に単独の行政区としては廃止されて三分割され，仏領コートジボワール植民地，スーダン植民地（現在のマリ），ニジェール植民地にそれぞれ編入された．オート・ヴォルタ植民地は，伝統的首長らによる度重なる請願を経て1947年に行政区として復活したものの，隣接する行政区間の境界についてはあいまいな部分を多く残しながら1960年の独立を迎えることとなった．こうしたフランスによる植民地政策の曖昧さのゆえに，独立後のオート・ヴォルタは，コートジボワール，マリ，ニジェール，ベナン，トーゴという，旧仏領の近隣諸国との間の国境問題に悩まされた．なかでも深刻であったのが，1000km以上の国境を接し，国境を往来する遊牧民と定住農民との水や土地をめぐるトラブルが頻発する地域に国境があったマリとの国境問題であった．

　オート・ヴォルタ（ブルキナファソ）とマリの二国間戦争は，内陸国である両国の経済に深刻な影響をもたらした．2度に及ぶ戦争を経ても国境をめぐる紛争に決着がつけられなかったことから，両国は1986年には国境問題を国際司法裁判所（International Court of Justice: ICJ）に付託することに合意した．その後も，OAUなどによる度重なる調停を受けながら，ようやく2010年に両国間の国境画定作業が完了した．このように，ブルキナファソとマリとの間の国境問題に関する経緯は，2度の国家間戦争を経験したというだけでなく，国際司法機関の仲裁を受け入れながら解決が図られたという点において，アフリカの国境問題を考える上で特筆すべきケースと位置づけられている．

　アフリカの国境をめぐっては，様々な安全保障上の問題が存在してきた．それらは確かに悩ましい問題ではあったものの，ヨーロッパのように首都が他国

によって軍事的に支配され，実質的に主権を喪失するというような国家の存亡
自体に関わるものではなかった．加えて，アフリカの国境と安全保障について
の環境には，アフリカ諸国が独立を果たした時期から30年近く続いた東西冷戦
の影響も無視できなかった［Herbst 2014: 133］．

3　国境をめぐるアプローチの変化

アフリカ諸国の国境問題への対応
　独立後のアフリカ諸国の国境は，植民地時代と比べて政治的意味を格段に増
した．従来，アフリカ各国政府の国境に対する関心は必ずしも高くなかったが，
近年では国境を単に周辺地域や隣国との境界線としてみるのではなく，国境を
またいで広がる「国境地域」（borderland），あるいはひとつの生活圏として面で
考えるアプローチへの理解が政府や国際機関の政策決定者のなかにも広がり始
めている．
　また，AUは近年，加盟国間の国境問題の解決のためにより積極的に取り組
むようになった．2007年にはアフリカ連合委員会（Commission of the African
Union: AUC）の平和安全保障局（Department of Peace and Security: DPS）にAU国境
プログラム（African Union Border Programme: AUBP）が設置された[9]．
　国境間協力（Cross-Border cooperation）や地域統合への取り組みをめぐって特
に注目されている地域が西アフリカである．前述のように隣国のブルキナファ
ソとの国境紛争の末，2度に及ぶ戦争という苦い経験を経たマリのアルファ・
ウマル・コナレ（Alpha Oumar Konaré）大統領は，「国境をまたいで広がる地域」
（Cross-Border regions）というコンセプトを打ち出した［OECD-SWAC 2010: 8］．
西アフリカ諸国経済共同体（Economic Community of West African States: ECOWAS）
は，2004年に「国境間イニシアティブ・プログラム」（Cross-Border Initiatives
Programme）を設置し，西アフリカ諸国間の国境紛争の解決に取り組んできた
［AUBP 2013: 20］．国境をはさんだ隣国間の地方政府間の協力協定が結ばれ，国
境の両側に住む人びととの診療所，学校の共同利用の促進，遊牧民の往来への便
宜，国境地域での市場の設置などが進められた［FIAO 2005: 7］．
　国境地域は開発の潜在力を持つ一方，紛争，反体制勢力の活動，薬物・人身
売買，武器流通など安全保障問題の最前線でもある．それゆえ，国境間協力は
地域の発展とともに安全保障上の極めて重要な取り組みである[10]．

住民レベルでの国境地域協力の推進

ブルキナファソとマリは2012年，AUBPとドイツ国際協力公社（Deutsche Gesellschaft für Internationale Zusammenarbeit: GIZ）からの財政的・制度的支援をえて，国境地域における共同運営の診療所を設置した．

遡ること2006年，両国の国境地域に位置するブルキナファソ側のワロキュイ（Ouarokuy）村とマリ側のワニアン（Wanian）村との間で農地や自然資源利用のトラブルを起因とした住民間での衝突事件が起き，10名以上の死傷者と多くの家畜の被害を出し，両村の間に深刻な相互不信が生じた［AUBP 2013: 16; Kapidgou 2016］．独立以来，国境をはさんで生活する村落の住民の間で，サヘル地域においては希少な自然資源である耕作可能地，木材，水の利用をめぐる係争が繰り返し起こされてきた．

しかし，両国間関係の最大の懸念材料であった国境画定作業が完了した2010年，国境の両側の住民が共同利用・運営する国境間診療所の建設がブルキナファソ側で開始された［AUBP 2013: 4, 9］．首都や主要都市からも遠い辺境の国境地域に診療所を設置することは住民の願いであるとともに，国境地域の国際協力（Local Cross-Border Cooperation）を通して国境の両側の住民間の紛争を予防し，国境地域の発展をもたらしながら地域統合を実現する観点において画期的な試みとして紹介された［AUBP 2013: 16-17］．

国境の両側の住民が受益し，国境地域の発展が持続するために，国境をはさんで活動する地方政府の活性化が期待される．そのためには中央政府間の保健衛生分野の政策的合意だけでなく，地方政府への積極的な権限移譲を含む地方分権化の一層の推進が求められる．

アフリカ諸国は，植民地政府から引き継がざるをえなかった国境に対して，単に紛争などにさいなまれるだけではなく，国境を跨いで文化や利害を共有する地域や人びとの間に平和や共栄を築くこともできるはずである．AUBPのモットーは「防壁から橋へ」（"From barriers to bridges"）である．マリ＝ブルキナファソ間のプロジェクトは，植民地分割に起源をもつ，アフリカの無様な国境をまさに「防壁から橋へ」と変えようとするひとつの試みといえるかもしれない［AUBP 2013: 88］．

おわりに

　本章では，独立後のアフリカ諸国を悩ませ続けてきた国境に焦点を当てて安全保障に関わる諸課題について整理・考察してきた．国境は，隣国における反体制勢力の活動，密輸の蔓延と税関・国境警備機関の汚職，関税収入の悪化，武器・麻薬類の流通，人身売買，近年ではエボラ出血熱の国境を越えた感染拡大など，アフリカの安全保障に深く関わってきた．

　現代アフリカ諸国の国境にまつわる問題，課題を理解するために，はじめに独立に至るまでの国境（境界）の歴史について振り返った．広大な土地に比して人口が少なかったという地理的・人口的条件を背景に，（19世紀末にヨーロッパによる植民地支配を受けるまでは）土地よりも人びとの支配を優先させたアフリカの国家（統治機構）は必ずしも地理的に厳密な境界を求めなかった．

　共同体の文化的・政治的なつながりや利害に配慮せずに画定された植民地間の境界を継承して独立せざるを得なかったアフリカの国々にとって，国境は独立を迎えた日からアフリカ各国の政権，人びとを悩ます問題となった．冷戦後，国境はアフリカ諸国で頻発するようになる紛争の拡大，複雑化の舞台となった．

　近年，アフリカの国境地域はボコ・ハラムのような「ジハディスト」集団によるテロ活動の舞台として改めて注目を集めるようになった．国境地域を自在に往来しながら活動する武装集団に対して一国で解決を図ることは困難であり，隣国間の安全保障上の国際協力が不可欠となる．加えて，中央政府の間だけでなく国境の両側の地方政府や住民の間の協力が重要であるという認識が共有されるようになった．

　国境問題をめぐるアフリカ各国や国際社会からのアプローチにも変化が生じた．AUはアフリカの国境を「防壁から橋へ」とする方向で認識を改め，国境地域における国際協力を強く推進するようになった．国境は，隣国に対する防御の盾ではなく，国境地域の発展を通じて地域統合を目指すための共有された舞台であるという認識が大陸レベルで広がりつつある．

　その一方で，アフリカ諸国における人的，物質的，財政的能力は，依然として国境地域を管理するには不十分な状況にとどまっている．安全保障を含めて，国境は今後も古く新しい問題としてアフリカ諸国の政府，社会，人びとが対峙する課題であり続けるだろう．

注

1）アフリカの国境研究に関する国際ネットワークとして，2007年にAfrican Borderlands Research Network（ABORNE）が発足した．ABORNEは，アフリカ連合とも協力関係にある［ABORNE Website］．

2）海底の天然資源，漁業，海賊など，海の国境も重要な課題を抱えているものの，紙幅の制約により本章では割愛する．

3）植民地分割が本格化した直後の1900年頃，世界全体の人口は約16億5000万人と推測されるのに対して，アフリカ全体の人口は約1.3億人程度であった［Geohive Website］．

4）植民地境界には画定の主体において，大まかに2つのタイプに類型できる．ひとつめは，異なるヨーロッパ諸国間もしくは独立国（リベリア，エチオピア）との間で交渉・画定された「国際」境界である．もうひとつは，ヨーロッパのある一国よって支配された領域内における植民地行政区としての「植民地内」境界である［Touval 1972: 4］．

5）代表的な事例として，カタンガ（コンゴ民主共和国），カビンダ（アンゴラ），カザマンス（セネガル）などの既存の国家からの武力行使を伴う分離独立運動，大ソマリ運動（ソマリア，ジブチ，エチオピア，ケニア），エヴェ統一運動（ガーナ，トーゴ）などの国境をまたいだ民族統一のための運動が挙げられる．

6）1990年代において，アフリカにある414の国境地点を横切る道路の中で舗装道路が通っているのは90，鉄道が通っているのは20に過ぎず，国境管理が両側とも行われている地点が237，片側だけで行なわれている地点が108，両側とも行われていない地点が69あると指摘されている［Griffiths 1996: 70］．筆者が直接訪れたことがある不完全な国境管理の一例としては，たとえば，ベナンとトーゴの間の内陸部の国境（ブクンベ＝カンデ間）を挙げることができる．総じて，海岸沿いの国境管理は関税収入確保のために厳重に行われているが，それとは対照的に，海岸から400キロほど北上した内陸部に位置する国境の管理は，物流量もある程度限られているために非常に緩やかである．

7）1997年のコンゴ民主共和国（旧ザイール）における政権交代のケースのように，クーデタや武力紛争の末の超法規的手段で権力奪取を宣言したばかりの政権において顕著である［Herbst 2014: 110］．

8）典型的な例としては，武装集団が一部地域を事実上支配しているマリ，ナイジェリア，中央アフリカ共和国などが挙げられる．

9）AUBPの活動目的は，アフリカ諸国間の紛争の原因となってきた国境問題の解決や画定，国境地域の制度的統合や国際協力の支援などとされている［AUBP 2013: 19］．

10）2012年のクーデタによる政治的空白に乗じてイスラーム過激組織が活動を拡大させたマリ北部では，多くの地域において政府のコントロールが及ばなくなり，国境間協力も事実上の中断を余儀なくされた［UNCDF 2012: 10］．

参考文献

欧文献

African Union Border Programme（AUBP）［2013］*Installation of a Cross-Border Basic Service Infrastructure: The User's Guide*, Addis Ababa: Department of Peace and

Security, Commission of the African Union（http://www.peaceau.org/ 2018年1月8日閲覧）.

Frontières et Intégrations en Afrique de l'Ouest（FIAO）[2005] *Deuxième atelier du réseau frontières et intégrations en Afrique de l'ouest: Abuja (Nigeria)*, 27-29 octobre 2004（http://base.afrique-gouvernance.net/ 2018年1月8日閲覧）.

Griffiths, I. [1996] "Permeable Boundaries in Africa," in Nugent, P. and A.I. Asiwaju, eds., *African Boundaries: Barriers, Conduits and Opportunities*, 68-84.

Herbst, J. [2014] *States and Power in Africa*, Princeton, NJ: Princeton University Press.

Kapidgou, M. [2016] "Frontière Burkina-Mali: Quand le malheur finit dans le bonheur," Burkina 24 Website, June 8（https://burkina24.com/ 2017年2月18日閲覧）.

Nugent, P. [2002] *Smugglers Secessionists & Loyal Citizens on the Ghana-Togo Frontier: The Lie of the Borderlands since 1914*, Oxford: James Currey.

Nugent, P. and A.I. Asiwaju [1996] "Introduction: The Paradox of African Boundaries," in Nugent, P. and A.I. Asiwaju, eds., *African Boundaries: Barriers, Conduits and Opportunities*, 1-17.

Nugent, P. and A.I. Asiwaju, eds. [1996] *African Boundaries: Barriers, Conduits and Opportunities*, London: Pinter.

Touval, S. [1972] *The Boundary Politics of Independent Africa*, Cambridge, MA: Harvard University Press.

United Nations Capital Development Fund（UNCDF）[2012] *LOBI/UEMOA, Initiatives Transfrontalières de Développement Local pour l'Afrique de l'Ouest*.

ウェブサイト

African Borderlands Research Network（ABORNE）Website（http://www.aborne.org/ 2018年1月8日閲覧）.

Geohive Website（http://www.geohive.com/ 2016年12月18日閲覧）.

Sahel and West Africa Club, Organisation for Economic Co-operation and Development（OECD-SWAC）Website [2010] *Mali-Burkina Faso, Cross-border Co-operation: Operational Framework Proposals and Policy Recommendations*（http://www.oecd.org/ 2015年11月13日閲覧）.

（岩田 拓夫）

第7章 「アラブの春」

はじめに

　「アラブの春」とは，2011年1月14日に北アフリカのチュニジアで大衆デモによってベン・アリー（Zine al-Abidin Ben Ali）大統領（在職1987-2011年）政権が倒れた事件を発端として，アラブ世界全域に広がった，政治的・経済的公正，民主化，人間の尊厳と自由を求めるアラブの人びとの運動を指す．「アラブの春」の語は，1848年のヨーロッパでウィーン体制を崩壊させた「諸国民の春」や，1968年のチェコスロバキアの民主化運動「プラハの春」などを下敷きにした西洋メディアの造語であり，現地アラブ諸国では草の根の抗議運動を指す「革命／叛乱」（*thawra*）や「蜂起」（*intifāḍa*）の語がしばしば用いられる．チュニジアに次いでエジプトが2月11日にムバーラク（Mohammed Hosni Mubarak）大統領（在職1981-2011年）政権の打倒に至り，その他の国でも大衆の抗議運動を受けた政治改革の動きがみられた．しかし，その後のリビア，イエメン，シリアなどにおける内戦の開始とその泥沼化，深刻な人道危機と難民の発生，グローバル・ジハード組織の拡大などによって，アラブの春は絶望に転じたとも評される［末近 2016］.

　このように，世界の動乱の舞台として注目され続けるアラブ世界だが，日本の研究の関心は東アラブ地域，すなわちエジプト以東の北アフリカ，さらに東のアラビア半島やレバント（東部地中海沿岸地方）にかけての地域に集中しがちであり，革命の発火点であるチュニジアをはじめ，アルジェリア，リビア，モロッコなどのマグレブ地域や，サブ・サハラ（サハラ砂漠以南）アフリカの動向はあまり注目されてこなかった．しかし，チュニジア革命がエジプト，シリアなどの東のアラブ世界にドミノ式に伝播したのと同様に，マグレブの状況はサハラ砂漠を超えてサヘル地域（サハラ砂漠の南縁地域）の国々の状況と連動しあっている．アフリカの政治現象を地理的な紐帯で結ばれた地域内部の政治的，人的，思想的相互作用や連関から考える視点は，アフリカの安全保障を考える上

で重要であろう．そこで本章では，2010年末にチュニジアに始まった動乱が，リビアのカダフィー（Muammar al-Gadhdhafi）政権の崩壊（2011年10月）という出来事を経て，サヘル地域の治安状況にもたらした影響と，サヘル地域の不安定化がマグレブに与えたフィードバックに着目しつつ，アフリカにとってのアラブの春を考察する．

1　アラブの春が内戦を引き起こしたのか

　チュニジア革命は，内陸の貧しい地方都市スィーディー・ブーズィードにおいて，野菜を売って家計を支えていた露天商のブーアズィーズィー（Mohammed Bouazizi）という青年が，インフォーマル商業を取り締まる警察に商売道具を没収されたことに抗議し，県庁舎の前で自らの体に火を放った事件（2010年12月17日[2]）に始まった．折からの食料品の価格高騰と高い若年者失業率，権力の中枢を担う人びとによる不正の蔓延，警察による民衆への日常的な暴力に怒りを抱いていたチュニジアの人びとは，ごく普通の人間的な暮らしを望んで叶わなかったブーアズィーズィー青年の絶望に共感し，その後，ベン・アリー体制への抗議運動が全国に広がった[3]．世界が見守るなか，2011年1月14日のベン・アリー大統領のサウジアラビア亡命によって，チュニジア革命は政権交代を達成した．このころすでに，近隣アラブ諸国において，チュニジア革命の影響がみられる大衆抗議運動——公の場所での焼身自殺や，チュニジア革命に共鳴するスローガンを掲げたデモ——が広がっていた．エジプトでは，ムバーラク大統領の辞任を求める1月25日の全国的デモの後，ムバーラクは警察力と親政府勢力を動員しつつデモの鎮圧を図ったが，エジプトの体制の柱である軍部に見放され，2月11日に辞職に追い込まれた．イエメン，バハレーン，アルジェリア，リビア，モロッコなどでも大衆デモが起こり，サウジアラビアやクウェート，シリアにも抗議運動は波及した．2011年10月にリビアでは，1969年のクーデタ以来同国の実質的な最高指導者だったカダフィー大佐が死亡し，同11月にはイエメンのサーレハ（Ali Abdullah Saleh）大統領（在職1990-2012年，北イエメン大統領時代を含めると1978年から在職）が副大統領への権力移譲に合意した．

　チュニジアで始まった抗議運動が他のアラブ諸国に瞬く間に拡散した背景には，当時のアラブ諸国が，政治においては長期的な権威主義的支配や自由の欠如，経済においては高い若年者失業率や新自由主義政策による中間層の不安定

化，といった類似の構造的問題を共有しており，これによりアラブ諸国の人び
とが隣国に起こった出来事を自分たち自身に関わる問題として受け止めたこと
があった[4]．そして，最初の蜂起であるチュニジア革命が政権転覆に成功すると，
各国の抗議運動やそれに対する体制の弾圧の状況が，フェイスブックなどの新
しいメディアを通じて人びとに同期的に広く共有され，新たな抗議運動への参
加のモチベーションとなっていったことが挙げられる[5]．

　国境を越えた抗議運動の広がりにもかかわらず，アラブ各国で抗議運動が発
生した段階においては，「チュニジア」「エジプト」等の現行の国家の枠組みを
疑問視したり，積極的に破壊したりしようとする企図は，少なくとも顕著には
みられなかった．現代中東を研究対象とする社会学者のバヤートは，アラブ革
命は反植民地主義ナショナリズム，マルクス＝レーニン主義，戦闘的イスラー
ム主義がいずれも社会運動の有効なイデオロギーではなくなった時代に起こっ
た，ポスト・イデオロギー的な現象であったことを指摘している．そして，チュ
ニジア，エジプト，イエメンなどで政権交代を引き起こした大衆運動は，権力
の奪取と新しい社会秩序を求める「革命」と，既存の政治構造を維持したまま
の「改革」の中間に位置づけられる運動――すなわち，既存の国家に対して実
効的な変革を強いる大衆的な運動――である，と述べている［Bayat 2017: 17-18,
159］．結果として，チュニジアやエジプトの政変は，政権交代をもたらしつつも，
権威主義体制の基盤そのものを直ちに覆したわけではなく，エジプトでは2013
年のクーデタとともに，軍を中心とする旧体制の堅固さが確認された［Esposito,
Sonn, and Voll 2016: Chapter 8］．

　アラブ革命開始後に既存の国家制度（憲法，議会，軍隊，地方行政機構など）そ
のものが破壊される動きがみられたのは，これら国家制度・機構がもともと脆
弱であったり，抗議運動の高まりのなかで，権力者がこれらの国家機構の合法
的運用を無視して権力闘争に明け暮れたりしたことで，国家機構の機能が破壊
された地域である．たとえば，憲法も議会もない直接民主制「ジャマーヒリー
ヤ」の名の下に，実質的にはカダフィー大佐による独裁が敷かれてきたリビア
では，抗議運動に対して猛弾圧を行ったカダフィー体制が2011年10月，国連安
保理決議に基づく北大西洋条約機構（North Atlantic Treaty Organization: NATO）
の空爆に支援された反体制派との戦闘の末に倒れた．しかし，憲法や議会の制
定をゼロから行う過程で地域（西部，東部，南部），イデオロギー（世俗主義とイス
ラーム主義など）などによって分裂した政治勢力同士のコンセンサスを形成でき

ず，西部トリポリと東部に複数の議会＝政府が並立する状況が続いている．2016年4月に国連リビア支援ミッション（United Nations Support Mission in Libya: UNSMIL）の介入でトリポリに国民合意政府が成立したが，その影響力は限定的であり，イスラーム国などのイスラーム主義武装組織や民兵の力を国家がコントロールすることができていない．

また，北アフリカではないが，たとえばイエメンでは，大衆抗議運動の高まりを受けて，湾岸協力会議（Gulf Cooperation Council: GCC）などによる調停のもと，サーレハ大統領が副大統領のハーディー（Abdrabbuh Mansour Hadi）に権力を委譲したが，サーレハはその後も権力の座をあきらめず，フーシー派と呼ばれる勢力と提携して内戦を展開した．サーレハはその後フーシー派と決裂し，2017年12月，彼らによって殺害された．旧政権崩壊後に安定した新政権を築くことができず内戦に陥った国々のほかにも，シリアのように，既存政権が維持されているが，事実上の内戦状態にある国もある．リビア，イエメン，シリアはいずれも，西洋諸国や中東近隣諸国による軍事的・政治的介入を受けており，その事実が正統性ある政権の形成をいっそう困難なものにしている．なかでもシリアは，アサド政権を支持するロシアやイランと，反体制勢力に与するアメリカ，西ヨーロッパ諸国，サウジアラビア，カタール，トルコの介入を受け，さらに混乱を利用して世界から義勇兵を集めたイスラーム国が一部地域を実効支配する事態になり，内戦を通り越して外来勢力の代理戦争の舞台の様相を呈した．

このように，「アラブの春」初期にみられたアラブ諸国の大衆的抗議運動は，国家秩序そのものの転覆を必ずしも目的としたものではなかったが，既存の国家制度・機構が脆弱であったり，国内の権力闘争や外部からの武力介入によって国家制度・機構の機能が失われたりした地域は，合法的な新体制への移行に失敗し，内戦状態に陥ることになった．

2　国境を越えた紛争の連鎖
——イナメナス事件の背景——

北アフリカとサヘル諸国
サブ・サハラ・アフリカのいくつかの国でも，チュニジアやエジプトの政変に刺激された大衆抗議運動がみられた．たとえば，モーリタニアではブーア

ズィーズィー青年を劈髴させる焼身自殺や，首相交代を要求するデモが起こり，ブルキナファソやガボンでもデモ参加者がチュニジアやエジプトに倣えというスローガンを叫んだ［Africa Center for Strategic Studies 2011: 8］．他方で，アラブの春は，サブ・サハラ・アフリカに思わぬ余波を及ぼした．北アフリカの政治変動，特にリビアの政権崩壊とその後の内戦が，近隣諸国に深刻な治安上の影響をもたらすことになったのである．

　アラブの春後のサヘル諸国，特にモーリタニア，マリ，ニジェールにおける紛争の広がりとイスラーム主義武装組織の拡大と活発化は，北アフリカからサハラ砂漠を経由してサブ・サハラ・アフリカへと紛争が越境した事例である．その前史として，もともと1990年代のアルジェリア内戦に起源を持つイスラーム主義武装組織が，組織の生き残りをかけて戦術をグローバル化させるなかで，サヘル諸国に新たな支持基盤を見出していったプロセスがあった．以下では，1990年代以来のプロセスを辿りつつ，北アフリカとサヘルをつなぐ紛争の連鎖がいかにして起こったのかをみていきたい．

サヘルにおけるイスラーム主義武装集団の台頭

　アルジェリアでは，1980年代に深刻な経済危機と大衆暴動（1988年10月）が起こったことをきっかけに，それまで実質的な一党独裁を敷いてきた「民族解放戦線」（Front de libération nationale: FLN）が1989年に憲法改正と複数政党制の導入を行った．その後最初の選挙である1990年の地方選挙，翌年の国政選挙（一次投票）において，FLN体制を批判するイスラーム政党が勝利した．そこで，1992年，政権転換の危機に直面した軍が選挙を無効にし，政権を掌握するクーデタを起こした．これを受け，非合法化されたイスラーム主義勢力の生き残りと，政府および軍が争う内戦となった[6]．

　アルジェリアのイスラーム運動は，選挙に参加した1990年当初においては合法的な路線を目指し，反対勢力ではあっても反国家的ではなかった．しかし，クーデタ後，体制に徹底的に弾圧されたことで周縁化・分裂し，「武装イスラーム集団」（Groupe islamique armé: GIA）などの一部の勢力は，彼らが反イスラーム的とみなす一般市民に対して無差別の暴力を行使した．政府や軍のみならず，一般市民に対して虐殺などの暴力を繰り返したことで，アルジェリアのイスラーム主義運動は国内外の支持を失っていった．1990年代末までに，アルジェリア政府と軍の掃討作戦の成功によって，イスラーム主義武装勢力は軍事的に

も追い詰められていった.「イスラーム・マグレブのアル=カーイダ」(al-Qaida in the Islamic Maghreb: AQIM) の前身となった「宣教と戦闘のためのサラフィー主義集団」(Group salafiste pour la prédication et le combat: GSPC) は,イスラーム主義運動の軌道修正を目指して1998年にGIAから分離した集団である〔私市 2004: 261〕.その方針は,一般市民に対する暴力を否定し,政府や軍,海外権益(在外公館や企業)への攻撃や,外国人誘拐を活動の中心とすること,そして,アルジェリアのドメスティックな組織からグローバル・ジハード主義団体への転換である.GSPCは,2007年にビン・ラディン(Usama Bin Laden)のアル=カーイダ・グループに加入し,AQIMと名を変えている[7].

GSPC/AQIMのサヘル地域への進出は2003年にさかのぼる.2003年2月,アルジェリア人のベルムフタール(Mokhtar Belmokhtar)が率いるGSPCの部隊が,アルジェリア南部のサハラ砂漠で32人のヨーロッパ人観光客を拉致した.交渉の末,人質は解放されたが,ベルムフタールらはこの事件の結果,アルジェリア軍の追ってこられないマリ北部へと逃れた.GSPC/AQIMはこの後,サハラ砂漠の国境地帯において外国人誘拐事件を繰り返している.外国人誘拐は,GSPC/AQIMの活動の海外メディアへのアピールであるとともに,投獄されている仲間の解放といった政治取引の材料であり,身代金の形での資金獲得の手段でもあった.2003年以降,GSPC/AQIMは北部マリで次第に勢力を広げていった.その結果,北部マリはアルジェリア国内をしのぐGSPC/AQIMの活動の中心地となり,ベルムフタールらは2012年末にAQIMから独立し,独自の武装集団を形成する動きもみせた.

もともとアルジェリアの武装集団であるGSPC/AQIMが,2003年以降,北部マリに進出し,モーリタニア,ニジェールの国境地帯に活動領域を広げたのはなぜか.以下の2つの要因が指摘できる.第1に,マリ北部,ニジェール北部,モーリタニアの国家機構にもともと脆弱性があり,これがGSPC/AQIMがこの地域に寄生することを可能にしたことである.第2に,GSPC/AQIMが採用したグローバル・ジハードのイデオロギーが,既存の国家に改革を迫る大衆的抗議運動に対するオルタナティブとして認知され,抗議運動を国家の枠組みそのものを否定する方向へと向かわせたことである.

マリとニジェールの北部地域では,北部住民(ベルベル系トゥワレグ人,アラブ人など)が1990年代と2000年代にそれぞれの中央政府に対して武装蜂起を起こしている.その背景には,マリおよびニジェールの政府がそれぞれの首都の存

82　第Ⅱ部　国　家

在する南部の開発を優先し，乾燥地帯の北部が開発から取り残されてきた事実がある．マリ，ニジェール北部遊牧民が1990年代に武装蜂起を起こした直接の要因は，1980年代の大干ばつによって生じた飢饉であった[8]．干ばつ被害に対して，両国政府が住民救済のための有効な対策を取れなかったことは，北部遊牧民の政府に対する不満を助長した．マリ，ニジェールの北部叛乱は，エスニックな叛乱であり，北部遊牧民の重要な部分を占めるトゥワレグ人が両国家への帰属意識を持たないことが原因とされることがあるが，それは必ずしも妥当ではない．1990年代から2000年代にかけての叛乱に加わった北部遊牧民のなかには，自治ではなく，マリないしニジェール国民としての権利の十分な保障を要求している者たちも多かった[9]．また，1990年代，2000年代に両政府に抵抗して武装蜂起した遊牧民のなかには，非トゥワレグのグループ（アラブ系など）も含まれている［Maïga 1997: 51-52］．マリ，ニジェール両国政府が，行政機構と国家サービス（教育，福祉，産業政策）を通じて北部の国民を十分にケアできず，約20年もの間北部問題を解決できなかったことは，両国家の制度的な脆弱性を端的に示している．

　モーリタニアにおいては，ウォロフ人，フルベ人，バンバラ人，ソニンケ人などから成る「黒人モーリタニア人」と，アラブ人から成る「ビーダーン（白人）」，ビーダーンの黒人奴隷を起源とする「ハッラーティーン（解放奴隷）」というグループが伝統的に区別されてきた［Abou Sall 1999: 81-82］．独立後のモーリタニアは，アラブ性とイスラーム性を国家的アイデンティティとして称揚したが，この公認アイデンティティは，国民の文化的な現実に一致していなかった．1984年のクーデタで実権を掌握したウルド・スィーディー・アフマド・タヤ（Muaouya Ould Sidi Ahmed Taya: 在職1984-2005年）の政権下では政策的な黒人迫害・追放が起こるなど，アイデンティティをめぐる対立と暴力は深刻化していった．モーリタニアの文化的アイデンティティをめぐる迷走的な政策や，ビーダーン出身の一部エリートが権力を占有し続ける政治状況のなかで，エスニシティによる分断を克服する平等主義的な社会思想が希求されるようになり，それが多くのモーリタニア人をしてAQIMへと参加させる一因になったとされる［Bøås 2017: 8, 10］．

　2003年以降マリ北部のキダルを避難所としたGSPC/AQIMは，地元有力家族との婚姻関係や，生活物資や麻薬などの密輸活動がもたらす経済力を通じて，地元社会に基盤を構築していった［佐藤 2017: 4-5］．政治不安を抱え，経済的に

疲弊した地域に，GSPC/AQIMが巧みに入り込んでいったのである．そして，マリ，ニジェール，モーリタニアの各政権に不満を持つそれぞれの国民を支持者として取り込んでいった．

2003年以降のGSPC/AQIMのサヘルでの影響力拡大は，グローバル・ジハードのイデオロギーの転換期と一致している．イスラーム政治思想研究者の池内恵は，シリアのイスラーム主義者のイデオローグであるスーリー（Abu Musab al-Suri）が2004年に公表した論考を分析し，2000年代半ばにジハード主義（イスラーム主義者のうちでも，彼らが敵とみなす相手に対して武器をとって戦うことを肯定する人びと）の思想に大きな転換があったことを論じている．それによれば，スーリーは，1990年代までのイスラーム主義武装組織のようなヒエラルキー的な組織を持たない，自律的で分散的なジハード組織が世界の諸地域で同時多発的に活動することによってグローバルなジハードが展開すると論じた．この思想は，西欧諸国とその利害と結びついた彼らの出身地の現地政権をイスラームの敵と考えるジハード主義者が，組織の規模や攻撃対象（近くの敵＝腐敗したムスリム政権を攻撃するか，遠くの敵＝アメリカやヨーロッパ諸国を攻撃するか）に縛られることなしに，彼らが生きている場所で，持っている手段を動員して破壊活動を行いうる状況を開いた［池内 2013］．アルジェリア内戦が収束に向かう1990年代末から，北部地方での蜂起によってマリ内戦が勃発する2012年までのサヘル諸国のGSPC/AQIMの活動は，国境地帯での軍人などへの襲撃と海外権益や外国人誘拐を対象とする小規模な攻撃を中心としていた．アルジェリア人ほかマグレブ人とサヘル諸国の出身者から成るいくつかの小部隊が，アルジェリア国内のGSPC/AQIMの「本部」からはほとんど自律した形で，サハラ砂漠の国境地帯を政府軍の追撃から逃れながら遊撃するという活動の形態は，まさに，スーリーの提唱するグローバル・ジハードの戦略にかなうものであった．

さらに，マリ，ニジェール，モーリタニア，アルジェリアは，過去にフランスによって植民地化された歴史を共有しており，イスラーム主義者が問題視するアフリカ諸政権の腐敗の状況が，現代も続く植民地主義の問題として解釈されやすい，という共通点を持っている．GSPC/AQIMがしばしば明白な攻撃対象としたフランスおよびフランス企業は，これらの国々において現在も，経済的，政治的な影響力を持ち続けている．2012年にマリ内戦が起こったときも，同国の暫定大統領から要請を受けてフランスが軍事介入を行った［佐藤 2017: 8］．さらに，各国の国家エリートの一部はいまも旧宗主国とのつながりから

84　第Ⅱ部　国　家

利益を得ている，とイスラーム主義者たちは考えている［渡邊 2012: 10-11, 13］．
アル＝カーイダの世界観の基本は，「正しいムスリムである我々」と「敵」（西
欧諸国，およびその利害と結びついたムスリムの為政者たち）の二元論である．「我々」
の概念を国境を越えて拡大させることで発展してきたアル＝カーイダにとって
は，「我々」に対峙する共通の「敵」がはっきり認識されていればいるほど，
都合がよい．北アフリカおよびサヘル地域におけるフランスの経済的・政治的
覇権と，フランスに支持され，追随しているように見える現地政権こそが「敵」
であり，「我々」の不幸の根源であるとする思想は，地域の低開発や民主主義
の欠如に対する人びとの不満を吸い上げつつ，影響を拡大してきた．

リビア内戦，マリ政変とイナメナス事件

　アラブの春後のリビア内戦は，サヘル地域に二重の影響を与えた．第1に，
カダフィー軍が擁していたサヘル諸国出身者——そのなかにはマリなどのトゥ
ワレグ人が含まれていた——が，カダフィー政権崩壊後に高性能兵器を携えて
出身国に帰国したことである．実戦経験を持った兵士の帰還とリビアからの武
器の流出は，2012年のマリ北部での武装蜂起の直接的背景となった［佐藤 2012:
7］．マリ北部の蜂起は，中央政府からの北部の分離独立を宣言したものであ
るが，ここにはマリ北部にもともとみられた世俗的な民族主義運動（アザワー
ド解放民族運動）に加えて，ジハード主義思想を擁したマリ北部住民によって新
たに設立された武装イスラーム運動（アンサール・ディーン）や，AQIMなどの外
部アクターがかかわっていた（表7-1）．

表7-1　2012年マリ北部叛乱開始当時における武装集団

名称	参加者の国籍	イデオロギー
イスラーム・マグレブのアル＝カーイダ（AQIM）	アルジェリアほか	グローバル・ジハードの遂行
西アフリカにおけるタウヒードとジハード運動（MUJAO）	モーリタニア，マリ，ニジェールほか	グローバル・ジハードの遂行
アンサール・ディーン（AD）	マリのトゥワレグ人ほか	マリ北部アザワード地方へのイスラーム法の施行
アザワード解放民族運動（MNLA）	マリのトゥワレグ人ほか	マリ北部アザワード地方の自治自決

出所）筆者作成.

第7章「アラブの春」　85

　マリ北部の武装勢力の蜂起は，これに対するトゥーレ（Amadou Toumani Touré）大統領（在職2002-2012年）の対応に不満を持ったマリ軍のクーデタを引き起こし，結果として2012年4月にトゥーレ政権を崩壊させた．この2012年のマリ政変は，リビア政権崩壊を介して，アラブの春の影響を確かに受けていた．

　第2に，内戦によってリビアが治安上の空白地帯になったことで，マリ，ニジェール北部に加えてリビアがイスラーム主義武装勢力の隠れ場所となったことが，国境地帯のさらなる治安悪化をもたらした．マリ北部に続いてリビアが，イスラーム主義武装勢力の兵士と武器の流れの結節点になったのである．2013年1月にアルジェリア南東部イナメナスの天然ガスプラントおよび従業員宿泊施設をベルムフタール率いる武装集団約30人が襲撃した事件でも，武装集団は北部マリから来て，リビアにロジスティクス基地があったと推測されている．英石油大手BP，ノルウェーの国営石油会社スタトイル（Statoil），アルジェリア炭化水素公社ソナトラック（Sonatrach）が共同操業するこの施設の襲撃により，BP，日揮などを含む関連企業の従業員8カ国37人の外国人人質が犠牲になり，AQIMのサヘルでの武装活動は，国際メディアによってサヘル地域の治安上の大きな脅威として伝えられた．

　このように，モーリタニア，アルジェリア，マリ，ニジェール，リビアのそれぞれの国内紛争は，人（武装集団）とモノ（武器）が国境を越えて移動したことによって，サヘル諸国の地域的な（Regional）問題に発展していった．2003年以降10年をかけて，サヘルにおける組織拡大と北部マリ叛乱への参加で地域に浸透したAQIMが，リビア紛争で得た資源で活動能力を飛躍的に増大させた結果，敢行した初めての大規模な軍事作戦の結果がイナメナスの事件だったのである．

おわりに

　アラブの春によって，アラブ諸国にはドミノ式の体制崩壊が起こるかにみえた．しかし，既存の国家機構や体制を温存した国々があった一方で，国家機能が麻痺し内戦に陥った国々が見られたなど，政治的な結果は多様であった．サヘル諸国においては，アラブの春に連帯した大衆抗議運動の規模は比較的小さかったが，北アフリカに生じた治安上の空洞により，国境を越えた紛争の連鎖が生まれ，アラブの春の間接的な影響を被ることになった．

アラブの春の余波によって不安定化したサヘル諸国——マリ，ニジェール，モーリタニアなど——は，アラブの春をきっかけのひとつとして内戦に陥ったアラブ諸国——リビア，イエメン，シリアなど——と，ある共通点を持っている．それは，立憲政治機構，官僚機構，行政機構などの非人格的な国家制度が脆弱であったり，破壊されてしまったりした結果，部族・エスニシティや宗派などがそれらの国家機構に代わる政治的主体として台頭していったことである．また，2012年のマリ内戦の事例は，国家機構の脆弱性や非効率によって，抗議運動が改善主義的な方向ではなく，国家の枠組みそのものを否定する方向に向かった場合，そこにグローバル・ジハード集団の進出の余地を生み出すとも示唆している．不安定化が進むとされるサヘル地域の状況をよりよく理解するためにも，中東・北アフリカとサブ・サハラ・アフリカを横断する視野を保ちつつ，国家=社会関係のさまざまなパターンを丁寧に読み解く作業が必要だろう．

注

1）マグレブは「西方」を意味するアラビア語で，ここでは北西アフリカ諸国を指す．
2）重傷を負ったブーアズィーズィー青年は翌年1月4日に入院先の病院で死亡した．
3）チュニジア革命の展開については，Amira［2014］やPerkins［2014: Chapter 8］などを参照．チュニジア革命の歴史的背景については，渡邊［2016］も参照のこと．
4）「アラブの春」の政治経済要因については，Cammett, Diwan, Richards, and Waterbury［2015: Chapter 1］を参照．
5）アラブ革命が短期間にアラブ世界に拡散した要因についてLarémont［2014: 9］は，① 最初の事例が成功例であり，これがデモンストレーション効果を発揮したこと，② 変革を求める規範的な希求がすでに一般化していたこと，③ コミュニケーション技術，という3つの点を挙げている．
6）アルジェリア内戦とアルジェリアのイスラーム主義武装組織については，私市［2004］に詳しい．
7）AQIMのイデオロギーについては，渡邊［2012］を参照．
8）特にマリのトゥワレグのケースについては，Boilley［1999: 376］に詳しい．
9）ニジェール，マリのトゥワレグ独立派（民族自決派）については，Bourgeot［1994］を参照．

参考文献

邦文献

池内恵［2013］「グローバル・ジハードの変容——アブー・ムスアブ・アッ=スーリーに

よる『ウンマ（イスラーム共同体）』の分散型組織論──」『年報政治学』64(1)：189-
214.

私市正年［2004］『北アフリカ・イスラーム主義運動の歴史』白水社.

佐藤章［2012］「北部の「独立」宣言に揺れるマリ共和国」『アジ研ワールド・トレンド』(205)：
6-9.

─── ［2017］「イスラーム主義武装勢力と西アフリカ」『アフリカレポート』(55)：1-
13.

末近浩太［2016］「『アラブの春』とは何だったのか？──革命の希望はこうして『絶望』
に変わった──」『現代ビジネス』ウェブサイト，2月26日（http://gendai.ismedia.
jp/ 2018年2月12日閲覧）.

渡邊祥子［2012］「マグレブのアル＝カーイダとその射程──『アラブの春』とサヘルをめ
ぐって──」『アジ研ワールド・トレンド』(205)：10-13.

─── ［2016］「アラブの春とチュニジアの国家＝社会関係──歴史的視点から──」，
松尾昌樹・岡野内正・吉川卓郎編『中東の新たな秩序』ミネルヴァ書房，105-123.

欧文献

Abou Sall, I. [1999] "Crise identitaire ou stratégie de positionnement politique en
Mauritanie: Le cas des *Fulbe Aynaabe*," in Bourgeot, A. ed., *Horizons nomades en
Afrique sahélienne*, Paris: Karthala, 79-98.

Africa Center for Strategic Studies [2011] *Africa and the Arab Spring: A New Era of
Democratic Expectations*, Washington, D.C.: Africa Center for Strategic Studies.

Bayat, A. [2017] *Revolution Without Revolutionaries: Making Sense of the Arab Spring*,
Stanford, CA: Stanford University Press.

Bøås, M. [2017] *State of Play of EU-Mauritania Relations*, European Parliament's
Committee on Foreign Affairs (http://www.europarl.europa.eu 2018年2月12日 閲
覧).

Boilley, P. [1999] *Les Touaregs Kel Adagh*, Paris: Karthala.

Bourgeot, A. [1994] "Révoltes et rébellions en pays Touareg," *Afrique Contemporaine*,
(170): 3-19.

Cammett, M., I. Diwan, A. Richards and J. Waterbury [2015] *A Political Economy of the
Middle East*, 4 th edition, Boulder: Westview Press.

Esposito, J.L., T. Sonn and J.O. Voll [2016] *Islam and Democracy after the Arab Spring*,
New York: Oxford University Press.

Larémont, R.R. [2014] "Revolutions, Revolt, and Reform in North Africa," in Larémont,
R.R. ed., *Revolution, Revolt, and Reform in North Africa: The Arab Spring and
Beyond*, London: Routledge, 1-14.

Maïga, M.T.-F. [1997] *Le Mali: De la secheresse à la rebellion nomade*, Paris: Harmattan.

Perkins, K. [2014] *A History of Modern Tunisia*, 2 nd edition, Cambridge: Cambridge
University Press（鹿島正裕訳『チュニジア近現代史』風行社，2015年）.

（渡邊 祥子）

第III部 集団

第8章 海 賊

はじめに

　ローマ帝国時代より，海賊は「人類共通の敵」とみなされ，海賊問題に対処し，海洋を管理することは，歴代の政治指導者たちにとって自らの統治を保持する上で重要な課題であった．むろん覇権や貿易を拡大し，国益を追求するために海賊が為政者によって政治的に利用されることもあった．しかし17世紀以降，海上貿易が多大な利益をもたらすようになると，海上貿易の保護のため，海賊の取締は強化され，国家間の協力も徐々に形成されていった．その結果，19世紀後半以降，海賊活動は次第に沈静化した．

　だが海賊が消滅したわけではなく，様々な海域で海賊は出没し，1990年代以降，マラッカ・シンガポール海峡で海賊・海上武装強盗が活発になり，アフリカではアデン湾・ソマリア沖やギニア湾岸で海賊襲撃事件が増加した．アフリカでは海賊や海洋犯罪に対する関心は相対的に低く，十分な対策が講じられてこなかったが，海賊襲撃件数の急増はアフリカにおける海上犯罪，海上安全保障の重要性を認識させる契機となった．

　本章では，ソマリア沖海賊問題の事例から，海賊活動の実態，海賊対策，海賊の発生要因，そして，アフリカにおける海賊・海上犯罪に関する課題などを明らかにしたい．

　なお，一般的に海賊は，「海洋法に関する国際連合条約」（以下，国連海洋法条約）に基づき，公海またはいずれの国の管轄権にも服さない場所における船舶，航空機，乗組員，乗客に対して私的な目的のために行われる，不法な暴力行為，抑留または略奪行為と解されている［林・島田・古賀 2016: 104-107］．領海内で発生する武装暴力事件は，海上武装暴力または海上武装強盗とよばれているが，本章では，公海上の海賊と領海内における海上武装強盗をあわせて，便宜的に海賊と表記する．

1　ソマリア沖海賊問題の概要

　ソマリア沿岸部における海賊行為の歴史は古く，たとえば，19世紀に沿岸部のスルタン国家では，交易，略奪，保護が交差して制度化された「アバーン」(abaan) とよばれる保護制度下で海賊行為が行われていた [Dua 2013: 358-359]。19世紀後半には，マフムド・ユースフ（Uthamn Mahmud Yusuf）とユースフ・アリ（Ysuf Ali）というライバル関係にある2人のスルタンが自らの政治・外交的目的の追求のために海賊を利用した記録が残されている [Smith 2015: 23-29]。
　このようにソマリア沖における海賊活動は新しい事象ではないが，1960年に成立したソマリア共和国では，1990年代以降海賊活動が活発になり，図8-1のように2008年以降，アデン湾・ソマリア沖で海賊襲撃事件が急増したことから，ソマリア沖海賊問題は国際問題となった [杉木 2011: 89]。アデン湾は，年間約2万隻の船舶が航行し，世界の原油輸送の約12％が通過する戦略的に極めて重要な海上輸送路である [USANSC 2008: 4]。推計では，海賊活動に伴う経済的なコスト（身代金，海上保険料，航路変更，安全整備等）は年間総額70億ドルから160億ドルにおよぶ。また，海賊活動は貿易，観光業，投資，食料価格の高騰など近隣諸国の経済にも直接・間接的な影響をもたらし，その額は12億5000万ドルと試算されている [Bowden 2010: 8-26]。

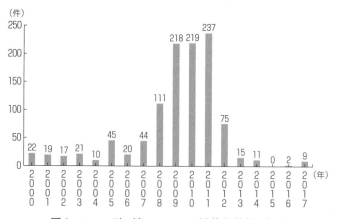

図8-1　アデン湾・ソマリア沖襲撃件数の推移

出所) ICC-International Maritime Bureau, Piracy and Armed Robbery Against Ships, Annual Report, (2000-2017) より筆者作成。

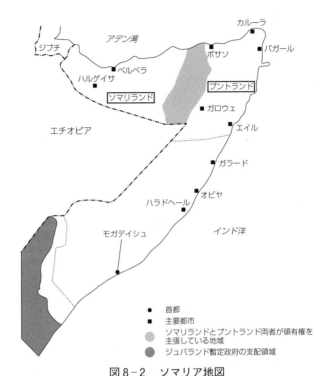

図 8-2　ソマリア地図
遠藤貢『崩壊国家と国際安全保障——ソマリアにみる新たな国家像の誕生』有斐閣，2015年，99頁より筆者作成．

　これまでの調査から大規模な海賊組織は，ソマリア北東部のプントランドのエイル，ボサソ，カルーラと中央部のガラード，オビヤ，ハラドヘールなどに拠点を置いていることが明らかになっている（図8-2）［UNSC 2008: 6; Ploch et al. 2011: 6］．海賊集団は，家族を構成単位とする小規模な集団から，200名ほどのメンバーがいる大規模な組織に至るまで多様であるが，ほんどの組織は血縁，クラン，地縁に基づくメンバーで構成されている［Hansen 2009: 26］．海賊組織のリーダーたちは地元で尊敬され，地元民と密接な関係を持ち，個人的なネットワークを通じて問題解決を図る．実際の海賊行為は，主に①元漁師，②軍閥のもとで活動していた「民兵」，③軍事関連の技術者（元ソマリア海軍兵士や民間軍事会社に訓練をうけた人），による共同作業である［遠藤貢 2009: 18-19］．
　「海賊ビジネス」の手法は，①金品や船舶を略奪して転売する「窃盗・略奪型」

94　第Ⅲ部　集　団

と②拘束した乗員の身代金を要求する「身代金要求型」に大別されるが，ソ
マリア海賊は概ね②に該当する．改造した中古のトロール船などを母船として
ソマリア沿岸からインド洋やアデン湾へ移動する．標的に接近すると，母船か
ら小型の高速ボートを降ろし，標的の船を襲撃して乗員を拘束する．海賊は
GPSや小型レーダーなどを活用して襲撃計画を練り，AK47などの自動小銃や
携帯型ロケット砲RPGs-7（ロケットランチャー）などで重武装しているが，乗員
に危害が加えられることは稀である．人質の確保に成功した場合，海賊組織と
提携している「ネゴシエーター」とよばれる身代金交渉者が人質の関係者（通
常は雇用主，海運会社，海上保険会社等）と交渉し，合意に達すると身代金が海賊
組織のリーダーへ届けられる．獲得した身代金は，海賊活動の資金提供者，情
報提供者，実動部隊（海賊実行犯，人質の世話係等）だけでなく，地元の有力者（有
力な政治家，クランやサブ・クランのリーダー，ビジネスマン等）へ分配されている［UNSC
2010: 99］．

2　ソマリア沖海賊問題への対応

　ソマリア沖の海賊対策として検討されてきた主な方策は，①海上警備と海
賊の処罰に関する国際協力，②ソマリア近隣諸国による海賊の取締能力向上，
③ソマリア国内の取締能力向上と統治・司法機能の回復，の3つである．本
節では最も成果を収めたと評価されている①の実態をみていきたい．

海上警備に関する国際協力

　1991年のバーレ政権崩壊以後，ソマリアは事実上3つの政体（北西部のソマリ
ランド，北東部のプントランド，および中・南部）に分かれた状況が継続している．
2005年に成立した暫定連邦政府（Transitional Federal Government: TFG），および
2012年に発足したソマリア連邦政府（Federal Government of Somalia: FGS）は合法
的な「中央政府」と位置づけられてきたが，実効支配しているのは南部の一部
にすぎず，治安の維持をアフリカ連合ソマリア・ミッション（African Union
Mission in Somalia: AMISOM）に依存している．多くのソマリア海賊が拠点を置
くプントランドは1998年に樹立宣言をした「プントランド自治政府」が支配し
ており，TFGやFGSが当該地域で海賊の取締や処罰を行うことはできない．そ
のため，安保理決議に基づき，様々な国が軍艦や軍用機を派遣し，北大西洋条

約機構（North Atlantic Treaty Organization: NATO）[1]，欧州連合（European Union: EU），およびアメリカが主導する連合部隊第151連合任務部隊（Combined Task Force 151: CTF-151）などと連携し，多国間協力による海上警備を実施してきた．

海上警備の主な方法としては，① アデン湾を航行する船舶に船団をつくらせ，護衛艦が護送するエスコート方式による警備と，② 護衛艦1隻（2016年以前は2隻）をCTF-151に参加させ，より広域の海域で監視を行う，ゾーンディフェンス方式による警備がある［ソマリア沖・アデン湾における海賊対処に関する関係省庁連絡会 2018: 11］．また国連安保理決議1851号に基づき，2009年にソマリア沖海賊対策コンタクト・グループ（Contact Group on Piracy off the Coast of Somalia: CGPCS）が発足し，2009年にジブチ行動指針（Djibouti Code of Conduct: DCoC）が採択され，海賊対策に関する関係諸国間協力の調整や情報共有が進められている．これまでにソマリアおよびソマリア近隣諸国において，EUや欧米諸国は海軍やコースト・ガードなどを対象とした法執行能力向上のための支援も提供している．

海賊の処罰

海上警備とともに，海賊対策のための重要な課題として浮上したのが海賊の処罰であった．2010年5月の時点で海軍またはコースト・ガードに拘束された9割以上の海賊が訴追されずに釈放されていたことが明らかになった［UNSC 2011］．国内法の不備，移送に伴う時間と多大な費用，ノン・ルフールマン原則などから[2]，自国の船舶または乗員が襲撃されたケースを除き，海賊を拘束した国は海賊容疑者を自国へ移送し，訴追することを躊躇していた．このような海賊の不処罰は海賊行為を抑止する障害のひとつと考えられた．

海賊は普遍的管轄権が適用される唯一の国際犯罪といわれてきたが[3]，グローバル・レベルでの海賊の訴追・処罰は制度化されてこなかった．その一因は，19世紀後半以降，海洋法条約の規定を適用しうる事案がほとんど発生しなかったことにある．1990年代にマラッカ・シンガポール海峡で急増した船舶襲撃事件の大半は沿岸国の領海で発生した海上武装強盗であり，沿岸国の管轄権において対処すべき問題であった．これまで制定されてきた国連海洋法条約や「海洋航行の安全に対する不法行為防止に関する条約」（Convention for Suppression of Unlawful Acts Against the Safety of Maritime Navigation: 以下，SUA条約）では諸国の共通利益を害する犯罪を国内法レベルで訴追，処罰することを求めているが，

海賊や海上犯罪の処罰を一元的に担う国際機関や国際裁判所は存在していない．

ソマリア海賊の不処罰に対処するため，海賊の訴追・処罰に関して多様な案が提示された．これらの提案は主に以下の4つのタイプに分類できる．

① 第三国にソマリア法廷を設置し，ソマリア国内法で海賊を訴追・処罰する

② 海賊裁判のための国際裁判所，または地域裁判所を新設する

③ 既存の国際裁判所の管轄権に海賊行為を含め，海賊容疑者の裁判を実施する

④ ソマリア近隣諸国において国内法を整備し，各国の裁判所において海賊・海上犯罪の被疑者に対する訴追・処罰を行う

このうち，①に対してはソマリアのTFG（当時），アメリカ，イギリスが反対した [Sterio 2012: 119-120]．②と③に関しては，新たな規約の制定または規定を改正するために時間と費用がかかる．そのため④が次善策であると考えられた．国連薬物犯罪事務所（United Nations Office on Drugs and Crime: UNODC）も④を支持し，2009年に開始した海上犯罪プログラムにおいて④の案に基づく「地域訴追モデル」を実施するためにソマリア近隣諸国を支援した[4]．

「地域訴追モデル」では，海賊被疑者を拘束した国が協定を結んでいるソマリア近隣の第三国へと被疑者を引渡し，当該第三国が国内法に基づき被疑者を訴追・処罰することになっている．拿捕国から第三国への海賊の引渡しは，通常の2国間による犯罪人引渡しとは異なり [Geiβ and Petrig 2011: 192-193]，国連海洋法条約に拿捕国以外の第三国が海賊を訴追することは明示されていない．近年の議論では国連海洋法条約第105条は拿捕国に訴追する権限があることを示しているが，拿捕国以外の国が海賊を訴追する権限を排除したわけではなく，協力義務を課した第100条と併せてみれば，海賊処罰規定をもつ第三国への引き渡しは排除されていないとみる説が有力である [坂元 2012: 177-178]．また，構成要件が合致していれば，SUA条約締約国が海賊の逮捕・訴追・処罰を行うとともに [山田 2013: 40]，拿捕国が海賊容疑者を第三国へ引き渡すことができると解されている．その他に安保理決議第2246号 [UNSC 2015] や2009年4月に締結されたDCoCも第三国が訴追・処罰する根拠と考えられた [Geiβ and Petrig 2010: 198-220]．

「地域訴追モデル」が最も多く実践されたのはケニアである．2008年以降，ケニアはイギリスやアメリカ等と協定を結び，普遍的管轄権の下で，協定国である第三国が拿捕した海賊被疑者を受け入れ，処罰してきた．ケニアは2008年末から2012年に受け入れを停止するまで協定締約国から164名の海賊被疑者を受け入れ，有罪判決を受けた海賊はケニアの刑務所で服役している．しかし，「地域訴追モデル」を実施するには様々な制約がある．その最大の問題は，海賊被疑者受け入れ国の政治的意思である．「地域訴追モデル」が機能するには，多くの国が実際に拿捕された被疑者を受け入れ，普遍的管轄権に基づき海賊を訴追し，処罰することが必要である．だが，大半の国が第三国からの海賊被疑者の受け入れを躊躇している．セーシェル，モーリシャス，マダガスカル，タンザニア等は法制度を整備し，協定締結国が拿捕した海賊被疑者の受け入れ・訴追を合意しているが，普遍的管轄権の適用を限定している［杉木 2016］．たとえばセーシェルはEUと海賊容疑者の引渡しに関する交換書簡を締結したが，受け入れを合意したのは，① セーシェルの領海，内水，排他的経済水域で拘束された海賊容疑者，② 公海上でセーシェル船籍の船舶またはセーシェル船籍でない船舶に乗っていたセーシェル人を襲撃した海賊で，公海上でセーシェルと直接関係ない船舶を襲撃した海賊の受け入れはセーシェル政府の裁量に委ねられている［EU-Seychelles Transfer Agreement 2009］．

今後，ソマリア沖や他の海域で発生した海賊活動の容疑者に普遍的管轄にもとづく「地域訴追モデル」が海賊の処罰に適用されるかどうかは定かではない．また，海賊の訴追・処罰による海賊行為の抑止効果に関しては検証する必要があるだろう．

3　ソマリア国内の取締能力向上と統治・司法機能の回復

ソマリア海賊問題を解決するには，海賊問題の根本的な要因に対処する必要性がある．ソマリアで海賊が発生した理由として挙げられる有力な言説として，「自警団（コースト・ガード）説」と「貧困説」がある．前者は，外国の大型トロール漁船による密漁や有害物質の不法投棄によって漁民は漁業によって生計を立てることができなくなり，憤慨した漁民たちが自警団を結成し，密漁等を取り締まり，「罰金」を徴収した．それが次第にビジネスとなり，身代金を目的とした海賊ビジネスが発展したと説明されている［Lehr and Lehmann 2007: 12-15］．

98 　第Ⅲ部　集　団

しかし，この「自警団説」に対しては懐疑的な意見も少なくない．それはソマ
リア沖での密漁は1991年以前から行われていたが，襲撃されているのは密漁し
ていた大型トロール船ではなく，イエメンや公海へ向けて移動していた貨物船
であるからである [Hansen 2009: 8]．⁵⁾ また貧困が海賊ビジネスの要因とするこ
とも十分な根拠が欠如している．それは，海賊に関与する動機として貧困があ
るとしても，海賊の拠点となっている地域はソマリアの他の地域より経済的に
豊かであり，ハイテク機器を駆使した海賊活動を行うには一定の資金が必要で
あるからである [Hansen 2009: 14-15]．むしろ，なぜ海賊ビジネスが特定の地域
で繁栄しているかを考える必要がある．

　遠藤哲也 [2009: 60-63] は，海賊活動は政府の統治機能が弱体化し，沿岸地域
を十分に管理できなくなった時に活性化しやすいと論じている．また，スティー
グ・ヤーレ・ハンセン [Hansen 2009: 23] は，紛争が激化している地域では海賊
組織は活動をすることが難しく，海賊組織が活動するには，一定の秩序と平和
が必要であると指摘している．2000年以降のソマリア海賊発生件数を概観する
と，ソマリアの海賊発生件数は，2000年から2004年までは毎年20件前後であっ
たが，2005年に2倍となり，2006年に一旦減少した．しかし，2007年に再び増
加し，2008年以降，海賊発生件数が急増した [ICC-IMB 2000-2017]．このような
推移は，海賊組織の拠点があるプントランドの政治状況と連動している．

　1998年以降のプントランドの政治情勢は5期に大別できる．第1期は，1998
年から2001年までであり，プントランドの自治体制は高く評価されていた．し
かし，第2期の2001年から2005年にかけて，政治的安定が揺らぐこととなった．
その発端は，初代大統領となったユースフ（Abdullahi Yusuf Ahmed）が任期満了
後も現職にとどまろうとしたことにある．2001年11月の選挙でジャマ（Jama
Ali Jama）が当選したが，ユースフは選挙結果を受け入れず，ジャマ派の民兵
に対する軍事攻撃を開始した．エチオピアの支援を受けたユースフは特殊部隊
であるデルビッシュ（Dervish）とプントランド諜報機関（Puntland Intelligence
Service: PIS）に無制限の弾圧許可を与え，反対派を弾圧し，腐敗やクラン間の
対立が激化した．このような状況はユースフがTFGの大統領に就任するため
にプントランドを去るまで続いた．

　第3期はムセ（Adde Muse Boquor）大統領が統治していた2005年から2009年
までであり，この時期にプントランドの政治・経済情勢は悪化した．特に政府
の腐敗が進み，ビジネスに深刻な影響を与えた．貿易のライセンス，漁業権や

資源の採掘権を獲得するために賄賂を支払わなければならず，食料や生活必需品の値段は高騰した．また不適切な経済政策は金融市場を混乱させ，インフレが進み，深刻な干ばつによって，人道的危機が生じた．

　ユースフ統治期の2000年に設立されたコースト・ガードは海賊問題と密接な関係があるといわれている．コースト・ガードの訓練は元「ソマリア海軍」の兵士とユースフ大統領が契約を結んだイギリスの民間軍事会社ハート・セキュリティ（Hart Security）によって行われた．訓練を終了したコースト・ガードは，ソアリア領海内で密漁している外国のトロール船を捕え，「罰金」を徴収する任務が与えられた．「罰金」が支払われるまで乗組員は拘束され，「罰金」はプントランド自治政府の貴重な財源となった．しかし，ハート・セキュリティは自治政府と罰金の徴収や契約をめぐり対立し，2002年に撤退した．その結果，多くのコースト・ガードが失業し，海賊に転身して海賊の組織化が進んだ［遠藤貢 2015：202］．またムセ政権期にプントランドでは，武器の密輸，人身売買，誘拐，通貨の偽造などの非合法犯罪ビジネスが発展し，海賊ビジネスが繁栄していった．

　マーティン・マーフィー［Murphy 2007: 12-18］は，海賊ビジネスを繁栄させるには7つの要素（① 法律上の不備と管轄権の問題，② 海賊行為に適した地理的環境，③ 国内における紛争もしくは無秩序な状況，④ 法執行機能の不備または不安定な治安，⑤ 海賊に寛容な政治的環境，⑥ 文化的許容，⑦ 高い報酬）が必要であると論じている．プントランドの沿岸地域は海賊行為に適した地理環境であり，一部の自治政府高官や治安当局の関係者は海賊集団と癒着し，司法制度は十分に機能していない．また，海賊活動によって得られる多額の報酬は地元経済へ還元されており，地元民は海賊に寛容である［Shortland 2012］．

　2009年1月にプントランドの大統領に就任したファロレ（Abdirahman Mohamud Farole）は「海賊との戦い」を表明し，メディアやコミュニティの集会などを通じた啓発活動と海賊の取締りを強化した．啓発活動では，イスラームの影響力を利用し，地元で尊敬されているイスラーム指導者シェーク（Sheikh Abdulkadir Nur Farah）とともに，海賊行為はイスラームの教えに反することを説き，それによって海賊行為をやめることにした海賊もいたといわれている．[6]海賊の取締に関しては，2009年3月にアブディリザック・モハメッド・ディリール（Abdirizak Mohamed Dirir）を海賊対策局長に任命し，2009年4月末以降，治安機関は，海賊の拠点であるエイルやバガールなどの拠点を襲撃し，2009年か

ら 2 年間で350名以上の海賊（および容疑者）が逮捕された．裁判では海賊に禁固 3 -20年の懲役が言い渡された[7]．さらに自治政府は1050名規模の海兵隊を創設するため，2010年10月には民間軍事会社であるサラセン・インターナショナル（Saracen International）と契約を結び，海兵隊の訓練を開始した[8]．だが，ファロレ大統領を含むプントランド自治政府幹部と海賊組織の癒着が報告されており，自治政府の海賊対策に対するコミットメントに懐疑的な見解も根強く存続していた [UNSC 2010: 39]．

　2014年 1 月に大統領に就任したアブディウェリ・モハメド・アリ（Abdiweli Mohamed Ali）はEU等からの支援を受け，治安維持機構の強化を進め，海賊や海上犯罪対策に積極的な姿勢を示している．しかし，海賊の襲撃は散発的に発生し，2017年には 9 件，2018年は 1 月から 6 月までに 2 件発生しており [ICC-IMB 2018]，海賊組織は消滅していない．2017年 3 月に解雇された元海賊対策局長のディリールは，プントランドの有力政治家は海賊や海上犯罪組織と共謀し，海上犯罪を黙認している，と明言している[9]．

　2012年に成立したソマリア連邦政府は依然として全土を実効支配していない．現時点でプントランドは自治権を保持した上で，ソマリア連邦内に留まることを表明しているが，プントランドの利権に関わる問題が生じると，その度に自治政府は連邦からの離脱を示唆している．また地元有力者と犯罪組織との癒着や腐敗はプントランドのみの問題でなく，連邦レベルでも深刻である[10]．したがって仮にソマリア全土を一元的に統治する中央政府が誕生しても，組織犯罪化している海賊ビジネスが一掃されるとは言い難く [Percy and Shortland 2013]，海賊問題の解決は容易ではない．

おわりに

　近年，アフリカでは海洋資源がアフリカ諸国の経済発展の鍵として注目されている．アフリカ連合（African Union: AU）は，AU海洋運輸憲章（AU Maritime Transport Charter）を2010年に採択し，2014年には2050アフリカ統合海洋戦略（2050 Africa's Integrated Maritime Strategy）を策定した．南部アフリカ開発共同体（Southern African Development Community: SADC），西アフリカ諸国経済共同体（Economic Community of West African States: ECOWAS）などの準地域機構でも同様の戦略が遡上に載せられている．そして，海洋資源の有効活用とともに，海賊

問題を含めた海洋の管理が求められている．ソマリア沖の海賊襲撃件数は，2011年をピークとして急減した．しかし，ソマリアの海賊組織は麻薬や武器の密輸，人身売買など他の非合法な海上犯罪に関与している．またギニア湾沿岸の海賊活動は，これまでに国連安保理決議が度々採択され，国際的な関心が高まってきたにもかかわらず，なお継続している．

ソマリア海賊対策として実施されてきた海上警備や海賊の訴追・処罰は一定の成果を収めたと評価されてきた．しかしこれらの対策は対処療法にすぎない．海賊ビジネスが繁栄する最大の要因は「機会」であり，「費用対効果」であるといわれている［Hansen 2009: 8］．いかに海賊行為を行う「機会」を阻止し，海賊活動が行為主体によって「不利益」となるようにするかは，単なる海上問題ではなく，陸上の統治機能の問題と連動している．その点で，海賊問題はアフリカ諸国や地域レベルにおける統治・司法機能や地域・国際協力のあり方が改めて問われている問題でもある．

注
1）NATOは「オーシャンシールズ作戦」を2009年8月から2016年12月にかけて展開した．
2）ノン・ルフールマン原則は，生命または自由が脅威にさらされる恐れのある国へ追放，送還，または引渡しを禁止する原則であり，「難民の地位に関する条約」や「拷問及び他の残虐な，非人道的な又は品位を傷つける取扱い又は刑罰に関する条約」に記されている．また，同原則は，「市民的及び政治的権利に関する国際規約」第7条や欧州人権条約第3条へも適用されている．
3）「普遍的管轄権」は自国領域外で行われ，行為者および被害者が自国の国籍でなく，直接自国に利益をもたらす被害でなく，自国とは直接関連を持たないものに対して国家が行使する権限をさす［竹内 2011］．
4）UNODC, "Maritime Prime Programme: India Ocean"（https://www.unodc.org/ 2015年12月23日閲覧）．
5）2000年から2008年までで漁船の襲撃件数とそれが全体の襲撃件数に占める比率は2000年が0件（0%），2001年ハイジャック2件（6%），2002年0件（0%），2003年ハイジャック1件，所有物窃盗1件（7%），2004年所有物窃盗1件（6%），2005年ハイジャク4件（8%），2006年ハイジャック1件（3%），2007年ハイジャック4件（6%），2008年未遂2件，ハイジャック5件，所有物窃盗1件（6%）である［IMO-MSC Monthly Report 2000–2008］．
6）"Somalia: Muslim Scholar Speaks about Reforming Pirates," Garowe Online, 26 May 2009（http://www.garoweonline.com/ 2010年5月25日閲覧）．
7）"Somalia: First Bach of 170 Puntland Marines Complete Navy Training," Garowe Online, 30 November 2010（http://www.garoweonline.com/ 2010年12月12日閲覧）．

8）国連やアメリカ政府が反対したため，2011年3月にプントランド自治政府はサラセンとの契約を解消した．

9）Magnus Boding Hansen, "The Somali Pirates are Back（Spoiler Alert: They Never Really Left"，IRIN, 19 July 2017（https://www.irinnews.org/ 2018年7月2日閲覧）．

10）例えば，トランスペアレンシー・インターナショナル（Transparency International）が毎年発表している世界の腐敗認識指数では，ソマリアは常に汚職が最悪な国としてランクインしている（https://www.transparency.org/ 2018年6月29日閲覧）．

▌▌ 参考文献

邦文献

遠藤哲也［2009］「ソマリアの破綻状況と海賊現象」『海外事情』57（3）: 57-70.

遠藤貢［2009］「ソマリアにおける『紛争』とその現代的課題」『海外事情』57（5）: 2-11.

―――［2015］『崩壊国家と国家安全保障――ソマリアにみる新たな国家像の誕生――』有斐閣.

坂元茂樹［2012］「普遍的管轄権の陥穽――ソマリア沖海賊の処罰をめぐって――」，松田竹男・薬師寺公夫・坂元茂樹・田中則夫編『現代国際法の思想と構造Ⅱ――環境，海洋，刑事，紛争，展望――』東信堂，156-192.

杉木明子［2011］「「国家建設」モデルの再考序論――ソマリア沖海賊問題と「ソマリア国家」の事例から――」『国際法外交雑誌』110（1）: 76-100.

―――［2016］「誰が海賊を処罰するのか？――「地域訴追モデル」とケニアにおける海賊裁判――」『アフリカレポート』（54）: 1-12（http://www.ide.go.jp/ 2018年9月9日閲覧）.

ソマリア沖・アデン湾における海賊対処に関する関係省庁連絡会［2018］『2017年 海賊対処レポート』（https://www.cas.go.jp/ 2018年9月9日閲覧）.

竹内真理［2011］「域外行為に対する刑事管轄権行使の国際法上の位置づけ――重大な人権侵害に関する分野の普遍管轄権行使を中心に――」『国際法外交雑誌』110（2）: 182-209.

林司宣・島田征夫・古賀衞［2016］『国際海洋法』（第2版）有信堂.

山田哲也［2013］「ソマリア「海賊」問題と国連」『国際法外交雑誌』112（1）: 30-55.

欧文献

Bowden, A. [2010] *The Economic Cost of Maritime Piracy*, One Earth Future Working Paper, December.

Dua, J. [2013] "A Sea of Trade and A Sea of Fish: Piracy Protection in the Western Indian Ocean," *Journal of Eastern African Studies*, 7 (2): 353-370.

EU-Seychelles Transfer Agreement [2009] "Exchange of Letters Between the European Union and the Republic of Seychelles on the Conditions and Modalities for the Transfer of Suspected Pirates and Armed Robbers from NAVFOR to the Republic of Seychelles and for Their Treatment after such Transfer," *Official Journal of the Europe Union*, L.315/37-43.

Geiβ, R. and A. Petrig [2011] *Piracy and Armed Robbery at Sea: The Legal Framework for Counter Piracy Operations in Somalia and Gulf of Aden*, Oxford: Oxford University Press.

Hansen, S. J. [2009] "Piracy in the Greater Gulf of Aden: Myths, Misconception and Remedies," *NIBR Report* 2009: 29, Gaustadalléen: Norwegian Institute for Urban and Regional Research.

International Chamber of Commerce—International Maritime Bureau (ICC-IMB) [2000–2017] *Piracy and Armed Robbery Against Ships, Annual Report.*

—————— [2018] *Piracy and Armed Robbery Against Ships, Report for the period of* 1 *January to 30 June 2018*, July.

Lehr, P. and H. Lehmann [2007] "Somalia Pirate's New Paradise" in Lehr, P., ed., *Violence at Sea: Piracy in the Age of Global Terrorism*, New York: Routledge, 1 –22.

Murphy, M.N. [2007] *Contemporary Piracy and Maritime Terrorism: The Threat to International Security*, Adelphi Paper, 388, London: International Institute for Strategic Studies.

Percy, S. and A. Shortland [2013] "Business of Piracy in Somalia," *Journal of Strategic Studies*, 36(4): 541–578.

Ploch, L., C.M. Blanchard, R. O'Rourke, R.C. Mason and R.O. King [2011] *Piracy off the Horn of Africa*, Congressional Research Service (https://fas.org/ 2018年9月9日閲覧).

Shortland, A. [2012] *Treasure Mapped: Using Satellite Imagery to Track the Developmental Effects of Somali Piracy*, Africa Programme Paper: AFR PP 2012/01, London: Chatham House (https://www.chathamhouse.org/ 2018年9月9日閲覧) .

Smith, N. W. [2015] "The Machinations of the Majerteen Sultans: Somali Pirates of the Late Nineteenth Century," *Journal of Eastern African Studies*, 9 (1): 20–34

Sterio, M. [2012] "Piracy Off the Coast of Somalia: The Argument for Pirate Prosecutions in the National Courts of Kenya, The Seychelles, and Mauritius," *Amsterdam Law Forum*, 4 (2): 104–123.

United States of America National Security Council (USANSC) [2008] *Countering Piracy Off the Horn of Africa: Partnership & Action Plan* (https://www.hsdl.org/ 2018年9月9日閲覧).

United Nations Security Council (UNSC) [2008] Report of the Monitoring Group on Somalia pursuant to Security Council Resolution 1811, 10 December, S/2008/769 (https://www.securitycouncilreport.org/ 2018年9月9日閲覧).

—————— [2010] Letter Dated 10 March 2010 from the Chairman of the Security Council Committee pursuant to resolutions 751 (1992) and 1907 (2009) concerning Somalia and Eritrea addressed to the President of the Security Council, S/2010/91, 10 March (https://www.securitycouncilreport.org/ 2018年9月9日閲覧).

—————— [2015] S/RES/2246, 10 November.

ウェブサイト

United Nations Office on Drugs and Crime（UNODC）Website（https://www.unodc.org/ 2015年12月23日閲覧）.

（杉木 明子）

第9章 ボコ・ハラム

はじめに

　ナイジェリア北東部のボルノ，ヨベ，アダマワの3州を中心とする地域では，2010年ごろからボコ・ハラム（Boko Haram）と呼ばれる武装組織による住民襲撃が多発し，多数の民間人が無差別に殺害される事態となっている．その活動は国境を越え，隣国のカメルーン北部，チャド南部，ニジェール南部にまで広がっており，ボコ・ハラムに直接殺害された犠牲者は1万6000人を超え，ボコ・ハラムとナイジェリア政府軍などとの間の戦闘の巻き添えとなった犠牲者まで含めると3万人を超えるとの推計もある[1)]．

　ボコ・ハラムによって住居を破壊された住民や，襲撃されることへの恐怖から自宅に戻れずに避難民と化した住民の数は，ナイジェリア北東部を中心に200万人に達すると推計されている[2)]．近年のボコ・ハラムは，拉致した子供に自爆テロを強要する非道極まりない手法のテロ攻撃を激化させており，ボコ・ハラムによる暴力は，現代アフリカにおける最も深刻な安全保障上の課題と言っても過言ではない状況である．

　このような武装組織がなぜ，ナイジェリア北東部で誕生したのか．ナイジェリアの軍や警察はなぜ，ボコ・ハラムを壊滅させることができないのか．国際社会はボコ・ハラムの問題にどのように向き合えばよいのか．本章では，ボコ・ハラムの誕生と発展の歴史や組織の特質を俯瞰しながら，こうした論点について考えてみたい．

1　ボコ・ハラムの組織概要と特質

勢力と被害状況

　最初にボコ・ハラムの組織概要と沿革を素描したい．ボコ・ハラムという名は，ナイジェリア北部で広く話されているハウサ語で「西洋の知・西洋の教育

システム」を意味する「ボコ」(boko) と，アラビア語で「禁忌・禁止」を意味する「ハラム」(haram) を組み合わせたものである．その名が示す通り，ボコ・ハラムは西洋に源流を持つと見做した価値，制度，技術などを「禁忌」として否定し，最終的にはイスラーム国家の樹立を目指している．ただし，ボコ・ハラムという名はナイジェリアのメディアや地元の人びとが彼らに与えた通称であり，正式名称はJama'atu Ahlu Sunna Lidda'Awati Wal-Jihadという．日本語にすると，「宣教及びジハードを手にしたスンニ派イスラーム教徒としてふさわしき者たち」との意味になる [公安調査庁 2016: 144]．

　組織の誕生と発展の歴史的経緯については後述するが，ボコ・ハラムが誕生したのは2002年，場所はナイジェリア北東部ボルノ州の州都マイドゥグリであった．創設時の指導者は，同州に隣接するヨベ州出身のムハンマド・ユスフ (Mohammed Yusuf: 1970年生まれ) というイスラーム主義者であった．ボコ・ハラムはその後，ナイジェリア警察・軍と小規模な武力衝突を繰り返すようになり，指導者のユスフは2009年7月28日，軍に身柄を拘束された後に警察に引き渡され，2日後の7月30日にマイドゥグリの警察本部庁舎内で警察官に射殺された．警察は「逃亡を防ぐため」と発砲を正当化したが，国際人権団体などのその後の調査で，ボコ・ハラムに同僚を殺害された警察官による私的な報復だった疑いが強いことが判明した [International Crisis Group 2014: 13]．

　ユスフの死後，アブバカル・シェカウ (Abubakar Shekau) という強硬派の新リーダーのもとでボコ・ハラムは民間人を狙った無差別テロを繰り返すようになり，その活動は2013年から2015年にかけて最盛期を迎えた．ただし，その勢力の規模については正確な情報が存在しない．米国の国務省はボコ・ハラムの勢力を「数千人」と推定している [U.S. Department of State 2017: 394]．国際人権団体アムネスティ・インターナショナルは，2015年1月時点で1万5000人という推計値を示していた．[3]

　2009年7月にユスフが警察に殺害されるまでのボコ・ハラムの攻撃は，拳銃，ナイフ，ナタ，火炎瓶などを用いて警察官を襲撃するのが一般的であった．しかし，ユスフの死後，一時的に地下に潜伏した後に活動を再開した2010年12月以降は，一般市民を標的とした攻撃が増加した．攻撃形態にも顕著な変化がみられ，自動小銃などで武装した集団による襲撃の他に，爆弾を使ったテロも頻繁に実行されるようになった．

　オーストラリアの安全保障問題に関するシンクタンクである経済平和研究所

が2015年11月に刊行した『グローバル・テロリズム指標』〔Institute for Economics and Peace 2015: 41〕によると，ボコ・ハラムの攻撃による死者は2014年の1年間だけで6644人に達し，イラクとシリアで領域支配を実現したイスラーム国（Islamic State: IS）によるテロの同年の犠牲者総数6073人を凌駕した．ボコ・ハラムの活動が最も活発だった2015年1月時点では，ナイジェリア北東部のボルノ，ヨベ，アダマワを中心に，およそ3万平方キロメートルもの領域を支配していた．これは欧州のベルギーの国土面積（3万528平方キロメートル）に匹敵する広さであった（図9-1）．

国際社会の支援を得たナイジェリア軍が2015年に入って攻勢を強めた結果，ボコ・ハラムの領域支配は事実上崩壊し，戦闘員はナイジェリア北東部，カメルーン北部，チャド南部の都市や農村に分散して潜伏するようになっている．だが，2015年以降は従来からの武装した集団での襲撃に加えて，拉致した女性や子供に自爆テロを強要するケースが増加傾向にあり，国連児童基金（United Nations Children's Fund: UNICEF）によると，2017年1月から8月までの間に子供を使った83件の自爆テロが確認されている[4]．武装した集団による住民襲撃は現

図9-1　ナイジェリア地図

在も続いている.

　国外のテロ組織との関係では，ボコ・ハラムは2010年7月にアル=カーイダ（al-Qaida）との連帯を宣言し，2015年3月にはISへの忠誠を誓っている［U.S. Department of State 2017: 394］.

国際社会への「発信」

　ボコ・ハラムを巡っては，その活動が最も活発だった2014年に興味深い現象がみられた．アフリカの武力紛争や武装組織に日頃はほとんど関心を示さない日本の民放テレビ，それも「ワイドショー」のような情報番組までもがボコ・ハラムに強い関心を示し，ボコ・ハラムの名が日本を含む先進国の一般市民の間に広がったのである.

　きっかけとなった出来事は，2014年4月14日深夜から15日未明にかけて，ボルノ州の都市チボクの中高一貫制女子校の寄宿舎をボコ・ハラムが襲撃し，寄宿舎内にいた女子生徒276人を連れ去った事件であった．事件発生の一報が伝わると，インターネット空間には生徒たちの無事を願う書き込みが世界各地から相次ぎ，米国のバラク・オバマ（Barack Obama）大統領（当時）の妻ミシェル夫人のような国際的に著名な女性たちが少女の解放を訴え，日本を含む先進諸国のマスメディアが一斉にボコ・ハラムについての報道を開始した．事件発生の約3週間後，ボコ・ハラムが黒い布で全身を覆われた被害者たちを映した映像を公開すると，女子生徒たちの救出を求める世論が欧米社会で頂点に達し，米国内世論の高まりを受けたオバマ大統領は，救出チームをナイジェリアに派遣する考えを示した［白戸 2017: 17-21］.

　サブサハラ・アフリカの武装組織による住民の組織的拉致では，ウガンダ北部の反政府武装組織「神の抵抗軍」（Lord's Resistance Army: LRA）が1980年代後半から約20年にわたって6万人以上の子供を拉致した先例がある．だが，LRAの蛮行が先進国のマスメディアから大きな注目を浴びたことや，被害者の救出を求める国際世論が沸騰したことはなかった．LRAのケースとは大きく異なるボコ・ハラムへの注目の背景には，誰もが情報を容易に取得して発信者になれるインターネットの普及という情報通信環境の変化があるだろう.

　だが，それだけではない．LRAとボコ・ハラムは，同じ武装組織でも決定的な違いがある．それは，LRAが自らの拉致を世界に向けて喧伝しなかったのに対し，ボコ・ハラムは自らの蛮行を国際社会に発信し続けたことだ.

アフリカでは過去に多くの武力紛争が発生してきたが，一般に従来のアフリカの武装組織は虐殺や拉致などの非人道的な行為を世界に発信するのではなく，むしろ国際社会の監視の目をかいくぐりながら，非人道的な行為に手を染めてきた．これに対し，ボコ・ハラムは拉致被害者をわざわざ映像に登場させ，自ら国際社会を敵に回す道を選んだ．

彼らはなぜ，そのような行動を取ったのだろうか．ひとつの仮説は，ボコ・ハラムによる拉致の第一義的な目的が，劇場型テロによって先進世界の耳目を惹きつけることにあったというものである．被害者救出を求める世論に後押しされた欧米諸国が問題解決に乗り出してくれば，ボコ・ハラムはナイジェリア北東部における自らのローカルな武装闘争を，世界規模のイスラームの聖戦（グローバル・ジハード）の一環としてイスラーム世界で正当化する機会を得るからである［白戸 2017: 29-33］．

ボコ・ハラムの本当の狙いが何だったのかは，彼らに聞いてみなければわからない．だが，たしかなことは，ボコ・ハラムは女子生徒集団拉致事件を起こした2014年4月時点では，ナイジェリア北東部の土着組織であると同時に，劇場型テロを通じて自らの存在を国際社会に誇示するグローバル志向の組織でもあったことである．

2　誕生と発展の歴史

「世直し運動体」としての誕生

2002年の誕生当初のボコ・ハラムは，シャリーア（イスラーム法）の厳格な施行を通じて混迷するナイジェリア社会を再建する「世直し集団」としての期待を背負った土着組織であった．それがなぜ，グローバル志向の「テロ組織」へと変質していったのか．本節では，ボコ・ハラムの誕生と発展の経緯をみてみよう．

現在のナイジェリアの領土が地図上に姿を現したのは1914年のことであった．アフリカでの植民地建設を加速していた英国がこの年，イスラーム教が優勢な「北部ナイジェリア保護領」と，欧州から伝来したキリスト教が勢力を拡大していた「南部ナイジェリア植民地及び保護領」という2つの植民地を統合し，「英領ナイジェリア」が誕生したのである．そして，ナイジェリアが1960年に独立する際，この植民地の領域をほぼそのまま引き継いだことにより，まっ

たく異なる世界観を有する2つの巨大な宗教コミュニティがひとつの国に同居することになった.

独立当時のナイジェリアは東部,西部,北部の3地域から成る連邦国家であり,このうちイスラームが優勢なのは北部であった.植民地時代の北部に該当する地域では,シャリーアの民法典と刑法典の双方が施行されていたが,北部地域政府は独立の際に,近代西洋の基準では「残虐」とされる刑罰を含む刑法典の導入を見送り,民法典のみを施行した.

刑法典の導入見送りの決定を受け,ナイジェリア北部のイスラーム社会では,州政治の担い手であるイスラーム政治エリートに不満を抱く若者たちが現れた.さらに1970年代のオイルブームの下で所得格差が広がり,政治腐敗が深刻になると,イスラーム政治エリートを批判するだけでなく,ナイジェリア社会の改革のために刑法典を含むシャリーアの全面導入を主張する若いウラマー(イスラーム知識人)が現れた.

さまざまなイスラーム反体制運動組織が現れては消えていくなか,1992年にナイジェリア北部の大都市カノで,「アフル・スンナ」(Ahl al-Sunna)と呼ばれる若いウラマーの集団が結成された.彼らは刑法典を含むシャリーアの完全かつ厳格な導入を主張し,若者の間で支持を拡大していった[坂井 2015].

独立後のほとんどの期間が軍政下にあったナイジェリアでは,1999年に民政移管が実現し,国政のみならず州レベルでも選挙が実施された.ナイジェリアでは1967年に州制度が導入され,東部,西部,北部の3地域は12州に再編され,さらにその後36の州に細分化された.民政移管の時点では,独立時の北部地域は12の州に細分化されており,そのうちのひとつザムファラ州の知事選では,シャリーアの全面導入を公約した候補が当選した.この結果,シャリーア全面導入による「世直し」を望む大衆の熱気を感じ取った北部の他の11州の知事たちも,2001年6月までに相次いでシャリーアの全面導入を決断した.アフル・スンナは北部各州の知事選でシャリーア全面施行を公約する候補を支援し,候補者が当選して知事に就任した際には,公約通りシャリーアが全面導入され,厳格に実践されているかを監視した[戸田 2002; 坂井 2015].

しかし,刑法典を含むシャリーアの全面導入後も,厳格な運用を回避する知事もいた.こうしたシャリーアの「骨抜き」ともいえる状況に憤慨したアフル・スンナの活動家の一人だったのが,前節で先述したヨベ州生まれのウラマーであるムハンマド・ユスフであった.

ユスフは西洋発祥の近代国家システムは非イスラーム的な偶像崇拝であると主張し，ナイジェリア連邦政府の正統性を認めなかった．科学についてもクルアーンの教えに一致しないと主張して認めず，活動拠点としていたボルノ州の州都マイドゥグリで2002年，イスラーム政治エリートに不満を持つ若者たちを糾合して小さな組織を立ち上げた．この組織はユスフに付き従う者たちの集団という意味で，当初は「ユスフィーヤ」（Yusufiyya）と呼ばれた．後に「ボコ・ハラム」と呼ばれる組織の誕生であった［International Crisis Group 2014: 9］．

「テロ組織」への飛躍

黎明期のボコ・ハラムは，シャリーアの忠実な実践が可能な土地を探し求めてナイジェリア北部を転々とし，住民とトラブルを起こすなどカルト的な体質の組織であった．警察は取り締まりに乗り出し，ボルノ州，ヨベ州では2005年ごろからボコ・ハラムと警察との間で衝突が相次ぐようになった．ただし，当時のボコ・ハラムは，今日のように多数の民間人を無差別に殺傷する組織ではなかったと考えられている．

2009年7月の警察によるユスフに対する「私刑」を境に，ボコ・ハラムの性格が変化したことについては前節で述べた．ユスフの殺害から11カ月後の2010年7月1日，インターネットの動画に登場したアブバカル・シェカウは，2代目指導者への就任と同時に「アル＝カーイダとの連帯」を宣言した．その年の12月になると，クリスマスを祝うキリスト教徒が集まった教会や市場で相次いで爆弾テロを実行し，以後はイスラーム国家建設の障害と見做したすべての勢力を攻撃対象とした．治安当局はもちろん，ナイジェリア北部のイスラーム政治エリートで構成される州政府，その支持者と見做した一般のイスラーム教徒，果ては連邦政府から首都アブジャの国連施設にまで攻撃対象が拡大された．

シェカウという強硬派指導者の誕生がボコ・ハラムの過激化に影響したのは間違いないが，ユスフ死後のボコ・ハラムの動向に関連して特筆すべきことは，国外のアル＝カーイダ系組織との連携強化が組織の基本性格の変化に大きな影響を与えたと考えられることである．

ユスフの死とメンバーの大量摘発で打撃を被ったボコ・ハラムは，態勢の立て直しを迫られ，残った主要メンバーはチャド，ニジェール，ソマリア，アルジェリア，アフガニスタンなどに逃亡し，その後ナイジェリアに戻って活動を再開したといわれている［International Crisis Group 2014：23-26］．

112　第Ⅲ部　集　団

　米国議会における米政府高官らの証言では，主要メンバーたちが逃亡先で，少なくとも２つのアル＝カーイダ系組織から軍事訓練や資金提供を受けた事実が明らかにされている．ひとつは，ソマリアで2007年ごろから数々のテロを起こしている「シャバーブ」（Shabab）である．もう一つは，母体となる組織が1990年代にアルジェリアで誕生後，マリ，ニジェールなどに拠点を移して活動している「イスラーム・マグレブのアル＝カーイダ」（al-Qaida in the Islamic Maghreb: AQIM）である．AQIMとの関係については，国連安保理が出した報告書でも指摘されている［Pate 2015: 22］．

　ボコ・ハラム，シャバーブ，AQIMなどは，それぞれの地域の固有の状況の下で発展し，独自の「敵」と戦ってきたが，アル＝カーイダへの「連携」や「忠誠」を公言し，アル＝カーイダのブランド力を借りれば，自らのローカルな武装闘争を世界規模のジハード（グローバル・ジハード）に格上げできる．一方のアル＝カーイダは，世界各地の組織に「お墨付き」を与えることで，グローバル・ジハードの老舗の地位を維持することが可能だ．

　ユスフが殺害され，生き残った主要メンバーが国外逃亡した2009年７月から2010年前半という時期は，こうしたグローバル・ジハードの担い手たちの国際的ネットワークの形成が進んだ時期であった．そうした状況下で，組織の創設者を失ったボコ・ハラムは，アル＝カーイダのブランド力を利用して組織の発展的再建を図る方向でテロ組織へと変質し，同時にグローバル・ジハードの担い手としての性格を強めていったと考えられるのである．

3　なぜ，ボコ・ハラムを壊滅できないのか

低開発の受け皿として

　ナイジェリア社会の改革のためにシャリーアの実践が必要という考え方は，ナイジェリア北部のイスラーム社会では決して珍しいものではない．歴史的事実を振り返っても，シャリーアの厳格な施行を訴えた初期のボコ・ハラムに対して，この地域のイスラーム教徒の若者の間に一定の共感があったことは事実だろう．だが，ボコ・ハラムは2010年以降，ジハードと称して一般のイスラーム教徒を無差別に殺害する組織と化しており，このような組織に対する一般のイスラーム教徒の支持が著しく低下していることは容易に想像がつく．

　それでもなお，ボコ・ハラムがこの地域において一定数のメンバーを確保し，

活動を継続できているのはなぜだろうか．国連開発計画（United Nations Development Programme: UNDP）が2017年9月に刊行した報告書は，ボコ・ハラムを含むアフリカの過激主義組織に加わった経験者への大規模な聞き取り調査をもとに，個人が過激主義組織に参加する理由に迫った調査結果として興味深い．同報告書は過激主義組織に参加した人にみられる特徴として，9つの要素——すなわち，① アフリカにおいて周辺化された低開発地域で育った経歴，② 不遇な子供時代，③ 自らと異なる民族や宗教との接点が少ない，④ 教育水準の低さ，⑤ 過激組織への加入理由に「宗教」を挙げているにもかかわらず，実際には宗教の基本文献（イスラーム教のクルアーン，キリスト教の聖書）を読んだ経験がなく，教義についての理解が不十分，⑥ 自らの経済状態への強い不満，⑦ 政府に対する強い不満，⑧ 警察・軍・政治家への強い不信，⑨ 民主主義への低い期待——を挙げている［UNDP 2017: 82］．

　以上の9つの要素をボコ・ハラムの事例に当てはめてみると，この組織がナイジェリア北東部で誕生して命脈を保ち得ている理由が，ある程度は合理的に説明できるように思われる．2015年のナイジェリアの1人当たり国内総生産（GDP）を州別にみてみると，最大都市ラゴスのあるラゴス州の4182米ドル，全国平均の2763米ドルに対し，ボコ・ハラムが最も活発に活動しているボルノ州は1019米ドルでナイジェリアの36州のうち29位，ヨベ州にいたっては711米ドルに過ぎず33位だ．失業率はボルノ州が18.6%で全国ワースト2位，ヨベ州が18.3%でワースト4位である⁵⁾．

　成人の識字率は全国平均が66%，最も高いラゴス州は95%に達するのに対し，ボルノ州は37%，ヨベ州は39.6%にとどまっている⁶⁾．アフリカで最大の生産量を誇る石油産業を有し，サブサハラ・アフリカのGDP総額の3割以上を1国で生産している地域経済大国ナイジェリアにおいて，ボコ・ハラムの活動が最も活発な同国北東部が周辺化され，低開発状態にあることは疑いようがないだろう．経済的苦境，教育水準の低さといった経済的・社会的な背景は，若者がボコ・ハラムに身を投じる際の大きな要因になっていると推察されるのである．

ガバナンスの不全

　UNDPの報告書で指摘された「政府に対する強い不満」や「警察・軍・政治家への強い不信」という要素も，ボコ・ハラムの活動が続く大きな理由になっていると考えられる．

114 第Ⅲ部 集 団

　2002年のボコ・ハラム誕生後，初代指導者のユスフは何度か警察当局に身柄を拘束された．だが，その度にユスフは理由が明らかにされないまま釈放され，ナイジェリア社会では政治家による「口利き」が釈放を実現させたとの噂が広まった[International Crisis Group 2014: 13]．そのユスフの殺害が警察当局による「私刑」であったことと合わせて考えると，公権力に対するナイジェリア国民の不信感には強いものがあるだろう．

　また，ナイジェリア軍によるボコ・ハラム掃討作戦を巡っては，ボコ・ハラムと無関係な市民が兵士に殺害されたり，家屋を破壊されたりする事例が国際人権団体などによって多数報告されている[7]．被害者救出を求める声が世界に広がった2014年４月の女子生徒集団拉致事件の後，米国のオバマ大統領がナイジェリアへの救出チーム派遣を表明したにもかかわらず，救出が実現しなかった背景について，米議会調査局のアフリカ専門家は「ナイジェリア治安機関による多数の違反行為，ボコ・ハラムに対する包括的アプローチの採用に抵抗するナイジェリア政府の存在，人権侵害の訴えを捜査して責任追及する政治的意思の欠如」であると米下院の公聴会で述べている[Congressional Research Service 2014]．

　「法の支配」が機能せず，当局による違法な暴力が行使され，公権力の腐敗が横行している状況では，住民が治安当局に保護されているという実感を持つことは困難であり，ボコ・ハラム掃討作戦への住民の協力を期待するのは難しいだろう．むしろ，こうした状況を打開する手段として，ボコ・ハラムに加わる若者が出てくる可能性を想定せざるをえない．

　一方，ボコ・ハラムとの戦闘の最前線に立つ兵士や警察官たちは，住民が向ける不信と敵意に神経をすり減らし，自らの組織の上層部や政治家が汚職に手を染め，ボコ・ハラムを野放しにしていると考えるだろう．このため前線の兵士や警察官の士気は低く，ボコ・ハラムとの戦闘任務をサボタージュするケースも報告されている．こうして治安当局と住民の距離は広がり，治安の空白に乗じてボコ・ハラムが勢力を拡大する悪循環が続いていると考えられる．

おわりに

　ボコ・ハラムを巡る歴史を振り返ると，もともとはナイジェリア北部のイスラーム反体制社会運動の組織であった彼らが，国外の先行ジハード組織に戦術

的・戦略的な支援や助言を求めながらグローバル・ジハードの担い手のひとつへと変貌していった経緯がみえてくる.

ボコ・ハラムが今後，ナイジェリア北東部からカメルーン北部，チャド南部といった現在の活動地域を超えて，領域支配を無限に拡大していくとは考えにくい．ボコ・ハラムの軍事力がこれらの国々の軍事力を凌駕することは，予見可能な将来ではありえない．

だが，領域支配が拡大することはなくても，自爆テロによるヒットエンドラン型の攻撃は当面続き，銃器を持った小集団による村落の襲撃も散発的に起きるだろう．ボコ・ハラムを生み出したナイジェリア社会の長く深い歴史的背景を思えば，「正義なき支配者に対するジハード」を正当化する動きはナイジェリア北部に常に存在する．

米国は2015年10月，特殊部隊約300人をカメルーンに投入し，チャドにはフランス軍が駐留している．米仏両軍はボコ・ハラムと直接戦火を交えてはいないが，カメルーン・チャド両軍への支援，訓練などを通じて間接的に対策に当たっている．

ボコ・ハラムのような独善的なイデオロギーを軸に凝集している組織とは，一般に交渉や対話が極めて困難であり，取り締まる側の政府とそれを支援する国際社会の対応は，ともすれば軍事的掃討作戦に集中する傾向がある．だが，本章でみてきたとおり，ボコ・ハラムは当該社会の低開発や治安当局による違法な暴力，法の支配の欠如といった様々な政治，経済，社会的な要因に由来する組織であると考えられる．したがって，市民を標的にした個別のテロ攻撃に対しては断固これを許さず，軍事的な対抗措置を取るとともに，ボコ・ハラムの台頭を許すナイジェリア社会の様々な問題の解決に地道に取り組むことが求められるだろう．

注

1) Council on Foreign Relations, *Nigeria Security Tracker* (https://www.cfr.org/ 2017年12月26日閲覧).

2) United Nations Office for the Coordination of Humanitarian Affairs, About Nigeria, Crisis Overview (http://www.unocha.org/ 2017年12月26日閲覧).

3) Amnesty International, *Boko Haram at a glance*, 25 January 2015 (https://www.amnesty.org/ 2017年12月26日閲覧).

4) United Nations International Children's Emergency Fund (UNICEF), *Use of*

Children as 'Human Bombs' Rising in Northeast Nigeria, 22 August 2017（https://www.unicef.org/ 2017年12月26日閲覧）.

5）Kingmaker State of States Website（http://stateofstates.kingmakers.com.ng/ 2017年12月26日閲覧）.

6）Kingmaker State of States Website.

7）Human Rights Watch Website, 1 May 2013（https://www.hrw.org/ 2017年12月26日閲覧）.

参考文献

邦文献

公安調査庁［2016］『国際テロリズム要覧』公安調査庁.

坂井信三［2015］「北部ナイジェリアのムスリム・コミュニティーとイスラーム改革運動」『サハラ地域におけるイスラーム急進派の活動と資源紛争の研究——中東諸国とグローバルアクターとの相互関係の視座から——』（平成26年度外務省外交・安全保障調査研究事業）日本国際問題研究所, 53-74.

白戸圭一［2017］『ボコ・ハラム——イスラーム国を超えた「史上最悪」のテロ組織——』新潮社.

戸田真紀子［2002］「ナイジェリアの宗教と政治——2000年シャリーア紛争が語るもの——」『アジア・アフリカ言語文化研究』(64): 217-236.

欧文献

Congressional Research Service［2014］*Statement of Lauren Ploch Blanchard, Specialist in African Affairs, Congressional Research Service, Before The House Foreign Affairs Subcommittee on Africa, Global Human Rights, and International Organizations, Hearing: "Human Rights Vetting: Nigeria and Beyond"*, 10 July（http://docs.house.gov/ 2017年12月26日閲覧）.

Institute for Economics and Peace［2015］*Global Terrorism Index 2015*（http://economicsandpeace.org/ 2018年1月14日閲覧）.

International Crisis Group［2014］*Curbing Violence in Nigeria（Ⅱ）: The Boko Haram Insurgency*（https://www.ecoi.net/ 2018年1月14日閲覧）.

Pate, A.［2015］*Boko Haram: An Assessment of Strength, Vulnerabilities, and Policy Options, Report to the Strategic Multilayer Assessment Office, Department of Deference, and the Office of University Programs, Department of Homeland Security,* College Park, MD: National Consortium for the Study of the Terrorism and Responses to Terrorism（START）（https://www.start.umd.edu/ 2018年1月14日閲覧）.

United Nations Development Programme（UNDP）［2017］*Journey to Extremism in Africa: Drivers, Incentives and the Tapping Point for Recruitment*（http://journey-to-extremism.undp.org/ 2018年1月14日閲覧）.

U.S. Department of State［2017］*Country Reports on Terrorism 2016*（https://www.

state.gov/ 2018年1月14日閲覧).

（白戸 圭一）

第10章　シャバーブ

はじめに

　「アフリカの角」に位置するソマリアは，ジブチ，エチオピア，ケニアと国境を接し，アデン湾とアラビア海，そしてインド洋に面する．同国はヨーロッパと中東・アジアを結ぶ交通・物流の要衝にあり，ソマリアの不安定な情勢は世界の物流の安定性に直接的な影響を与える．この端的な事例が，ソマリアのテロ問題，そして海賊問題である [日本エネルギー経済研究所中東研究センター 2011-2012]．

　ソマリアでは機能する中央政府が存在しない状態が20年以上にわたって続いており，テロ組織が活動拠点や移動経路を構築しやすい，いわば「セイフ・ヘイブン」(safe haven) が発生している．さらに，紅海・アラビア海の対岸にサウジアラビアやイエメンというアル＝カーイダ勢力の根拠地が位置しており，大小様々なテロ組織を誘引する要素を多く抱えている [Eichstaedt 2010]．そのなかでも，特に注目すべきはシャバーブであろう．同組織はソマリアの政治・社会情勢から生まれた勢力であると同時に，その活動は国内にとどまらず，リージョナル，グローバルな脅威となっている．本章では，シャバーブの動向とその背景を整理したうえで，彼らの活動がソマリアや東アフリカの政治・治安に与える影響について考察する[1]．

1　シャバーブの動向とその背景

　「シャバーブ」[2] (Shabaab) は主にソマリアの南部や首都のモガディシュ周辺で活動するジハード主義テロ組織である．「シャバーブ」とはアラビア語で「若者」[3]を意味する．ソマリ語での正式名称は「Xarakada Mujaahidiinta Alshabaab」といい，日本語では「ジハードを戦う若者運動」と訳すことができる．報道や分析によれば，約5000人の戦闘員を有しており，その多くはソマリアの5大氏

族のひとつであるハウィーエ氏族(Hawiye)出身とされる．このほか，イエメン，スーダン，ケニアなどの外国人戦闘員約300人を擁するといわれる．活動地域は，ソマリア中部および南部に加えて，ケニア，ウガンダ，ジブチなどのアフリカの角を中心とする東アフリカ諸国である．

　シャバーブの活動目的は，ソマリアにおける政府の打倒とイスラーム国家の樹立，シャリーア（イスラーム法）のもとに統治される「大ソマリア[4]」の建設，および外国勢力の排除とされる．特に，ソマリア政府を「背教政府」と非難し，同政府および軍のほか，同国に駐留するアフリカ連合ソマリア・ミッション(African Union Mission to Somalia: AMISOM)[5] などの外国勢力に対するテロ攻撃を行っている［公安調査庁 2017］．また，シャリーアの厳格な適用にもとづく（と彼らが主張する）墓廟の破壊，女性の教育や就労の禁止，サッカーなどの一部スポーツの禁止，クルアーンに明示された刑罰（ハッド刑）の導入なども観察される．他方で，暴力や破壊活動だけでなく，福祉政策や食料品の配給も行っている．また，宣教活動にも注力しており，シャバーブは支配地域でイスラームにまつわるセミナーや軍事訓練を頻繁に行い，イデオロギーの拡散を狙っているとみられる．

　シャバーブの起源については様々な説があるが，従来「イスラーム連合」(al-Ittiḥād al-Islāmī) として活動してきたソマリア国内のイスラーム主義勢力のなかで，2003年にアフガニスタンでの戦闘経験を有する若者たちを中心として北部で設立された勢力を起源とするといわれる．組織の母体が生まれたのは2004年頃とみられるが，2007年1月に「イスラーム法廷連合」(Ittiḥād al-Maḥākim al-Islāmiyya: Union of Islamic Courts)[6] において武装闘争路線を主張するアーダン・ハーシー・アイロ（Aadan Haashi Ayro: 元最高幹部，2008年5月死亡）らが，シャバーブ設立を宣言してから活動が活発化した［Hansen 2013; 遠藤 2015］．

　シャバーブは2008年8月に南部の都市キスマヨの制圧を皮切りとして，中部および南部地域の広範囲を支配した．しかし，ソマリア暫定政府，AMISOM，エチオピア軍などの反撃を受け，2011年8月にはモガディシュから事実上撤退した．その後，2011年10月のケニアのソマリア派兵を受けてさらに劣勢となり，南部と中部の主要都市からも撤退した．そして，首都モガディシュでは国際機関による支援活動が再開され，シャバーブが実効支配する南部地域から多くの国内避難民が流入した．近年は最高指導者ムクタール・アブー・ズベイル(Muktar Abu Zubeyr: 2014年9月死亡）をはじめとした幹部を相次いで失っており，2015年

120　第Ⅲ部　集　団

以降は長く占拠してきた都市からも撤退するなど，弱体化している [United Nations Security Council 2015]．一方で，モガディシュや周辺国におけるテロ攻撃は引き続き活発に行われている．特に，隣国ケニアでのテロ活動を活発化させており，2013年9月のナイロビでのショッピングモール襲撃事件や2015年4月の東部ガリッサ県での大学襲撃事件では，多くの死傷者が出た．

　2008年3月，ブッシュ政権下の米国政府はシャバーブを「外国テロ組織」(Foreign Terrorist Organizations) に指定した [United States Department of State 2008]．[7]また2010年4月，国連安保理の「決議第751号および第1907号制裁委員会（ソマリアおよびエリトリアに対する国連制裁を監視する組織）」は，直接的または間接的にソマリアの平和と安定を脅かしてきたとして，シャバーブを制裁対象に指定した [United Nations 2010]．

2　グローバル組織としてのシャバーブ

　前述のとおり，シャバーブはソマリアの政治・社会情勢を背景として誕生した組織である一方で，グローバルな活動を展開している．シャバーブのグローバル志向は，その広報活動に顕著に表れている．たとえば2008年6月の声明では，自らを「世界ジハードの前衛」であると述べており，グローバルなジハードの一環と位置づけていることがわかる．また，「われらのジハードは，フィトナがなくなり，あらゆる宗教がただアッラーのためのみになる（クルアーン第8章39節）ことを目的とする」と述べられている．[8]「フィトナ」とはアラビア語で一般にムスリム同士の内乱や騒乱を意味し，ソマリアをイスラームによって統治することを目指していることが読み取れる．

　シャバーブの声明はインターネットで配信されるのが一般的である．また，現地のソマリ語だけでなく，アラビア語や英語でも情報発信が行われる．さらに近年は組織内にメディア部門やメディア制作部門をもつようになり，インターネット上での情報戦略を拡充している．これもまた，シャバーブのグローバル志向の表れとみることができる．

　また，国外でのテロ活動も活発である．その一例が，2010年7月のウガンダの首都カンパラでの連続爆弾事件（76人死亡）である．まず，標的になったウガンダはAMISOMの一員であり，シャバーブにとってエチオピアと並ぶ敵とみなされていた．しかも，2カ所の犯行現場のうちのひとつはエチオピア・レ

ストランであり，シャバーブにとっては二重の意味で攻撃の標的ということになる．もうひとつの犯行現場はスポーツ・バーであり，当時この２つの現場ではサッカー・ワールドカップの決勝戦が放送されていた．シャバーブはサッカー観戦を違法としており，複合的な理由から，これらの場所が攻撃対象となったと考えられている［日本エネルギー経済研究所中東研究センター 2011-2012］．

　また，シャバーブは近年，同組織が活動するソマリア南部と広く国境を接するケニアでのテロ活動を積極化させている．2013年９月には首都ナイロビのショッピングモールを襲撃し，外国人を含めた60人以上が死亡した．また2015年４月には，東部のガリッサ県で大学を襲撃し，学生を中心とした148人が死亡した．シャバーブは多くのソマリア難民が収容されていたケニア北東部のダダーブ難民キャンプ（2016年５月にケニア政府が閉鎖を発表）を活動や資源確保の拠点にしていたとされ，ナイロビ・ショッピングモール襲撃の計画も同難民キャンプで練られたとの指摘がある．

　シャバーブの戦闘員はソマリ人（ソマリ語を話し，ソマリ文化を共有する人びと）やソマリア国民だけではなく，周辺国や欧米出身の「外国人戦闘員」も抱える[9]．また，200万から300万人ともいわれる在外ソマリア人（ディアスポラ）[10]による支援も確認されている．2010年３月，国連はシャバーブが2009年８月にインターネット上で世界中のソマリア人に対して資金援助を求めるキャンペーンを展開し，２週間で４万ドル以上を集めたと報告した［United Nations Security Council 2010］．また，欧米には大小様々なソマリア人コミュニティーがあり，特に英国からは相当数のソマリア系国民がシャバーブに参加しているといわれる．つまり，シャバーブにはヒト・モノ・カネが国境を越えて流入しており，また国外でテロ攻撃を実行するだけの調査能力やロジスティクス，戦闘能力を有しているということである．

　繰り返しになるが，シャバーブが声明などを通して強調するのは，自分たちは単なるソマリアのローカル組織ではなく，グローバルなジハード主義組織だという点である．つまり，その活動はけっしてソマリア国内に限定されるのではなく，国外にも彼らが理想とするイデオロギーを輸出する意志があるということである．彼らの声明は英語やアラビア語で積極的に発信されており，これらの言語を理解する人びとへの呼びかけやリクルートを想定していると考えられる［Hosaka 2012］．組織の規模や支配領域が縮小しているとされる一方で，ソマリア内外のジハード主義組織，および在外ソマリア人のネットワークに基づ

122　第Ⅲ部　集　団

いた，グローバルな活動を志向している点には注意が必要である.

3　シャバーブとアル=カーイダ，そして「イスラーム国」

　シャバーブの幹部の多くはアフガニスタンにおいて「アル=カーイダ」(al-Qaida) の軍事訓練を受けたとされ，同組織は設立当初からアル=カーイダに近いとみられてきた. また，アル=カーイダ本体にとってもソマリアにおけるジハードは最重要目標のひとつであり，イラクやイエメンのアル=カーイダの幹部たちも頻繁にソマリアあるいはシャバーブに言及する. たとえば，シャバーブが設立された2007年には，同年にアル=カーイダ本体の指導者たちによって発表された41の演説や声明のほぼ半数においてソマリアが言及されていた. シャバーブの声明でも，しばしば，「ターリバーン」(Taliban) の指導者であるムッラー・オマル (Mullah Omar)，アル=カーイダのオサーマ・ビン・ラーデン (Osama bin Laden) やアイマン・ザワーヒリー (Ayman al-Zawahiri) などへの挨拶が述べられる. これは，上述の組織とシャバーブがイデオロギーや目標を共有していることを強く示唆しているといえる. 2012年2月，シャバーブの当時の最高指導者アブー・ズベイルとアル=カーイダのザワーヒリーは，シャバーブが正式にアル=カーイダに合流したと発表した.

　しかし，シャバーブとアル=カーイダの間の具体的な資金や武器の流れ，そして作戦面での指揮・協力関係などはほとんど明らかになっていない. イエメン内務省によると，シャバーブは2012年3月頃に戦闘員約300人をイエメンを拠点とする「アラビア半島のアル=カーイダ」(al-Qaida in the Arabian Peninsula) に派遣したとされるが，その真偽は不明である [Meservey 2017].

　また，2014年6月にイラクで「イスラーム国」(Islamic State: IS) が勃興してからは，シャバーブの内部からISに接近しようとする勢力も出てきた. 2015年3月頃，ISの支持者とされるハーミル・ブシュラー (Haamil Albushra) がシャバーブの最高指導者アフマド・ディリエ (Ahmed Diriye: 別名アフマド・ウマル〔Ahmed Umar〕) に対して，ISへの忠誠を表明するよう呼びかけた [Albushra 2015]. それ以降，各地のIS関連勢力が，ソマリアのイスラーム教徒に対してISへの参加を呼びかけるビデオ声明を発出した [Meleagrou-Hitchens 2015]. これらの呼びかけに対して，複数のシャバーブ幹部によるISへの忠誠表明や支持の発言，さらには組織を離脱してISに加盟する動きが相次いだ.

こうした幹部の「裏切り」に対して，シャバーブの報道官がIS支持の動きを牽制したり，ISを支持したメンバーの殺害を行ったりしたとされる．それでも2016年に入ると，シャバーブ内のIS支持勢力が「東アフリカ戦線」（Jabha East Africa）という分派の結成を発表したり，「ISソマリア」名義の声明が発出されたりするようになった．2017年にIS本体がシリアとイラクの支配領域の大部分を喪失した後も，ソマリア国内のIS関連勢力によるとみられるテロ活動は継続している．2018年7月頃から，IS内では従来の「ISソマリア」（Islamic State - Somalia）に代わって「ソマリア県」（Wilaya al-Sumal: Somalia Province）という呼称が用いられるようになった．この呼称は同年8月のIS指導者アブー・バクル・バグダーディー（Abu Bakr al-Baghdadi）のメッセージでも確認されている．これは，仮想的なものに過ぎないにしろ，ISがソマリアを重視している表れともみることができる．また，ソマリア国外，たとえばリビアのIS関連勢力においても，ソマリア出身者とみられる戦闘員の活動が観察されている．

このように，ソマリアにおいて，アル＝カーイダとISは，シャバーブとの協力をめぐる競争関係にあるといえる．シャバーブにとっても，現状ではアル＝カーイダとISのどちらを支持するかで分断が発生しており，「どちらも支持する・どちらとも協力する」という選択はないようである［Warner 2017］．アル＝カーイダとISは同じくグローバルなジハード主義組織であり，さらにいえば同一の起源を持つのに，なぜシャバーブは「どちらも支持する」という選択をとらないのか．この点については，今後の研究が必要となる．

4 シャバーブの活動が東アフリカの政治・治安に与える影響

前述のとおり，シャバーブはソマリアからの外国勢力の排除や「大ソマリア」の建設を重要な活動目的として掲げている．また，シャバーブがソマリア国内を中心に活動し，地域的・氏族的紐帯によって動員され，ソマリア国内での政治的，経済的資源の獲得を目標として行動する組織だという側面は厳然として存在する．これらの点から，シャバーブのグローバル志向と同時に，リージョナルおよびローカルな活動にも目を向ける必要がある．

また，シャバーブが「大ソマリア」の建設を掲げ，実際に東アフリカ諸国でテロ攻撃や戦闘員のリクルートを行っている以上，シャバーブの活動は東アフリカの政治・治安に影響を与え続ける．たとえばケニアには，シャバーブのネッ

トワークがすでに相当程度構築されているとみられ，モスクなどを通じたリクルートも行われているといわれる．国連安保理は，シャバーブに物心両面での支援を行ったとして，ケニアを拠点として活動する有力者やイスラーム指導者を制裁対象に指定している[11]．

　シャバーブの東アフリカ諸国におけるテロ活動に対して，周辺諸国はシャバーブ掃討のための部隊をソマリア国境と同国国内に展開している．AMISOMの活動もシャバーブ掃討に向けた域内努力の一環だといえる．これらの掃討作戦により，シャバーブは指導者や支配領域の多くを失った．それでも，同組織はケニア東部で政府機関や警察を襲撃しており，依然としてソマリア国外で活動する能力を有している．また，ソマリア国内でもAMISOMに対する攻撃を実行し，多数の死傷者を出している．

　視点を転じると，シャバーブが東アフリカ諸国の国際関係に組み込まれている様子もみえてくる．たとえば，エリトリアにはシャバーブの戦闘員を匿ったり，武器や資金を間接的に供与したりしてきた疑いがある [United Nations Security Council 2011; 2012]．エリトリアは30年にわたるエチオピアとの独立闘争の歴史から，両国の関係はしばしば緊張してきた．シャバーブがエチオピアに敵対的な行動を取ってきた以上，エリトリアが対エチオピア政策の一環としてシャバーブに水面下で支援を行ってきた可能性は否定できない．ただし，2018年7月にエリトリア・エチオピア両国が外交関係を再開したことから，エリトリアとシャバーブの関係，そしてシャバーブをめぐる東アフリカの地域情勢も今後変化していくだろう[12]．

おわりに

　本章では，シャバーブの動向と背景について分析した．その上で，同組織がもつグローバル志向と，ソマリアの政治・社会情勢に根ざしたローカルな背景，そして東アフリカの政治情勢と結びついたリージョナルな性質について論じた．ここからみえてくるのは，ソマリアだけでなく東アフリカ地域の持続的な安定のためには，シャバーブを軍事的に掃討するだけでなく，武装解除および政治対話といった社会的包摂のための作業が必要となるということだろう．

　近年は，アル＝カーイダやISといったグローバルなジハード主義組織とシャバーブとの連携も目立つようになっている．アフリカにおけるISとアル＝カー

イダの勢力争いは，エジプト（シナイ半島），リビア，チュニジア，ナイジェリアではIS，ソマリアやアルジェリア，マリではアル＝カーイダが優勢で推移している．しかし，ソマリアでは，ここにきてISの力が拡大しているようにもみえる．他方，同国の対岸イエメンではシーア派武装勢力フーシー派の活動が活発であり，バーブルマンデブ海峡が一時的に閉鎖されるという事態も生じている．同海峡両岸の混乱が長期化することになれば，国際社会に深刻な影響をもたらしかねない．そうした国際社会におけるテロ情勢と照らし合わせながら，今後ともシャバーブの動向を注視していく必要がある．

注

1）本章は2018年9月中旬時点で公開，報道されている情報をもとに執筆したものである．
2）同組織の日本語表記は「アル・シャバーブ」や「シャバブ」など統一されていないが，本章では「シャバーブ」と記述する．ただし，文献の引用などに際しては原典の表記を優先した．
3）本章では「ジハード主義」を「武装闘争としてのジハード（神のための戦い・努力）を行うことをイスラームの最も重要な義務のひとつと考え，異教徒や不信仰者に対して軍事的な攻撃を実行しようとする考え方」と定義する［保坂 2017: 13］．また，この考えにもとづいて行動する組織をジハード主義組織と呼ぶ．
4）アフリカの角を中心とするソマリ人居住地域を示す地域概念．現在のソマリアの国土に加え，ジブチ，エチオピア，ケニアの東部を含める．1977年には「大ソマリア主義」にもとづいてソマリアがエチオピアに侵攻し，オガデン紛争が勃発した．
5）2007年2月に設立された，主に東アフリカ諸国によって構成される治安維持部隊．約2万人の兵員を擁する．任務は，ソマリアにおけるシャバーブや他の武装勢力が与える脅威を軽減し，シャバーブから奪還したすべての地域に国家権力を拡大すること，連邦政府と平和・和解プロセスにかかわる人びとを保護すること，人道援助に必要な治安状況を作り出せるようにするなどで連邦政府を支援することとされる．
6）1994年に結成された，ソマリアのイスラーム裁判所の連合体およびその参加の行政機関や警察部隊からなる自治政府．
7）同指定は2018年7月19日に更新された．
8）イスラームにおける信仰と共同体を守るための「奮闘努力」や「自己犠牲」を示し，転じて「イスラームの普及を妨げる敵（異教徒，背教者）への攻撃」を指す．
9）欧米出身のシャバーブ戦闘員の有名な例として，米国人のアブーマンスール・アムリーキー（Abu Mansoor al-Amriki: 2013年死亡，本名オマル・ハンマーミー〔Omar Shafik Hammami〕）が挙げられる．アムリーキーは1984年に米国でシリア系の父と米国人の母の間に生まれたが，2006年にソマリアへ入国し，シャバーブに加入した．一時期は司令官も務めたが，2012年に組織と対立して除名され，2013年9月に死亡したとされる．
10）Global Somali Diaspora's Website（http://gsd.so/ 2018年8月28日閲覧）．

126　第Ⅲ部　集　団

11) United Nations Security Council Committee Pursuant to Resolutions 751 (1992) and 1907 (2009) Concerning Somalia and Eritrea, *Narrative Summaries of Reasons for Listing* (https://www.un.org/ 2018年8月28日閲覧).

12) 2018年7月，エリトリアの首都アスマラにおいて，同国のイサイアス (Isaias Afwerki) 大統領とエチオピアのアビィ (Abiy Ahmed) 首相が首脳会談を行った．エリトリアとエチオピアの首脳が会談するのは20年ぶりのことである．両者は戦争状態の終焉や経済・外交関係の再開，国境に係る決定の履行，地域の平和，発展および協力のための協働を内容とする共同宣言に署名した．

参考文献

邦文献

遠藤貢 [2015]『崩壊国家と国際安全保障——ソマリアにみる新たな国家像の誕生——』有斐閣．

公安調査庁 [2017]「アル・シャバーブ」『国際テロリズム要覧（web版）2017年版』(http://www.moj.go.jp/ 2018年8月28日閲覧).

日本エネルギー経済研究所中東研究センター編 [2011-2012]『ソマリア問題と紅海・アラビア海の安全保障研究』.

保坂修司 [2017]『ジハード主義』岩波書店．

欧文献

Albushra, H. [2015] *Somalia the Land of the Islamic Caliphate: A Message to Our Brothers in Somalia,* March, 5, 2015. (https://somalianews.files.wordpress.com/ 2018年8月28日閲覧).

Eichstaedt, P. [2010] *Pirate State: Inside Somalia's Terrorism at Sea,* Brooklyn: Lawrence Hill Books.

Hansen, S.J. [2013] *Al-Shabaab in Somalia: The History and Ideology of a Militant Islamist Group,* London: Hurst Publishers.

Hosaka, S. [2012] "Media Strategies of Radical Jihadist Organizations: A Case Study of Non-Somali Media of al-Shabaab." *Kyoto Bulletin of Islamic Area Studies,* 5-1 & 2.

Meleagrou-Hitchens, A. [2015] "Terrorist Tug-of-War: ISIS and al Qaeda Struggle for al Shabab's Soul," *Foreign Affairs,* October 8 (https://www.foreignaffairs.com/ 2018年8月28日閲覧).

Meservey, J. [2017] *Al Shabab's Resurgence,* Jan 4 (https://www.heritage.org/ 2018年8月28日閲覧).

United Nations [2010] *Security Council Committee on Somalia and Eritrea Issues List of Individuals Identified Pursuant to Paragraph 8 of Resolution 1844 (2008),* April 12 (https://www.un.org/ 2018年8月28日閲覧).

United Nations Security Council [2010] *Letter dated 10 March 2010 from the Chairman of the Security Council Committee pursuant to resolutions 751 (1992) and 1907 (2009)* concerning Somalia and Eritrea addressed to the President of the Security

Council (S/2010/91).

――――― [2011] *Letter dated 18 July 2011 from the Chairman of the Security Council Committee pursuant to resolutions 751 (1992) and 1907 (2009) concerning Somalia and Eritrea addressed to the President of the Security Council (S/2011/433).*

――――― [2012] *Letter dated 7 October 2016 from the Chair of the Security Council Committee pursuant to resolutions 751 (1992) and 1907 (2009) concerning Somalia and Eritrea addressed to the President of the Security Council, (S/2012/545).*

――――― [2015] *Report of the Secretary-General on Somalia, (S/2015/331).*

United States Department of State [2008] *Designation of al-Shabaab as a Foreign Terrorist Organization,* February 26 (https://www.state.gov/ 2018年 8 月28日閲覧).

Warner, J. and C. Weiss [2017] "A Legitimate Challenger? Assessing the Rivalry between al-Shabaab and the Islamic State in Somalia," *CTC Sentinel,* 10(10): 27–32.

ウェブサイト

Global Somali Diaspora's Website (http://gsd.so/ 2018年 8 月28日閲覧).

(小林 周, 保坂 修司)

第IV部

関係

第11章 アメリカとアフリカ

はじめに

　本章の目的は，アメリカ合衆国（以下，アメリカ）のアフリカに対する安全保障政策を概観することにある．冷戦終結以降唯一の超大国といえるアメリカの政策は，アフリカにも強い影響を及ぼしている．とはいえ，本章でみるように，アメリカのアフリカに対する安全保障政策は，これまで大きく揺れ動いてきた．

　本章では，冷戦期から現在にいたるまでのアメリカの対アフリカ安全保障政策を，① 冷戦期，② 冷戦後（1990年代），③ 9・11以後，の3つに区分して時系列的に概観する．そしてそこでは，1990年代に一時アフリカからの「撤退」を目指したアメリカが，テロとの戦いを通じて再びアフリカへの関与を徐々に強めてきた姿を明らかにする．

1　冷戦期におけるアメリカの対アフリカ政策

　冷戦期におけるアメリカの対アフリカ関与は，一部のヨーロッパ諸国と比較すると，総じて希薄であったといえよう．アメリカにとってのアフリカは，国連などにおいてソ連と対抗するための票田程度の位置づけであり，アフリカをアメリカの直接の勢力下に置くというインセンティブは大変低かった．したがって，アメリカの経済援助や軍事的プレゼンスといった資源がアフリカに投下される量は，他の地域と比較してずっと少なかった［青木 1999］．

　もっとも，冷戦期には，ソ連などの共産主義勢力が脱植民地化プロセスのなかで政情が混乱するアフリカ諸国に浸透することを防ぐため，アメリカは散発的な対応を行った．たとえば，コンゴ（現コンゴ民主共和国）では，米ソの対立が先鋭化するなかでアメリカの中央情報局（Central Intelligence Agency: CIA）が同国のパトリス・ルムンバ（Patrice Emery Lumumba）首相の暗殺を計画していたことが，今日広く知られている［Gibbs 1996］．また，1975年に始まったアン

ゴラ内戦では，ソ連やキューバが社会主義勢力であるアンゴラ解放人民運動（Movimento Popular de Libertação de Angola: MPLA）を積極的に支援したのに対して，アメリカはMPLAに敵対するアンゴラ全面独立民族同盟（União Nacional para a Independência Total de Angola: UNITA）を援助した．このため，アンゴラ内戦は米ソの代理戦争の様相を呈することになった．

　しかし，アメリカがアフリカのなかで冷戦期にもっとも積極的な関与を試みたのは，地理的戦略性の高い「アフリカの角」地域であった．特にエチオピアが重視され，アメリカの対アフリカ安全保障関連援助の実に80％が同国向けであった時期もある．また，エチオピアにはアフリカで最大規模のアメリカの軍事支援顧問グループが派遣されていた［Griffiths 2016］．しかし，1974年にエチオピア革命が発生して軍事政権が誕生すると，同政権は社会主義路線をとるようになり，ソ連に急接近していった．この結果，アメリカは，エチオピアという，アフリカの角地域における最重要の拠点を失った．しかし，ほぼ時を同じくして，エチオピアの隣国ソマリアがアメリカに接近してきたため，1970年代半ば以降，アメリカはソマリアを拠点国として重視するようになり，同国への支援を本格化させていった．

2　冷戦後にアフリカから「撤退」するアメリカ

　1989年に冷戦が終結すると，やがてアメリカの対アフリカ政策も一変した．そのひとつの契機となったのが，アメリカが冷戦期後半に積極的に支援をしていたソマリアであった．

　ソマリアでは1991年，内戦が激化するなかでモハメド・シアド・バーレ（Mohammed Siad Barre）政権が崩壊した．これに対して，アメリカのジョージ・H・W・ブッシュ（George Herbert Walker Bush）政権は1992年，多国籍軍の主力としてアメリカ軍を同国に派遣した．しかし，1993年10月にはソマリアの一勢力のトップであるモハメド・ファッラ・アイディード（Mohamed Farrah Hassan Aidid）将軍の逮捕をめぐって18名の米兵が命を落とすという事態が発生する．この際に米兵たちの遺体がソマリアの人びとによって引きずり回され，辱めを受けるというショッキングな映像が国際メディアを通じて報じられた．これによりアメリカ国内では，同国がアフリカの紛争に軍事介入することへの「厭戦」ムードが一挙に高まった．

そして，そうした状況のなかでビル・クリントン（William Jefferson Clinton）大統領によって1994年5月に発令されたのが，大統領決定指令25号（Presidential Decision Directive 25: PDD 25）である［The White House 1994］．PDD 25は，国連PKOを含む多国籍軍事ミッションへのアメリカの関与に対して一定の制約を課し，アメリカの直接的な利益関係にあるミッションのみを支援あるいはそれに参加することを命じたものである．

　同指令はその後，単にアメリカが参加する軍事作戦をより選択的なものとしただけでなく，国連安全保障理事会によるPKO派遣決定のあり方に対しても少なからず影響を与え，それを選択的，さらには抑制的にものにしてしまった．1994年のルワンダにおける大量虐殺に際して，国連が現地から情報をえていながらも，なんら有効な手段を講じず，「ジェノサイド」を事実上「傍観」してしまった背景には，そうしたアメリカの，アフリカに対する「撤退」姿勢があり，それを方向づけたのがPDD 25にほかならなかった．

　PDD 25に関してもうひとつ注目すべき点があるとすれば，それは，同指令が紛争地域の周辺諸国や地域機構によるPKOの必要性とそのための能力向上の重要性を謳ったことにある．これは，のちにアフリカにおいて「アフリカの問題はアフリカが解決する」（African Solutions for/to African Problems）と呼ばれるようになるアプローチに近い．[1]　そして，こうしたアプローチにもとづいて1996年，アメリカのウォーレン・クリストファー（Warren Minor Christopher）国務長官が創設を提唱したのが，アフリカ危機対応部隊（African Crisis Response Force: ACRF）であった．このACRF構想は，アフリカが自らの危機に対応するために独自の軍隊を創設し，アメリカがその能力向上を図るための訓練や装備の提供を行うというものであった．しかし，同構想は，アフリカの軍隊をアフリカ諸国ではなくアメリカ主導で創設しようとする新植民地主義的な提案としてアフリカ側に受け止められて強い反発を買い，結局，実現しなかった．しかし，アメリカによるアフリカ諸国軍の能力向上構想はその後，形を変えつつ実行されていくことになる．

　アメリカがACRF構想の失敗を受けて1997年に開始したのが，アフリカ危機対応イニシャティブ（African Crisis Response Initiative: ACRI）である．ACRIでは，ACRFのような軍隊を創設することではなく，アフリカ諸国の既存部隊のPKO実施能力向上を支援することに主眼が置かれた．そして，NGOとの調整や人権規範の教育に加え，多国籍での活動を円滑化するための通信や運用教範の一

元化といったアフリカ諸国軍間のインターオペラビリティ（相互運用性）向上のための訓練が施された．このACRIプログラムのもとで，1997年7月から2001年までの間に，セネガル，ウガンダ，マラウイ，マリ，ガーナ，ベナン，コートジボワール，ケニアの8カ国で訓練が行われた［U.S. House of Representatives, Committee on International Relations, Subcommittee of Africa 2001: 4］．ACRIで訓練を受けたアフリカ諸国の部隊は，のちにシエラレオネ，ギニアビサウ，中央アフリカ共和国といった地域で実際に平和活動に従事し，一定の成果を収めている．その後，ACRIは2002年，アフリカ緊急作戦訓練支援（African Contingency Operations Training and Assistance: ACOTA）へと発展的に改組された．ACOTAでは，2012年までの10年間にアフリカ25カ国の21万5000人の将兵が訓練を受けたという［Griffiths 2016: 83］．

　こうして「ソマリアの悲劇」を経験した1990年代半ばのアメリカは，アフリカでの大規模な部隊の展開といった直接的な関与をできるだけ避け，アフリカ諸国の軍隊の能力構築を間接的に支援しようとした．

3　9・11以後のテロとの戦い

序章としてのケニア・タンザニアのアメリカ大使館同時爆破テロ (1998年)

　しかし，アメリカがアフリカへの直接的な軍事介入を極力控え，軍事支援のような間接的な関与に終始するという，アフリカからいわば距離を置く姿勢を取った期間は，実はそれほど長くは続かなかった．アメリカは1990年代末以降，テロリズムと戦う必要性に迫られるようになり，アフリカへの直接的な関与の度合いを急速に高めていったのである．

　アメリカがアフリカにおいてテロの本格的な脅威に晒されたのは，9・11同時多発テロ（2001年）よりも少し前の1998年8月にケニアとタンザニアで同時並行して起きた，アル＝カーイダ（al-Qaida）によるものと思われるアメリカ大使館への自爆攻撃であった．その被害は甚大であり，犠牲者の数は200人以上にのぼった．そして，アメリカのクリントン政権は，このテロ攻撃に対する報復として，アフガニスタンのテロリストの基地に加えて，スーダンにある薬品工場をミサイル攻撃したのである．たしかにアル＝カーイダの首領であったオサマ・ビン・ラディン（Usāma bin Muhammad bin ʿAwad bin Lādin）は，1996年頃までスーダンに滞在していたといわれているが，アメリカ大使館爆破テロが発

生した1998年の時点ではスーダンとアル＝カーイダの関係はすでに解消されており，米軍の巡航ミサイルによって破壊されたのは，化学兵器生産とは無関係な医薬品工場であった，との指摘もある [Lacey 2005]．しかし，いずれにせよ，ケニア・タンザニアで1998年に起きたアメリカ大使館同時爆破テロは，アメリカの対アフリカ政策に再考を迫り，かつ，同国をしてアフリカへの直接的な軍事介入へと踏み切らせるひとつの重要な契機となった．

とはいえ，アメリカの対アフリカ安全保障政策に根本的な転換をもたらす最大の要因となったのは，やはりアメリカ本土における9・11同時多発テロの発生であった．それは，治安の悪い海外でアメリカ人が巻き込まれたり，標的にされたりするようなテロとは，明らかに次元を異にしていた．9・11テロは，いわばアメリカという国家を標的とした，海外のイスラーム過激派テロリストによる攻撃であり，それはアメリカに対する事実上の「宣戦布告」と受け止められた．そして以後，アメリカは，巡航ミサイルによる攻撃といった単発の報復ではなく，テロリストの掃討という長期にわたる「テロとの戦い」（War on Terror/Terrorism）に乗り出していった．そして，その戦場のひとつとなったのがアフリカであった．

東アフリカおよびマグレブ・サヘル地域への関与

2001年の9・11テロは，アフリカのなかでも特にアフリカの角地域とマグレブ・サヘル地域の重要性をアメリカに再認識させることとなった．とりわけアフリカの角地域は，アフガニスタンにおける掃討作戦から逃れるアル＝カーイダのメンバーらの「行きつく先」とみなされ，アメリカ軍は9・11以降，同地域とその周辺を上空と海上から恒常的に監視するようになった．こうした東アフリカにおけるアメリカの対テロ作戦の拠点となったのがジブチのレモニエ基地（Camp Lemonnier）である．同基地内には，2003年にアフリカの角共同統合タスクフォース（Combined Joint Task Force – Horn of Africa: CJTF-HOA）の司令部が置かれている．レモニエ基地はアフリカ諸国および対岸のアラビア半島のイエメンなどで活動するテロリストへの攻撃のために無人攻撃機が離着陸する重要な拠点ともなった．

2002年には，ケニアのモンバサでイスラエル系ホテルに対する襲撃およびモンバサ空港での航空機撃墜未遂事件が発生している．これを受けて，ジョージ・W・ブッシュ（George Walker Bush）政権は2003年，東アフリカ対テロリズムイ

136 第Ⅳ部 関 係

ニシアティブ（East Africa Counterterrorism Initiative: EACTI）を提案し，東アフリ
カ諸国の警察・司法能力や国境管理能力の向上のための支援を行った［Ploch
2010: 23-24］．その後，EACTIは2009年，東アフリカ対テロリズム地域パートナー
シップ（Partnership for Regional East Africa Counterterrorism: PREACT）へと改称さ
れ，その活動は，「不朽の自由作戦」（Operation Enduring Freedom[2]）というグロー
バルなテロとの戦いの一環に位置づけられることとなった［Griffiths 2016: 84］．

　これに対してソマリアでは2006年，イスラーム法廷連合（Islamic Courts Union:
ICU）とアメリカの支援する民兵の間で首都モガディシュをめぐる戦闘が激化
し，ICU側が勝利した．そうしたなか同年7月，窮地に立たされたソマリア暫
定連邦政府（Transitional Federal Government: TFG）がエチオピアに対して支援を
要請し，アメリカの支援を受けたエチオピアがソマリアに軍事介入を実施した．
しかし，エチオピア軍の介入はソマリア人の反感を買い，ICUの強硬派として
誕生したシャバーブ（Shabaab）への支持を増加させる結果となった．その後，
エチオピア軍に代わる多国籍軍の展開が要請され，2007年1月，アフリカ連合
ソマリア・ミッション（African Union Mission to Somalia: AMISOM）が展開する．
これとほぼ同時期にアメリカは小規模の特殊部隊をひそかにソマリアに派遣
し，これ以降AMISOMとソマリア政府への支援を行ってきた［Stewart 2014］．
その後，米軍自身による直接的な攻撃も行うようになった．2013年には米海軍
特殊部隊SEAL'sがソマリア南部の都市バラウェでアブドゥカディール・モハ
メド・アブドゥカディール（Abdukadir Mohamed Abdukadir: 別名イクリマIkrima）
の捕獲・殺害を目指した急襲を行ったが，作戦自体は失敗した．2014年には，シャ
バーブのリーダーであったムクタル・アブディラハマン・アブ・ズベイル（Muktar
Abdirahman Abu Zubeyr: 別名ゴダネGodane）を空爆によって殺害している．

　他方，北アフリカから西アフリカに広がる広大なマグレブ・サヘル地域でも，
イスラーム原理主義勢力の活動が活発化し，その伸長が懸念されるようになっ
た．2003年にはアルジェリアのサハラ砂漠で32人のヨーロッパ人旅行客が人質
にされるという事件が発生している．「宣教と戦闘のためのサラフィー主義集
団」（Groupe Salafiste pour la Prédication et le Combat: GSPC）と名乗る組織がこの事
件を起こしたとされ，GSPCはのちに「イスラーム・マグレブのアル＝カーイダ」
（al-Qaida in the Islamic Maghreb: AQIM）に改称している．

　このように不安定化するマグレブ・サヘル地域に対して，アメリカは，汎サ
ヘルイニシャティブ（Pan Sahel Initiative: PSI）を提案し，マリ，ニジェール，チャ

ド，モーリタニアの4カ国を対象とした支援を実施している．2005年には，トランスサハラ対テロリズムパートナーシップ（Trans-Saharan Counterterrorism PartnershipあるいはInitiative: TSCTPあるいはTSCTI）が開始され，支援対象国のなかにアルジェリアやチュニジアといったマグレブ諸国も加えられることとなった．

アフリカ軍（AFRICOM）

アメリカの対アフリカ安全保障政策を考える上で看過できないのが，米軍アフリカ軍（Africa Command: AFRICOM）の創設である．

世界に展開する米軍のほとんどは，担当分野に応じて地域別あるいは機能別の統合軍に分けられている．なかでも地域別統合軍はそれぞれの責任分担地域（area of responsibility: AOR）をもっており，少なくとも2007年までアフリカ諸国の大半は，ドイツのシュトゥットガルトに司令部を置くヨーロッパ軍（European Command: EUCOM）の責任分担地域とされていた．また，アフリカの角地域に関しては，EUCOMではなくアメリカのフロリダに司令部を置く中央軍（Central Command: CENTCOM）が管轄し，マダガスカルやコモロのような一部のインド洋島嶼諸国については，ハワイに司令部を置く太平洋軍（Pacific Command: PACOM）が管轄していた（図11-1）．そして，それまでのアメリカによる対アフリカ平和維持能力構築支援プログラムの多くは，EUCOMが策定・実施の中心となり，それにCENTCOMやPACOMなどが必要に応じて協力するという形で展開されていた．しかし，こうしたやや分断的な状況に対して，アメリカのブッシュ政権は2007年2月，アフリカ全体（エジプトを除く）を統括するAFRICOMの創設を公式に発表した．地域別統合軍が新設されるのは2002年10月に創設されたアメリカ本土防衛などを行う北方軍（Northern Command: NORTHCOM）以来のことであった．

AFRICOMは，通常の統合司令部と異なり，純粋な軍司令組織だけにとどまらない．アフリカの様々な安全保障の問題は，民主化，保健衛生，経済開発といった要素と結びつく複合的な問題であるため，AFRICOMは国防総省や軍に加え，国務省，国際開発庁，財務省，商務省，司法省などと連携して運用を行う省庁間協力体制をとっている．たとえば，司令官である大将（軍人）のもとには2名の副司令官がいるが，そのうちの一人（民軍対応担当副司令官）は国務省の上級官僚である［Griffiths 2016: 91］．

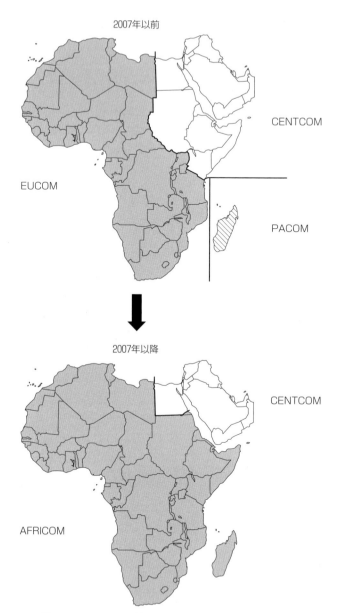

図11-1 アメリカ統合司令部の責任分担地域の変化
出所) Ochiai [2006: 13] をもとに筆者作成.

もっとも，こうした国防総省以外の文民をも巻き込んだ「全政府アプローチ」には，難点や課題が少なくない．たとえば，国務省や国際開発庁などの職員は，外交関係の促進や経済開発といった比較的長期の視点を重視するのに対して，軍人は，軍事ミッションの達成や部隊の防護といった短期的目標を最優先事項とみなし，あくまでもその文脈のなかで民軍連携を捉えてしまう傾向をもつ．この結果，双方から相手方に対する批判が噴出するということになる．

AFRICOMの活動は，安全保障協力と合同軍事演習の2つに大別される．安全保障協力では，法執行，医療，兵站といった諸分野で対アフリカ能力構築支援がなされてきた．他方，合同軍事演習では，アメリカ軍とアフリカ諸国の軍隊の間のインターオペラビリティの向上が様々な地域で図られている．

また，こうした安全保障協力と合同軍事演習に加え，AFRICOMは実際の作戦運用も行ってきた．たとえば2011年には，リビアに対する飛行禁止区域設定のための「オデッセイの夜明け作戦」(Operation Odyssey Dawn) や，ウガンダの反政府武装勢力「神の抵抗軍」(Lord's Resistance Army: LRA) の指導者に対する「オブザーバント・コンパス作戦」(Operation Observant Compass) などを実施している．そのほかAFRICOMは，アフリカ諸国による作戦やヨーロッパ諸国の関与した作戦の後方支援なども数多く行っている．

このようにアメリカは，21世紀に入ってからのテロとの戦いを契機に，アフリカへの直接的な軍事介入にいわば「回帰」し，それを拡大させてきた．この点に関してクリスティーヌ・ムンガイ [Mungai 2015] は，2015年時点で米軍が活動する，あるいは拠点を置くアフリカ諸国を結ぶと，そこにはアフリカ大陸を東西に横断する，「新しいスパイス・ルート」(new spice route) とも呼ばれる「巨大な安全保障ベルト」が構築されている，と指摘する (図11-2)．

おわりに

本章では冷戦期から今日にいたるアメリカの対アフリカ安全保障政策の流れを概観した．冷戦後の一時期にアフリカから「撤退」したアメリカであったが，9・11事件以降に同地域への関与を増大・強化させていった．現在ではアフリカの角やサヘル・マグレブ地域を主な対象として間接的な軍事支援，さらにはAFRICOMによる直接的な作戦運用も行われるようになっている．

しかし，こうしたアメリカのアフリカへの関与は必ずしも簡単ではなく，ア

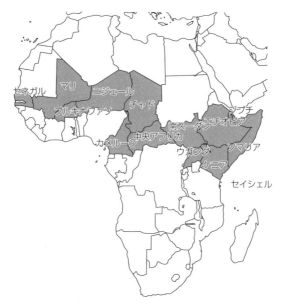

図11-2 米軍の基地・兵站拠点の存在する国，または米軍が作戦を展開している主要な国（2015年時点）

出所）Mungai［2015］をもとに筆者作成。

メリカはいくつかの大きな課題を抱えている．たとえば，米軍から訓練を受けたり装備を供与されたりしたアフリカ諸国側の軍隊が，民主的に選ばれた政権に対してクーデタを起こしたり，反政府武装勢力に合流してしまったりするケースがみられる．実際マリでは，米軍の支援を受けた政府軍の司令官のうち数名が，のちに反政府武装勢力側に寝返っている．

さらに，アメリカは，テロとの戦いを優先させるために，アフリカの非民主的な政権を支援せざるをえないというジレンマにも陥っている．たとえば，アメリカは，LRAに対処する上でウガンダ政府の協力が不可欠なこともあって，長期支配や人権抑圧の傾向を強める同国のヨウェリ・ムセベニ（Yoweri Kaguta Museveni）政権をこれまで支援し続けてきた．しかし，アメリカでは1997年，国務省および国防総省が人権保護状況の芳しくない国に対して支援することを禁じたリーヒ法（Leahy Law）が成立しており，にもかかわらず，アメリカが人権抑圧的なムセベニ政権を支援することに対しては，アメリカ国内外から批判

の声がけっして少なくない.

　ともあれ, 現在のアメリカの対アフリカ安全保障政策を規定する要素としては, 依然としてテロや地域紛争に対するものが圧倒的に強い. アメリカは, 好むと好まざるにかかわらず, ますますアフリカへの関与を深めざるを得ない状況にある. こうした安全保障上の要請を優先しつつ, アメリカの関与に伴って生じうるクーデタの助長や人権抑圧的な政権の擁護といった「副作用」をいかに緩和するかが問われている.

　2017年に始まったドナルド・トランプ (Donald John Trump) 政権においても, こうした対アフリカ政策の基本的な流れは変わっていない.

　たしかにトランプ政権は孤立主義的で内向的な性格を持っている. 2017年の３月と９月に出された大統領令ではスーダン, ソマリア, チャド, およびリビア国籍の人びとの入国が禁止された (スーダンはのちに入国が許可された). 2018年１月にはトランプ大統領が移民問題について議員と懇談をした際にアフリカや中央アメリカの国々からの移民を「肥溜めのような国からの移民」と表現したとされる.

　しかし, 政権のアフリカに対する「距離を置く」姿勢にもかかわらず, トランプ政権はテロとの戦いを継続する過程でアフリカへの関与を維持していかざるを得なくなっている. 2017年10月, ニジェール国内のチャドとの国境に近いエリアで「大サハラのイスラーム国」(Islamic State in Greater Sahara: ISGS) のメンバーに襲われた米軍兵士４名が死亡するという事件が発生した [Starr and Cohen 2017]. 当時ニジェールには約800名の米兵が駐留しておりISGSやボコハラムといったテロリストグループと戦うための地元兵士に助言を与えるための特殊作戦部隊のメンバーが派遣されていた [Mcleary 2017].

　アフリカの角地域においても同様である. 2017年の１月から11月にかけて, 米軍はソマリアにおいて18回の空爆を実施した. これは過去７年間の平均の約４倍に匹敵するものである [Morgan 2017].

　本章でみたように, アメリカは90年代にアフリカから「撤退」しようとしたがすぐに引き戻されていった. グローバル化した現代社会においては, 不安定化する地域の存在そのものがアメリカのような超大国の安全保障に直結する問題となったからである. アフリカに紛争の「ホットスポット」が残存する限り, トランプ政権下においても安全保障分野におけるアメリカのアフリカへの関与を弱めることはできないだろう[3].

注

1）この点に関しては，Williams［2008］を参照されたい．

2）「不朽の自由作戦」という名称は，アメリカおよび有志連合諸国によるアフガニスタンにおける対テロ作戦を指すものとして使用され始めたが，グローバルな対テロ作戦全体を示す語として使用されている．アフガニスタンにおける不朽の自由作戦（OEF-A）は2014年12月に作戦終了宣言が行われ，他の地域の作戦には終了したものもある．他方マグレブ・サヘル地域やアフリカの角地域などにおける作戦は2018年4月現在においても継続中である．

3）本章では取り上げられなかったが，アメリカのアフリカへの関与にはアメリカ国内のキリスト教福音派のロビー活動の影響も指摘されている．この点に関してはOlsen［2017］を参照されたい．

参考文献

邦文献

青木一能［1999］「アフリカとアメリカ」，五味俊樹・滝田賢治編『現代アメリカ外交の転換過程』南窓社，255–282.

片原栄一［2010］「米国の対アフリカ戦略——グローバルな安全保障の観点から——」『防衛研究所紀要』12(2·3): 79–95.

欧文献

Albert, E.［2017］*China in Africa*（https://www.cfr.org/ 2018年5月4日閲覧）．

Gallup［2018］*Rating World Leaders: 2018: The U.S. vs. Germany, China and Russia*（http://news.gallup.com/ 2018年2月27日閲覧）．

Gibbs, D.N.［1996］"Misrepresenting the Congo Crisis," *African Affairs*, 95(380): 453–459.

Griffiths, R.J.［2016］*U.S. Security Cooperation with Africa: Political and Policy Challenges*, New York: Routledge.

Lacey, M.［2005］"Look at the Place! Sudan Says, 'Say Sorry,' but U.S. Won't," *The New York Times*, October 20: 4.

Mcleary, P.［2017］"Niger Ambush Highlights Growing U.S. Military Involvement in Africa," *Foreign Policy*（http://foreignpolicy.com/ 2017年12月26日閲覧）．

Morgan, W.［2017］"U.S. Military Builds up in Land of 'Black Hawk Down' Disaster," *POLITICO*（https://www.politico.com/ 2017年11月20日閲覧）．

Mungai, C.［2015］"The 'Hippo Trench' across Africa: US Military Quietly Builds Giant Security Belt in Middle of Continent," *MG Africa*（http://mgafrica.com/ 2018年1月29日閲覧）．

Ochiai, T.［2006］"Dealing with Conflict: African Security Architecture and the P3 Initiative," *Ryukoku Law Review*, 39(3): 1–22.

Olsen, G.R.［2017］"The Ambiguity of US Foreign Policy towards Africa," *Third World Quarterly*, 38(9): 2097–2112.

Ploch, L. [2010] *Countering Terrorism in East Africa: The U.S. Response* (https://fas. org/ 2018年2月27日閲覧).

Starr, B. and Z. Cohen [2017] "What We Know and Don't Kknow about the Deadly Niger attack," *CNN Politics* (http://edition.cnn.com/ 2017年10月20日閲覧).

Stewart, P. [2014] "Exclusive: U.S. Discloses Secret Somalia Military Presence, up to 120 Troops," *Reuters* (https://www.reuters.com/ 2017年12月26日閲覧).

U.S. House of Representatives, Committee on International Relations, Subcommittee on Africa [2001] *African Crisis Response Initiative: A Security Building Block*, No. 107 -20. 107th Cong., 1st sess., July 12, 2001.

The White House [1994] *U.S. Policy on Reforming Multilateral Peace Operations*, PDD 25 (https://fas.org/ 2018年3月7日閲覧).

——— [2012] *U.S Strategy Toward Sub-Saharan Africa* (http://www.whitehouse. gov/ 2018年2月27日閲覧).

Williams, P.D. [2008] "Keeping the Peace in Africa: Why 'African' Solutions Are Not Enough," *Ethics & International Affairs*, 22(3): 309-329.

Wolf, C. Jr., X. Wang and E. Warner [2013] *China's Foreign Aid and Government-Sponsored Investment Activities: Scale, Content, Destinations, and Implications* (https://www.rand.org/ 2018年5月4日閲覧).

(久保田 徳仁)

第12章 フランスとアフリカ

はじめに

　フランスは，2013年にマリおよび中央アフリカ共和国（以下，中央アフリカ）に軍事介入した．フランスがアフリカ諸国に軍事介入を行うことは，これまでの歴史においてけっして希なことではない．旧フランス領アフリカ諸国が独立を達成して以降，1968年のチャドへの軍事介入がフランス政府により公式に表明された最初の介入事例となった．フランスはそれ以前にもセネガル（1962年）やガボン（1964年）のように，公式な表明なく軍事介入を実施してきた．その後もフランスは軍事介入の事例を積み重ねていったが，1990年代以降の主要な介入例をあげてみると，ガボン（1990年），ザイール（現コンゴ民主共和国）（1991年），ジブチ（1991年），ルワンダ（1994年），コモロ（1996年），中央アフリカ（1996-97年），コンゴ共和国（1997年），コートジボワール（2002年），そして前述のマリと中央アフリカがある．さらに，フランスは2018年5月現在，アフリカ大陸に4つのフランス軍基地（セネガル，コートジボワール，ガボン，ジブチ）をおき，計3100名の兵士が駐留している．アフリカの安全保障に対してこれほどまでに関与してきた旧宗主国あるいは国際的な大国は，フランス以外にない．

　アフリカの安全保障を考察していく上で，アフリカ外部のアクターの活動やその影響力を考慮しないわけにはいかない[Ismail and Sköns 2014: 1-2]．フランスはそのような外部アクターの代表格といえる．それではなぜフランスは，これほどまでアフリカの安全保障に関わってきたのであろうか．アフリカの安全保障が，フランスの安全保障に直接的な脅威となったからであろうか．もちろん本章の目的は，アフリカの安全保障を考える上で，フランスがこれまでどのように関わり，どのような役割を果たし，そして現在の課題はどこにあるのかを考察することにある．しかし，それらをフランス自身の安全保障という文脈から切り離して考察することはできない．なぜなら，フランスもまた主権国家として固有の安全保障を抱えているからである．こうしたフランスによるア

フリカの安全保障への関わりを考察するにあたり，「フランサフリック」
（Françafrique）という概念が重要になる．

　本章は，「フランサフリック」を鍵概念とし，フランスによるアフリカの安
全保障への関わりを歴史的に振り返ることから始める．確かに，ピエール・パ
スカロンはフランスによるアフリカの安全保障への関わりを3つの歴史区分に
分けている．第1期は1960年から1995年まで，パスカロンはフランスがアフリ
カの憲兵として軍事的積極主義をとっていた時期とした．第2期は1996年から
2002年までであり，パスカロンはフランスによるアフリカからの軍事的な撤退
期とした．第3期は2002年9月のコートジボワールへの軍事介入からとし，フ
ランスのアフリカへの軍事的再関与の時期とした[Pascallon 2004: 15-36]．しかし，
コートジボワールの次の軍事介入は2013年のマリとなることから，第2期，第
3期の区分の有効性には疑問符がつく．そこでむしろ，第1期と第2期以降の
2つに分けることが適切であり，そうした区分は，フランサフリックの時代と，
ポスト・フランサフリックの時代の区分と言い換えることができよう．

1　フランサフリックの時代

不可分な存在としてのフランスとフランス語圏アフリカ諸国

　フランサフリックの時代とは，旧フランス領アフリカ諸国を中心としたフラ
ンス語圏アフリカ諸国を，フランスにとって不可分な存在と考えていた時代で
ある．このように考えることで，フランス語圏諸国の安全保障とフランスの安
全保障が同一視され，フランスはそれらアフリカ諸国の安全保障を担うことを
正当化してきた．フランスは，フランス語圏アフリカ諸国を，国際的な大国と
しての地位を維持するために必要な「勢力圏」（pré carré）とし，その維持が利
益と考えていた．これは，フランス第5共和制初代大統領シャルル・ド・ゴー
ル（Charles de Gaulle）の持つ帝国主義的な考えに基づいている．インドシナ，
アルジェリアといった植民地を失った後のフランスにとって，フランス語圏諸
国はたとえ独立したにしても，不可分な関係が維持されなければならない最後
の勢力圏であった．こうしたフランサフリックの文脈でフランスとフランス語
圏アフリカ諸国との間に包括的な関係を構築するために，フランスはコーペラ
シオン概念を産み出し，2国間協力協定を締結していく．

146　第Ⅳ部　関　係

コーペラシオン概念と二国間協力協定

　ド・ゴールは，コーペラシオン（coopération）という概念を掲げて，安全保障を始めとする様々な分野に関して，独立した旧フランス領アフリカ諸国との関係をフランサフリックの枠組みで維持しようとした．コーペラシオンとは，フランスが独立したばかりの旧フランス領諸国の発展を支援し，それら諸国が将来的に自立できることを目的とした概念である．しかし実際には，植民地から独立していくアフリカ諸国と連帯しつつも，それら諸国へのフランスの影響力を行使し続けるという，相反する方向性にあることを成し遂げようとするものであった［Meimon 2005: 29］．フランスは一方的にヘゲモニーを行使してアフリカ諸国を従わせるのではなく，アフリカ諸国がフランスを必要とするような仕組みを用意した．それが2国間協力協定である．

　安全保障分野に関する2国間協力協定には，「防衛協定」と「軍事協力協定」の2つがある．この法的な枠組みが，フランスによるアフリカの安全保障への関わり方を強く規定してきた．フランスはまったくのフリーハンドでアフリカの安全保障に関与してきたわけではなく，この法的な枠組みを根拠にすることで正当性を獲得しようとした．つまり，安全保障もコーペラシオンの一環であって，フランスとフランス語圏アフリカ諸国の関係を狭義の軍事同盟と捉えることはできないのである．

　フランサフリックの時代を通して防衛協定が維持されてきたアフリカ諸国は，セネガル，コートジボワール，トーゴ，ガボン，中央アフリカ，カメルーン，ジブチ，コモロである．防衛協定には，フランスとフランス語圏アフリカ諸国が相互に支援すること（ただし，ジブチを除く．ジブチはフランスからの一方的な支援のみ），フランス軍によるアフリカ駐留を維持すること，アフリカ諸国が対外的あるいは内政上の脅威に直面した際，フランス軍の介入をほぼ自動的に可能ならしめること，といった内容が含まれていた．これは制度化されたフランサフリックである．

　しかし，防衛協定はフランスとフランス語圏アフリカ諸国にとって双務的な内容となっているが，フランス語圏諸国がフランス本国への対外的な脅威に対抗するだけの安全保障能力を有しているとは考えにくいことから，実質はフランスがフランス語圏諸国を保護下に置くことを意味していた．さらには，対外的な脅威のみならず内政の脅威から防衛するためにフランスの介入がほぼ自動的になされるとの条項は，フランスが保護下に置いたのがフランス語圏の国家

ではなく親フランス政権あるいは政治指導者であったことを意味していた。ま
さにフランスは，それら政権や指導者にとって憲兵のような役割を果たし，自
国の安全に直接関わることのない安全保障を担っていた。このフランスの行為
を正当化するのが，フランスとアフリカが不可分であるとするフランサフリッ
クの考えである。フランサフリックの考えに，当時のフランス政府内部に反対
の声がなかったわけではないが，ド・ゴールの側近中の側近であり大統領府で
事務総長としてアフリカ問題を担当したジャック・フォカール（Jacques
Foccart）が中心となり，フランサフリックの文脈での対応が実行されたのであ
る。

　フランスによる憲兵としての役割は，フランス語圏アフリカ諸国指導者から
の強い要望でもあった。たとえば，1964年2月にガボンで軍の蜂起により大統
領レオン・ムバ（Léon Mba）が拘束されるという事態が発生した。ところが，
ムバ大統領自身が拘束されてしまっていたために，ガボン政府からはフランス
に対して正式な介入要請を出せずにいた。そこでフォカールは機転を利かせ，
駐フランス・ガボン大使にムバ大統領からの指示として，介入要請を代筆させ
た。そして，この要請に基づき，フランス軍部隊がガボンに派遣されてムバを
無事救出し，クーデタは阻止された。このガボンの事態を教訓にして，政治指
導者たちは自らサインを記すも日付欄を空欄にした介入要請書をフランスに渡
すことにした，といわれている［Foccart 1995: 273-275］。あるいは，コートジボワー
ルのフェリックス・ウフェ・ボワニー（Félix Houphouët-Boigny）大統領は，フラ
ンス軍兵士による護衛をつけるようフランスに要請した。その後，ガボンのオ
マール・ボンゴ（Omar Bongo Ondimba）大統領にも同様の護衛が配置された
［Messmer 1998: 253-254］。

介入とその正統性

　フランサフリックの時代，フランスは基本的に防衛協定に依拠しながら，単
独での軍事介入を実施していった。しかし軍事介入の事例には，チャド（1968年，
1969-72年，1978-80年，1983-84年，1986-2014年），シャバ紛争時のザイール（1978年）
やルワンダ（1994年）といった，いずれも防衛協定を締結していないフランス
語圏アフリカ諸国も含まれていた。これらの場合，チャドは対リビアを，また，
シャバ紛争は冷戦や在留外国人保護を，そして，ルワンダは人道支援をそれぞ
れ根拠に介入が正当化された。しかし，それらもまたフランス語圏諸国である

ことから，勢力圏の維持というフランサフリックの文脈から解き放たれた事例であるとはいえなかろう．

　もちろん冷戦が，フランス語圏アフリカ諸国の安全保障をフランスが担うことに国際的な正当性を付与したとの見方もできよう．たとえば，フランスが断交したギニアにソ連が援助の手を差し伸べたことは，フランスに勢力圏を維持するために共産主義へ対抗することの必要性を意識させた．他方でフランスは，自らの勢力圏にアメリカの影響力が及ぶことを危惧した．たとえば，1968年3月に「中部アフリカ諸国同盟」（Union des etats de l'Afrique centrale: UEAC）がコンゴ（現コンゴ民主共和国），カメルーン，チャドによって結成されると，ド・ゴールとフォカールはコンゴの指導者モブツ・セセ・セコ（Mobutu Sese Seko）の背後にアメリカがいると考え，アメリカの影響力が旧フランス領諸国に及ぶことを懸念した [Foccart 1995: 291-298]．また，フランスは自らの勢力圏を維持するためであれば，他の西側諸国との関係が悪化することも，もちろんそれを最小限にとどめようとはしたものの，けっして厭わなかった．たとえば，ナイジェリアで1967年に勃発したビアフラ戦争がそれである．フランスは親ビアフラ的な態度をとり，密かに軍事支援を行った [加茂 2012: 274-303]．フランス外務省は当初，イギリスとの関係に負の影響を与えるとして，ビアフラ支援に対しては消極的であったが，フォカールを中心とするフランス大統領府は，勢力圏の拡大を目指してビアフラ側を積極的に支援しようとした．

　このようにフランスは，フランサフリックの時代，親フランス政権の安全保障の確保によって自国の勢力圏を維持することを最優先してきたといえる．防衛協定を維持してきた8カ国のうち，20年以上にわたり一人の政治指導者が政権の座を維持してきた国が6カ国（セネガル，コートジボワール，トーゴ，ガボン，カメルーン，ジブチ）もある[2]．フランスはそれら6カ国中トーゴを除く5カ国に軍事介入し，政権を保護下に置いてきた．それは冷戦終結という国際情勢の変化，そして世界的な潮流となった民主化の波がアフリカにも到来したときも変わらなかった．1990年にフランスのフランソワ・ミッテラン（François Mitterrand）大統領がアフリカの民主化を援助供与の条件とすると宣言したにもかかわらず，実際のところフランスはフランス語圏アフリカ諸国には民主化よりも勢力圏であることを優先し続けたのであった．

2　ポスト・フランサフリックの時代

フランサフリックの揺らぎとポスト・フランサフリックの始動

　フランスは1990年代中盤から，これまでのフランサフリック的な政策の維持が困難となっていく．とりわけ1994年は，フランサフリックの転換期を象徴するような出来事が重なった．フランス語圏西アフリカおよび中部アフリカにおける共通通貨CFA（セーファー）フラン（Franc CFA）の平価が切り下げられ，フランスがフランス語圏諸国を経済財政的に支えることの限界が明らかとなった．そして安全保障に関しては，フランス軍がルワンダに介入した「トルコ石作戦」が失敗した．ルワンダでのジェノサイド発生を受けて人道支援を目的に展開されたトルコ石作戦であったが，国際社会からは，フランスと虐殺者側のフツのジュベナール・ハビャリマナ（Juvénal Habyarimana）政権の蜜月ぶりや，虐殺の被害者側ではなく加害者側を保護するための軍事介入といった非難の大合唱が，フランスに対して浴びせられることになる．こうした国際社会からの激しい非難は，フランスにとって初めての経験であり，同国内でもルワンダ軍事介入への批判の声が高まった．こうしてアフリカ外交に関わるフランスのネガティブなイメージが，国民の間にも広く共有されることになる．

　しかし，この1994年を境にフランスの政策が180度転換したというわけではない．たとえば，1995年にはジャック・シラク（Jacques Chirac）が大統領選に勝利するが，シラクはド・ゴール主義の継承者を自負し，フォカールを大統領府顧問に任命しようとした．結果的にフォカールは大統領府の公式な顧問こそならなかったものの［増島 1996: 301–355］，依然としてフォカールやボンゴ大統領といった，フランサフリックの主要なアクターが健在であったこともあり，フランサフリックの状況がすぐに転換されることはなかった．

　それでもフランサフリックの維持は，以前と比較してより困難なものになりつつあった．フランスは1996–97年に中央アフリカへ軍事介入するが，フランス人兵士に犠牲者が出たことで，フランス軍内部から介入に疑問の声が上がった．結果的にこの中央アフリカへの介入は国連PKOに引き継がれることになるが，これまで単独で介入して事態の収拾にあたってきたフランスの伝統的なスタンスからすれば，国連との連携は大きな変化であった．他にもフランスは，フォカールの助言によりコモロやコンゴ共和国にも軍事介入したが，いずれも

150 第Ⅳ部 関 係

成果をあげることはできなかった.

　1994年と同様に1997年もまた,ポスト・フランサフリックへの転換を促す出来事が重なった年である.まずフォカールが他界した.シラク政権は議会選挙で敗北し,リオネル・ジョスパン（Lionel Jospin）を首相とする左派内閣が誕生し,保革共存政権が成立する.そして,ジョスパン政権は,アフリカ外交の様々な改革に着手する.安全保障面では,同年に「アフリカ平和維持能力強化プログラム」（Renforcement des capacités africaines de maintien de la paix: RECAMP）を打ち出し,国連によるPKO強化の方向性に従い,国連やドナー諸国との協力のもと,演習の実施および訓練研修を通じて,アフリカ諸国全体のPKO能力の強化・向上を目指すことにした.さらに,1999年12月にはコートジボワールで軍の蜂起が発生したものの,ジョスパン政権の強い意向によりフランスは軍事介入を行わなかった.フランスは,アフリカの内政問題には介入しない,という立場をとったのである.この結果,当時のコートジボワール大統領アンリ・コナン・ベディエ（Henri Konan Bédié）は,国外への逃亡を余儀なくされた.コートジボワールというフランサフリックを代表する国家の指導者が危機的な状況に置かれたにもかかわらず軍事介入を行わなかったことは,フランサフリックからの転換を象徴することになった.その一方で,フランス語圏アフリカ諸国の政治指導者からは,フランスはついにアフリカを見捨てた,との批判の声が上がった.ジョスパン政権による急速な改革に対して,フランサフリックで保護下に置かれてきたアフリカ諸国の政治指導者たちは強く反発したのである.

　それでも,こうしたアフリカの政治指導者からの反発があったからといって,もはやフランサフリックに戻ることはできない状況にあった.これまで述べてきた1990年代中盤以降のフランスの政策の変化やフランス語圏アフリカ諸国との関係の変化に加え,ヨーロッパ統合の進展により,フランスの外交政策を透明化しEU諸国と共通化していくことが求められたからである.フランスはEU諸国との関係からも,アフリカで勢力圏を維持するために自国中心的な振る舞いをとることができなくなっていた.しかし,フランサフリックからの転換により,フランス語圏アフリカ諸国の政治指導者がフランスから離反し,それら諸国との関係そのものが失われるような事態に発展することまでが,アフリカ側フランス側双方の政治指導者に望まれたわけではなかった.フランスでは,2002年に大統領選挙が実施されてシラクが大統領に再選され,ジョスパンは敗者となったことから,再び新たなアフリカ外交が模索されていく.ポスト・フ

ランサフリックは始動したが，それがフランスとアフリカにどのような新しい
関係を構築するのか，その方向性はまだ定まっていなかった．

フランサフリックの呪縛

　ポスト・フランサフリックとして新しい関係を築くことの困難さが示された
のが，2002年9月に発生したコートジボワール危機への対応においてである．
フランスは，フランス語圏アフリカを見捨てないという姿勢をとりつつも，そ
れがフランサフリックとは一線を画する対応であることを示そうとした．つま
り，フランスは1999年の12月のようにコートジボワールに介入しないのではな
く軍事介入をする（4000名派遣）．しかし，その目的はあくまでもコートジボワー
ル在住のフランス国民の保護と平和維持活動による事態の沈静化であり，西ア
フリカ諸国経済共同体（Economic Community of West African States: ECOWAS）が
派遣するアフリカ諸国からの平和維持部隊とともに，コートジボワールの当事
者間による交渉によって危機の最終的な解決が実現されることが目指されたの
である．フランスは，防衛協定に基づきフランス単独で親フランス指導者を保
護し，軍事力で最終的な解決を目指すという旧来のフランサフリック的なもの
とは異なる介入にすることを意図した．

　ところが，このフランスによるポスト・フランサフリック的な対応は，当時
のコートジボワール大統領ローラン・バボ（Laurent Gbagbo）にとっては受け入
れ難いものであった．バボは長年野党指導者として活動してきたが，彼の政敵
である当時の大統領ウフェ・ボワニーとその後継者のベディエがフランスの保
護の下，長期政権を維持してきたことを目の当たりにしてきた．ウフェ・ボワ
ニーはフランサフリックの恩恵を最も享受したアフリカの指導者の一人であ
り，ベディエも1999年12月の軍蜂起の際に国外逃亡を余儀なくされたが，それ
まではウフェ・ボワニーの後継者としてフランサフリックの下で保護されてき
た．コートジボワール大統領となったバボは，自らの政権を維持するため，フ
ランス対して防衛協定に基づく介入を再三要請した．それに対してフランスは，
ポスト・フランサフリック的な対応をとることから，政治指導者の保護につな
がる防衛協定に基づく部隊の派遣を拒否し続けた．このポスト・フランサフリッ
クを模索するフランスと，フランサフリック的な対応を期待するバボとの不一
致は，バボとその側近たちのフランスへの不信を募らせ，コートジボワールの
和平実現を妨げる要因のひとつとなった．さらにこの噛み合わない2つの歯車

152　第Ⅳ部　関　係

が，最悪の状況を引き起こすことになる．

　2004年11月，コートジボワール政府軍機が平和維持を目的にコートジボワール北部のブアケに展開していたフランス軍部隊に対して空爆を行い，フランス人兵士等に死傷者が出た．アフリカの安全保障を目的に駐留しているフランス軍部隊が，安全保障の対象である国家の政府軍によって攻撃され，フランス軍兵士に犠牲者が出るという，フランスによるアフリカの安全保障の歴史のなかで最悪の事態が引き起こされたのである．この前代未聞の出来事にフランスは大きな衝撃を受けた．フランスは直ちに反撃したが，その際にコートジボワール政府軍と軍事的な衝突が起きた．コートジボワール政府は空爆を誤爆と発表し，中心都市アビジャンでは，フランスを新植民地主義的と揶揄し，フランス軍による反撃を一方的に激しく非難するデモや暴動が発生し混乱した．この反フランス・デモは，バボの側近等によって扇動されたものではあったが，それでもそこには，フランスを新植民地主義的とみなし，それに強く反発する感情がコートジボワールの人びとの間に依然として根強く残っていることが示されていた．そして，こうした反応によりフランスは，現地で八方塞がりの状態に次第に追い込まれていった．

　フランスは，コートジボワール危機に対して，総じてポスト・フランサフリック的な対応を指向してきた．しかしそれは，フランサフリック的なものへの依存と反発が複雑に交錯するバボ政権やコートジボワールの一部市民には受け入れられなかった．フランスがポスト・フランサフリック的な枠組みで軍事介入を実施したにしても，すぐに解決には至らなかったばかりか，かえってアフリカ側の反発を招くという事態となってしまったのである．フランスは，フランサフリックの呪縛から抜け出せないアフリカ側の反応に直面したことで，軍事介入をしてアフリカの安全保障に関わり続けることの意義を改めて問い直すことになる [Glaser and Smith 2005]．その後もフランス軍はコートジボワールに駐留を続けたが，平和維持の主体は2004年4月から展開した国連PKOである国連コートジボワール活動（United Nations Operation in Côte d'Ivoire: UNOCI）に移っていった．

　2007年にフランス大統領に選出されたニコラ・サルコジ（Nicolas Sarkozy）が，防衛協定破棄の可能性を含むアフリカ諸国との再交渉やアフリカ駐留フランス軍の削減を発表したのも，そうしたアフリカの安全保障への関わりを問い直すことの延長線上にあると考えてよいであろう [Présidence de la République française 2008].

防衛協定の再交渉は，2009年3月にトーゴとの間で「防衛パートナーシップ協定」が調印されたのに続き，2012年4月までにカメルーン，中央アフリカ，ガボン，コモロ，ジブチ，コートジボワール，セネガルのすべての防衛協定締結国との改定へと至る．協定の名称は，ジブチが「防衛協力協定」，セネガルが「軍事協力パートナーシップ協定」となったほかは，「防衛パートナーシップ協定」となった．この新しい協定は，フランサフリック的要素の排除，つまり防衛協定締結国の対外的あるいは内政上の有事の際にフランスが半ば自動的に介入することに関連する条項の削除を目的として策定された．さらに，名称がパートナーシップ協定となったことに示されているように，これまでの防衛協定ではフランスが単独で関わることが前提とされたが，EU，アフリカ連合（African Union: AU），アフリカのサブ・リージョナルな機関と連携しながら関わることへと変更された．[3] こうして，フランサフリックを支えてきた法的な枠組みが改訂され，ポスト・フランサフリックへの転換がより明確になったのである．

ポスト・フランサフリックとしてのマリ介入

2012年に大統領に就任したフランソワ・オランド（François Hollande）は当初，アフリカに積極的に関わる大統領とはみなされていなかった．それが2013年にマリへ軍事介入を実行したことにより，オランドの評価は一変する．

マリでは2012年3月のクーデタ勃発以降情勢が不安定さを増す中で，「イスラーム・マグレブのアル＝カーイダ」（al-Qaida in the Islamic Maghreb: AQIM）等のイスラーム主義武装勢力が台頭した．マリを含むサヘル地域での安全保障状況の悪化は，2011年の軍事介入の結果としてのリビアの混乱に端を発していた．2012年5月にはフランス国防相ジャン＝イヴ・ル・ドリアン（Jean-Yves Le Drian）がオランドに対して，フランス本国への脅威も想定されるマリ問題の深刻さに警鐘を鳴らし，対応の必要性を訴えていた［Notin 2014: 81-87］．オランドは最初からフランス軍の派遣を考えたわけではなく，10月の時点では，「フランス軍がマリの地に展開することは絶対にない」と述べていた［Galy 2013: 76］．オランドは当初，EUの枠組みでマリに関わることとし，軍事的にはアフリカ諸国部隊が現地に部隊を展開し介入することを目指した．しかし，EU諸国はマリに関与することに積極的ではなく，国連を舞台にしたアフリカ諸国部隊の

154 第Ⅳ部 関 係

編成もなかなか進展しなかった.

　そのような状況下で,オランドはマリへの軍事介入を決定する. 2013年1月,フランスは約4000名から構成される部隊をマリに派遣し,そこにチャド軍2000名が支援し,マリ国軍と連携しながら,北部のイスラーム主義武装勢力と対峙するようになった.「サーバルキャット作戦」の始まりである.介入はマリのディオンクンダ・トラオレ (Dioncounda Traoré) 暫定大統領からの要請に基づくものであったが,トラオレを保護するための介入ではない.つまり政権保護というフランサフリックの文脈での介入ではなく,首都バマコが脅威に晒されるほどに急速な事態の悪化を受けて,国連安保理で承認された「アフリカ主導国際マリ支援ミッション」(African-led International Support Mission to Mali: AFISMA) の配備が間に合わないことから,武装勢力の南下を防ぐための介入であった.

　この介入は,軍を含むフランス政府内,議会から好意的な反応を得たばかりではなく,国際社会でもアメリカ,EU,国連安保理からフランスへの支持が表明された.アフリカ諸国からも,たとえばアルジェリアは,独立以降初めてフランス軍機の領空通過を認めた.マリ国民も介入に好意的な態度を示した.ニジェール大統領マハマドゥ・イスフ (Mahamadou Issoufou) は,これまでのフランスよる軍事介入の中でアフリカの人びとに最も受け入れられたもの,と評した [Bergamaschi 2014: 145]. 2013年2月にマリを訪問したオランドは,トラオレのみならず市民から熱狂的な歓迎を受けた.フランス国内では,フランスが主導することで「新植民地主義的」との批判を招くことを懸念する声もあがったが,マリの人びととの間にフランサフリックの亡霊が蘇ることはなかった.オランドは,2012年10月にセネガルの国民議会で「フランサフリックの時代は終わった」と演説したが [Présidence de la République française 2012],それが現実となったのである.

　サーバルキャット作戦に続いて,AFISMAがマリに派遣されたが,その後,EUは国連安保理決議2085により「欧州マリ国軍訓練ミッション」(European Union Training Mission Mali: EUTM Mali) を派遣している.これに対して,AFISMAはのちに安保理決議2100により「国連マリ多面的統合安定化ミッション」(United Nations Multidimensional Integrated Stabilization Mission in Mali: MINUSMA) へと再編された.フランス,EU,アフリカ諸国,国連がパートナーを形成して,対テロ,そしてマリの和平を目的に軍事介入を行った.こうしたポスト・フランサフリック的な対応は,そもそもマリが,コートジボワールやガボンのよう

なフランサフリックの典型的な国家ではないことから実現できたとの見方もあろう．しかし，こうしたポスト・フランサフリック的な対応はマリだけに留まらない．たとえば，2014年2月にサヘル地域のフランス語圏5カ国（モーリタニア，マリ，ブルキナファソ，ニジェール，チャド）による「G5サヘル」が結成されると，フランスはサーバルキャット作戦とチャドで展開していた「ハイタカ作戦」を統合して新たに「バルカンヌ作戦」を開始し，G5サヘルによる対テロを目的とする集団安全保障を軍事的に支援している．ここに，フランサフリックの姿はもはやない．

おわりに

フランスによるマリ介入は対テロという国際的な脅威に対抗しての介入であり，もはやフランスの勢力圏の維持を目的とはしていない．フランスは，2014年にフランスはマリと「防衛協力条約」を，ギニアと「防衛協力および地位協定」を新たに調印した．両者は名称が異なるものの，2009年以降に改定された防衛協定の流れを汲むものである．さらに，2015年にはヨルダンと「地位協定」が，2016年にはナイジェリアと「防衛協力および地位協定」が調印され，フランス語圏アフリカ諸国に留まらない対テロという国際協調を目的にする安全保障政策が広範に展開されている．オランド政権は中央アフリカにも軍事介入したが（「サンガリス蝶作戦」），これもフランスの勢力圏維持を目的とした介入ではない．サンガリス蝶作戦は，「アフリカ主導中央アフリカ国際支援ミッション」(Mission internationale de soutien à la Centrafrique sous conduite africaine: MISCA)，その後継の「国連中央アフリカ多面的統合安定化ミッション」(United Nations Multidimensional Integrated Stabilization Mission in the Central African Republic: MINUSCA)，そして他のEU諸国と協力しながら，人道支援を目的に実施された．

このように現在のフランスは，勢力圏の維持のために親仏政権を保護するというフランサフリック的な目的から完全に転換する形でアフリカの安全保障に関わっている．2017年に大統領に選出されたからエマニュエル・マクロン(Emmanuel Macron) も，前任者のオランドの政策を継承しており，バルカンヌ作戦が継続されている．

この安全保障政策の転換は，アフリカ市民にとっては受け入れやすいのかもしれない．ザリーヌ・ベルガマシによれば，2013年の介入を経験したマリの人

びとから，フランスはむしろ積極的にマリを保護すべきとの意見がでてくるようになったという［Bergamaschi with Diawara 2014: 146］．フランサフリックの時代は，アフリカ側から新植民地主義として非難されることが多かった．安全保障政策の転換はアフリカ側の認識まで変えてしまったということなのであろうか．その点の検証は今後さらに進められなければならないであろう．

そうしたアフリカ側からの期待の高まりに対し，実際にフランスが担うことのできる安全保障に限界があることも確かである．フランスは2013年の国防白書で示したように，アフリカ駐留フランス軍の規模をさらに縮小する傾向にある．現在のフランスにとってアフリカの安全保障は，フランサフリックの時代のように他の地域とは一線を画する特別な問題ではなく，フランスのグローバルな安全保障政策の一分野に過ぎない．それでも，フランス語圏アフリカ諸国は安全保障上重要な問題を抱えているにもかかわらず，国際的な関心が高い地域とはいえない．そうしたことから，フランスは依然としてそれら諸国の安全保障に不可欠な存在であり続けているのである．

注
1) « Déploiements opérationnels des armées françaises, » Ministère des armées (https://www.defense.gouv.fr/ 2018年5月14日閲覧).
2) セネガルのレオポルド・セダール・サンゴール (Léopold Sédar Senghor: 大統領在任期間1960-80年，以下同様)，コートジボワールのウフェ・ボワニー (1960-93年)，トーゴのニャシンベ・エヤデマ (Gnassingbé Eyadema: 1967-2005年)，ガボンのボンゴ (1967-2009年)，カメルーンのアマドゥ・アヒジョ (Ahmadou Babatoura Ahidjo: 1961-82年) とポール・ビヤ (Paul Biya : 1982-現職)，ジブチのハッサン・グレド・アプティドン (Hassan Gouled Aptidon: 1977-99年).
3) EUとのパートナーシップは，2003年にコンゴ民主共和国へ派遣された「アルテミス作戦」がその最初の具体化例であり，続いて2007年に欧州連合部隊 (European Union Force: EUFOR) がチャドと中央アフリカに派遣されている．また2008年より，アフリカ諸国が大陸規模で参加してきたRECAMPの活動はフランスからEUへと移管され，EURORECAMPとなった．

■▮ 参考文献
邦文献
片岡貞治 [2010] 「フランスの新たな対アフリカ政策」『国際政治』(159) : 116-130.
加茂省三 [2012] 「フランサフリックとビアフラ戦争」，川端正久・落合雄彦編『アフリカと世界』晃洋書房，274-305.

———— [2014]「アフリカの安全保障とフランス」『国際安全保障』41（4）: 19-35.

武内進一 [2015]「アフリカの紛争に見る変化と継続——マリ，中央アフリカの事例から
　　考える——」，大串和雄編『21世紀の政治と暴力』晃洋書房，73-99.

増島建 [1996]「フランスの対アフリカ政策の新展開——冷戦後世界への適応——」『獨協
　　法学』（43）: 301-355.

欧文献

Bergamaschi, I. with M. Diawara [2014] "The French Military Intervention in Mali: Not
　　Exactly *Françafrique* but Definitely Postcolonial," in Charbonneau B. and T. Chafer,
　　eds., *Peace Operations in the Francophone World: Global Governance Meets Post-
　　colonialism*, London: Routledge, 137-152.

De Bellescize, G. [1999] « La France et le renforcement des capacités africaines de
　　maintien de la paix, » article non paru.

Foccart, J. [1995] *Foccart parle*, tome I, Paris: Fayard.

Galy, M. [2013] « Pourquoi la France est-elle intervenue au Mali ? » in Galy, M., ed., *La
　　Guerre au Mali*, Paris: La Découverte, 76-90.

Glaser, A. and S. Smith [2005] *Comment la France a perdu l'Afrique*, Paris: Calmann-
　　Lévy.

Ismail, O. and E. Sköns [2014] "Introduction," in Ismail, O. and E. Sköns, eds., *Security
　　Activities of External Actors in Africa*, Oxford: Oxford University Press, 1 -14.

Lecou, R. [2011] « Rapport N° 3286 ,» Aseemblée nationale, le 30n mars 2011.

Meimon, J. [2005] « En quête de légitimité : Le ministère de la Coopération（1959-
　　1999), » Thèse pour le Doctorat, Université de Lille II.

Messmer, P. [1998] *Les Blancs s'en vont*, Paris: Albin Michel.

Notin, J.-C. [2014] *La Guerre de la France au Mali*, Paris: Tallandier.

Pascallon, P. [2004] « Quelle évolution pour la politique de sécurité de la France en
　　Afrique ? » in Pascallon, P., ed., *La politique de sécurité de la France en Afrique*,
　　Paris : L'Harmattan, 13-36.

Présidence de la République française [2008] « Discours de M. le Président de la
　　République devant le Parlement Sud-Africaine, Le Cap, Jeudi 28 février 2008 ».

———— [2012] « Discours de M. le Président de la République, Assemblée nationale,
　　Dakar, Vendredi 12 octobre 2012 ».

（加茂　省三）

第13章　中国とアフリカ

はじめに

　中華人民共和国（以下，中国）は，1949年10月の建国当初からアフリカの安全保障に関与してきた．その背景には，当時の中国が直面していた厳しい国際環境と中国独自の論理があった．中国は1950年2月に中ソ友好同盟相互援助条約を締結し，ソ連に全面的に傾倒する「向ソ一辺倒」の外交を展開した．同年6月に朝鮮戦争が勃発すると，中国は10月に北朝鮮に援軍を送り，米軍主体の国連軍と韓国軍相手に善戦したが，米国との関係は決定的に悪化した．1956年2月にフルシチョフがスターリン批判を行うと，中国とソ連の路線の違いが顕在化し，徐々に中ソ関係も悪化した．このように中国は米国とソ連の両国との対立を深めるなかで，アフリカに活路を見出した．

　同時に，中国にとってアフリカは台湾との間での国家承認をめぐる争いの主戦場であった．中国は建国以来，多くの国家と国交を樹立すべく，台湾（中華民国）と対抗関係にあった．そのため，中国は早くからアフリカの民族解放・独立運動や国家建設を支援して，関係強化をはかってきた．その結果，中国は1970年末までにアフリカの21カ国と国交を結んだ．1971年10月に国連での「中国」代表権が台湾から中国へと移った際は，アフリカ諸国からの支持が重要な役割を果たした．中国はその後も着々とアフリカ諸国との関係を強化し，2018年8月末までに53カ国と国交を樹立した[1]．

　この70年ほどの間，中国のアフリカへの安全保障上の関わりは大きく変化してきた（**表13-1**）．中国は1950年代から2国間ベースでアフリカ諸国の独立運動や反政府革命運動を支援していたが，次第に武器移転・輸出や軍の能力構築支援に重点が移っていった．1990年前後から中国は多国間枠組みでの安全保障協力にも関与し始め，アフリカで展開されている国連の平和維持活動に積極的に参加するようになった．そして，2000年代半ば以降，ソマリア沖アデン湾での海賊対処活動への参加やジブチでの中国初の海外基地の建設など，アフリカ

第13章　中国とアフリカ　159

表13-1　中国とアフリカ諸国の国交樹立時期

年	国数	国名（国交樹立月）
1956	1	エジプト（5月）
1958	2	モロッコ（11月），アルジェリア（12月）
1959	2	スーダン（2月），ギニア（10月）
1960	3	ガーナ（7月），マリ（10月），ソマリア（12月）
1961	1	コンゴ民主共和国（旧ザイール，2月）
1962	1	ウガンダ（10月）
1963	2	ケニア（12月），ブルンジ（12月）
1964	6	チュニジア（1月），コンゴ共和国（2月），タンザニア（4月），中央アフリカ（9月），ザンビア（10月），ベナン（11月）
1965	1	モーリタニア（7月）
1970	2	赤道ギニア（10月），エチオピア（11月）
1971	5	ナイジェリア（2月），カメルーン（3月），シエラレオネ（7月），ルワンダ（11月），セネガル（12月）
1972	4	モーリシャス（2月），トーゴ（9月），マダガスカル（11月），チャド（11月）
1973	1	ブルキナファソ（9月）
1974	4	ギニアビサウ（3月），ガボン（4月），ニジェール（7月），ガンビア（12月）
1975	4	ボツワナ（1月），モザンビーク（6月），サントメ・プリンシペ（7月），コモロ（11月）
1976	2	カーボヴェルデ（4月），セーシェル（6月）
1977	1	リベリア（2月）
1978	1	リビア（8月）
1979	1	ジブチ（1月）
1980	1	ジンバブエ（4月）
1983	3	アンゴラ（1月），コートジボワール（3月），レソト（4月）
1990	1	ナミビア（3月）
1993	1	エリトリア（5月）
1998	1	南アフリカ（1月）
2007	1	マラウイ（12月）
2011	1	南スーダン（7月）

注）本表は，中国とアフリカ諸国が最初に国交を樹立した時期を一覧にしたものである．たとえば，ブルキナファソは，1973年9月に中国と国交を樹立したもののその後断交し，1994年2月に台湾との国交を回復した．しかし，2018年5月に再び中国との国交を回復している．本表には，そうした中国との国交の断交の時期ついては反映させていない．

出所）中華人民共和国『中国外交2017』をもとに筆者作成．

160　第Ⅳ部　関　係

における中国の安全保障上の取り組みは多面的，重層的なものへと進化した．
そこで，本章では，中国の建国から今日までのアフリカにおける安全保障協力
の概要を紹介する．

1　中国による軍事支援

アフリカの民族解放・独立運動への支援

　中国は当初，社会主義路線での建国を志向するアフリカの民族解放運動や独
立運動を支援していた．アルジェリアの社会主義政党であるアルジェリア民族
解放戦線（Front de Liberation Nationale: FLN）を支援し，1954年10月にフランス
から独立させたのが最初である［Shinn and Eisenman 2012: 164］．この時期の中国
が支援したその他の勢力としては，ポルトガルからの独立を目指すギニアビサ
ウの民族解放組織であるギニア・カーボベルデ独立アフリカ党（African Party
for the Independence of Guinea and Cape Verde: PAIGC），ジンバブエのアフリカ民族
同盟（Zimbabwe African National Union: ZANU），南アフリカの黒人解放組織であ
るパン・アフリカニスト会議（Pan Africanist Congress: PAC），モザンビーク解放
戦線（Frente de Libertação de Moçambique: FRELIMO）などがある．さらに，中国
はアンゴラ，ザイール（現コンゴ民主共和国），ケニア，ウガンダ，セネガル，カ
メルーン，ニジェールなどにも支援した．今日の中国のアフリカ諸国との良好
な関係はこの時期に遡るものが多い．

　しかし，中国のアフリカの民族解放・独立運動への支援は次第に減っていっ
た．中国の指導者は，アフリカの民族解放運動家は軍事的に弱いうえ，政治的
に信頼できず扱いにくい相手であると認識するようになった．また，アフリカ
では社会主義革命が広がらないと判断するに至ったこと，さらには1966年から
中国で始まった文化大革命のために国内事情を優先せざるを得ない状況になっ
たことがその背景にあった．他方で，中国は，アフリカの軍事キャンプに指導
者を派遣してゲリラを訓練したり，アフリカから少人数のグループを中国に招
いて軍事訓練を行ったりするといった支援活動に重点を置くようになった
［Shinn and Eisenman 2012: 165］．

武器移転と軍事訓練

　1960年代から1980年代までの中国によるアフリカ支援は，武器移転と軍事訓

練が中心であった．それには，建国後の中国において軍需産業が重要な産業で
あったことが関係している．中国では1953年から1957年までの第１次５カ年計
画のもと，ソ連からの支援で航空機，艦艇などの生産施設が建設され，1965年
までには核兵器や航空機，ミサイル，兵器，造船などの防衛産業の基礎が形成
された．

　この時期，中国の軍需工場では1950年代半ばのソ連製品をモデルに武器が生
産されていた [Eikenberry 1995: 5]．中国は当初ソ連からの技術支援を受けてい
たが，中ソ対立が深刻化するなかで，ソ連は1959年６月には「国防新技術に関
する協定」を凍結し，1960年７月には中国へ派遣していたソ連の技術者1390人
を一斉に引き上げた．中国はその後独自に技術開発を続け，1964年10月に原子
爆弾，1967年６月に水素爆弾の実験に成功した．

　中国の武器移転の全体像はわかりにくいが，米国政府の分析が参考になる．
たとえば，米国軍備管理軍縮局 (United States Arms Control and Disarmament
Agency: ACDA) によれば，中国は1961年から1971年までに4200万米ドル相当の
武器をアフリカに供給しており，その金額はソ連，フランス，米国，英国，西
ドイツ，チェコスロバキアに次ぐ第７位であった．この時期の中国の主な武器
供給先は，タンザニア，アルジェリア，コンゴ共和国，ギニアなどであったが，
中国の武器供給の83％がタンザニアに集中していた．総じてソ連の方が中国よ
りも多くの武器をアフリカ諸国に提供していたが，タンザニアだけは例外だっ
た．中国がタンザニアに手厚い支援をした背景には，中国がパン・アフリカ主
義を唱えるジュリアス・ニエレレ (Julius Nyerere) 大統領を利用できる相手だ
とみなしていたこと [Shinn and Eisenman 2012: 167]，タンザニアを経由して，ア
ンゴラ，モザンビーク，ジンバブエなどの解放運動の支援のための武器移転を
考えていたこと [Eikenberry 1995: 23] などがある．

　1970年代初期に中国の軍事支援は急増した．1967年から1976年までの間，中
国は１億4200万米ドル相当額の武器をアフリカ15カ国に提供した．主な提供先
は，タンザニア (7500万米ドル)，ザイール (2100万米ドル)，コンゴ共和国 (1000
万米ドル)，カメルーン・エジプト・ギニア・スーダン・チュニジア・ザンビア
(500万米ドル)，ブルンジ・ガンビア・マラウイ・マリ・モザンビーク・ルワン
ダ (100万米ドル) であった．中国が提供した武器は，戦闘機 (MiG-17s, MiG-19s,
MiG-21s)，哨戒艇，小砲艦，戦車，対空砲，野砲，小火器，弾薬など多岐にわたっ
た (表13-2)．これらのアフリカへの武器移転は中国による武器移転の７％に

162　第Ⅳ部　関　係

表13-2　中国のアフリカへの武器移転の概要（1966年から1979年まで）

国名	戦車	装甲車	砲（含多連装ロケット砲）	戦闘機	哨戒艇
アンゴラ	25（主力）				1
カメルーン					2
コンゴ	15（主力），28（軽）	35	18		
エジプト				40	
ギニア			20		
マリ	6（軽）				
シエラレオネ					3
ソマリア				20	
スーダン	10（主力），30（軽）			4	
タンザニア	20（主力），35（軽）	70	18	60	10
チュニジア					2
ザイール	60（軽）		100		8
ザンビア				22	

出所）Eikenberry［1995：8］をもとに筆者作成.

相当したが，武器市場における中国のシェアはわずか2.8％にすぎなかった［Shinn and Eisenman 2012：166］．そのうえ，1970年代の中国の軍事支援は，タンザニアを除いてアフリカ諸国の軍や戦略バランスにほとんど影響を与えなかった．なお，中国のタンザニアへの重点的な武器供給は1980年代初頭まで続いた［Shinn and Eisenman 2012：166-167］．

　中国は従来，武器を低価格あるいは無償の軍事援助で提供していたが［Eikenberry 1995：6］，1970年代末に改革開放政策を採用して経済建設を最優先するようになると，経済的な利益獲得のために武器を輸出するようになった．ただし，中国がこの時期に提供した武器の大半は依然として低水準で，主に1950年代から1960年代のソ連製武器のコピーであった［Shinn and Eisenman 2012：167］．

　中国は，バングラデシュ，ビルマ（現ミャンマー），イラン，イラク，タイなどの新しい顧客に武器を販売することを重視しはじめ，エジプト以外のアフリカ諸国への武器供給を減少させた．中国は，アフリカで最初に国交を樹立した国であるエジプトとの関係を重視しており，1980年代にはエジプトへの主要な軍備提供者になり，戦闘機や地対地ミサイル，高速戦闘艇，潜水艦などを提供した．（表13-3）．ギニア，ギニアビサウ，ソマリア，スーダン，タンザニア，ザイール，ザンビア，ジンバブエにも兵器を提供した．

表13-3　中国のアフリカへの武器移転の概要（1980年から1991年まで）

国名	戦車	装甲車	砲（含多連装ロケット砲）	戦闘機	哨戒艇	フリゲート艦	潜水艦	対艦ミサイル
コンゴ	25（主力）	18						
エジプト				240	14	3	6	104
ギニア	20（軽）		30					
ギニアビサウ		20						
ソマリア		10	20					
スーダン		10	40					
タンザニア		20	200	10				
ザイール			40					
ザンビア	4（主力）			4				
ジンバブエ	40（主力）, 20（軽）		20	30				

出所）Eikenberry［1995: 12］をもとに筆者作成.

　また，中国はアフリカ諸国への軍事訓練にも積極的であり，1955年から1979年までに少なくともアフリカの13カ国で3000人近くに軍事訓練を行った．タンザニアが最多で1025人，コンゴ共和国で515人，ギニアで360人，スーダンで200人，ザイールで175人，シエラレオネで150人，カメルーンで125人，ザンビアで60人，トーゴで55人，マリとモザンビークはともに50人ずつ，アルジェリアとソマリアは30人以下だった．1980年代，中国はジンバブエ人のパイロットとコンゴ人の戦闘員も養成した［Shinn and Eisenman 2012: 166-167］．

　中国のアフリカへの武器提供は1990年代に増加したが，依然としてロシアよりはるかに少なかった．米国議会調査局（Congressional Research Service: CRS）によれば，1992年から1999年までの間，サブサハラアフリカへの武器移転の第1位はロシアだった［Grimmett 2000: 55, 58, 68］．なお，1992年から1995年の時期，アフリカへの武器移転に占める中国の割合は5.5％（2億米ドル）で英国と同水準であり，1996年から1999年までの期間は15.6％（5億ドル）でロシアに次いで2位だった．中国から移転された武器は，航空機，戦車，兵員輸送車，大砲，自動式銃，哨戒艇などであった．中国からは小火器と弾薬も提供されていたため，実際の数値はさらに大きかった［Shinn and Eisenman 2012: 168］．

　米国務省によると，1989年から1999年までの世界全体での武器移転額は5280億米ドルで，そのうち中国からの武器移転は127億米ドルであり，全体のわずか2.4％だった．世界全体からアフリカへの武器移転額は198億米ドルであった

が，中国からの移転額は13億米ドルであり，6.6％を占めていた．その内訳は，北アフリカに2億米ドル，中部アフリカに6億米ドル，南部アフリカに5億米ドルであった［U.S. Department of State 2002］．1990年代の中国による武器移転は主に輸出であった．中国製の武器は低価格であり，使いやすくメインテナンスもしやすいという点で競争力があった［Shinn and Eisenman 2012: 168］．

2000年から2010年までの世界全体での武器移転額は1兆109億米ドルに増加したが，中国から他国への武器移転は156億米ドルと1.4％までシェアが低下した．この時期，海外からアフリカへ供給された武器移転額は476億米ドルであり，世界全体の4.3％にすぎなかったが，中国からアフリカへの武器移転額は43億米ドルであり，アフリカへ移転された武器全体の9.0％を占めていた［U.S. Department of State 2013］．さらに，2011年から2015年までの世界全体での武器移転額は9356億米ドル，中国からの武器移転額は116億米ドルであったのに対して，世界全体からアフリカへの武器移転額は395億ドルで全体の4.2％，そのうち中国からアフリカへの武器移転額は35億ドルであり，その割合は8.9％であった［U.S. Department of State 2017］．

以上のように，中国はアフリカへの武器移転を積極的に行ってきた．アンドリュー・ハルとデイヴィッド・マルコフは，中国のアフリカへの武器輸出には3つの戦略があったと指摘している．第1に，中国は，内政不干渉原則を武器輸出にも適用し，相手国の国際社会における立場や政治体制の抑圧状況と関係なしに武器を輸出してきた．第2は，中国は競争相手（特にロシアとウクライナ）よりも武器を安く売ることで，市場を獲得してきた．第3に，中国は，ソフト・ローンや便利な支払いオプションなどの魅力的な金融オプションを提供することで武器移転を促進してきた．たとえば，中国はザンビアに対して，武器と銅のバーター取引を認めている［Hull and Markov 2012: 28-29］．結局のところ，アフリカへの武器輸出は，武器の移転とともに軍事訓練を行うことで，相手国の軍人とのネットワークを強化したり，中国の軍事プレゼンスの拡大を正当化する材料になるため，中国にとってのメリットが大きい．

他方で，中国の武器輸出はアフリカの安全保障上のリスクとなる．中国は価格の優位性を発揮して，アフリカでの武器輸出を今後も大幅に伸ばす潜在力があるが，提供される武器の種類によっては，アフリカの安全保障バランスに大きな影響を及ぼし，アフリカ諸国での紛争がより破壊的なものになりかねない．また，中国の内政不干渉原則は，アフリカの「ならず者国家」（pariah state）に

武器へのアクセスを許すことになり，彼らの体制維持を長期化させてしまう危険もある．さらに，アフリカのエンドユーザーによる武器の管理が厳格でないために，中国製武器の一部が非国家主体の手に渡る恐れもある［Hull and Markov 2012: 30］．

2　国連PKOミッションへの要員派遣

　中国は1990年代以降，徐々に多国間枠組みの安全保障協力に参加するようになったが，アフリカでは国連平和維持活動（Peacekeeping Operation: PKO）に対して積極的に要員を派遣している．

　中国の国連PKOへの参加は，1988年9月に中国国連代表部の李鹿野大使が国連事務総長に国連平和維持活動特別委員会への参加を申請したことに始まる．1989年4月に国連ナミビア独立支援グループ（United Nations Transition Assistance Group: UNTAG）の活動が開始されると，同年11月に中国はまず20名の文官を選挙監視活動のために派遣した．そして，1990年4月には国連休戦監視機構（United Nations Truce Supervision Organization: UNTSO）に初の軍事要員（兵員）を派遣した［増田 2011: 6］．

　しかしながら，中国は1990年代は要員派遣に比較的慎重であり，小規模な警察要員の派遣が中心であった（**表13-4**）．もともと中国の指導者層は，国家主権を重視し，他国の内政に干渉することを嫌っていたほか，武力行使につながってしまう可能性を恐れて，大規模な部隊の派遣には慎重であった．このため，当時の中国は，国連のPKO派遣三原則——すなわち，① 当事者の同意，② 不偏性，③ 自衛や任務防衛以外の武器使用の禁止——に加えて，国家主権の尊重と内政不干渉原則をしばしば主張した．

　中国の国連PKOへの関与が積極化したのは2000年代初頭のことである．1999年3月からのコソボ紛争において，NATOは，ユーゴスラヴィアと関係の近い中国やロシアが反対していた国連安保理決議を経ずにアルバニア人の人権擁護を理由として空爆を行った．中国は，安保理常任理事国として拒否権を持つ国連が形骸化することを強く懸念し，以後，国連PKOへの関与を強めていった［増田 2012: 7-8］．

　中国は，2003年4月に国連コンゴ民主共和国安定化ミッション（United Nations Organization Stabilization Mission in the Democratic Republic of the Congo:

MONUSCO）に人民解放軍部隊218名を派遣したが，それ以降，軍事要員の派遣を急増させていった．そして，**表13-4**にあるとおり，早くも2004年には，中国の国連PKO派遣要員数が他の常任理事国のそれを上回った．

以来，中国は，国連安保理の常任理事国5カ国のなかで国連PKOに最も多くの要員を派遣してきた．国連平和維持局の統計によると，2018年6月末時点で14の国連PKOミッションが展開中であるが，中国は8つの国連PKOミッションに2519人（男性2454人，女性65人）の要員を派遣していた（**表13-5**）．その内訳は司令部要員が51人，軍事監視要員が32人，警察要員が18人，兵員が2418人であった．これは，世界で第11位に相当する．

そのうちアフリカで展開している国連PKOミッションは5つあり，派遣要員の総数は2090人である．中国が派遣している国連PKO要員のうち83.0％はアフリカに派遣されていることになる．ちなみに，日本は同時期，国連南スーダン共和国ミッション（United Nations Mission in the Republic of South Sudan: UNMISS）に司令部要員を4名派遣しているのみで，PKO要員を派遣している124カ国中で第112位の貢献度にすぎなかった．

中国のPKOへの要員派遣のあり方は時代とともに多様化してきた．もともと中国が派遣するPKO要員は工兵や輸送隊，医療隊といった後方支援部隊が中心であり，主に，道路や橋梁，空港，水や電力施設などのインフラストラクチャーの建設と整備，地雷除去，医療サービス（衛生や感染症の予防を含む）の提供，捜索，救援や避難，後方支援に従事していた［Blasko 2016: 4］．

しかし，2010年代になると，中国から派遣される部隊の任務がより戦闘に近い分野へ拡大していった．たとえば，2012年1月には中国のPKO要員の護衛のため，南スーダンへ50名の歩兵を，2013年後半には170名の小部隊をそれぞれ派遣した．また，中国が2014年12月に初めて700名規模の歩兵大隊を南スーダンに派遣したが，主要な任務は民間人や国連職員と施設の護衛，人道支援活動の護衛と支援などであった．なお，2015年12月には第2陣として砲兵や偵察隊で強化された歩兵部隊700名が派遣された．

中国が国連PKOの多様な任務へ要員を派遣できるようになったのは，2009年6月に中国初のPKO活動の訓練と国際交流を行う組織として国防部平和維持センターを設置して以来，要員派遣の国内体制を整備してきたからであった［中華人民共和国国防部 2009］．その後も習近平が2015年9月に開催された国連PKOサミットで，①人民解放軍内に8000人のPKO待機部隊の創設，②工兵部

表13-4　国連常任理事国のPKO派遣要員数の推移

(人)

年	中国 兵員	中国 軍事監視要員	中国 警察要員	中国 合計	フランス 兵員	フランス 軍事監視要員	フランス 警察要員	フランス 合計	ロシア 兵員	ロシア 軍事監視要員	ロシア 警察要員	ロシア 合計	英国 兵員	英国 軍事監視要員	英国 警察要員	英国 合計	米国 兵員	米国 軍事監視要員	米国 警察要員	米国 合計
												(1991年までは ソ連)								
1990	—	—	—	5	—	—	—	—	—	—	—	525	—	—	—	35	—	—	—	33
1991	—	—	—	44	—	—	—	—	—	—	—	687	—	—	—	85	—	—	—	87
1992	401	87	0	488	6206	124	172	6502	886	134	36	1056	3644	75	0	3719	344	92	0	436
1993	0	65	0	65	6236	71	63	6370	880	101	41	1022	2737	28	0	2765	2562	60	0	2622
1994	0	60	0	60	5012	76	61	5149	1420	99	31	1550	3776	44	0	3820	897	66	0	963
1995	0	45	0	45	286	72	117	475	1595	111	25	1731	434	41	0	475	2792	59	0	2851
1996	0	38	0	38	260	53	189	502	1070	62	41	1173	384	21	0	405	493	34	232	759
1997	0	32	0	32	248	48	155	451	340	55	41	436	401	18	60	479	348	32	264	644
1998	0	35	0	35	449	48	167	664	104	57	38	199	320	25	71	416	345	30	208	583
1999	0	37	0	37	246	49	221	516	0	64	149	213	304	41	153	498	0	30	647	677
2000	0	43	55	98	260	47	191	498	109	67	114	290	316	47	231	594	0	36	849	885
2001	1	53	75	129	242	45	196	483	114	96	143	353	420	36	258	714	1	42	707	750
2002	2	52	69	123	212	44	91	347	117	94	137	348	432	36	144	612	2	26	603	631
2003	289	48	21	358	209	32	76	317	115	87	121	323	415	27	121	563	2	22	494	518
2004	787	55	194	1036	402	34	171	607	114	98	149	361	424	16	102	542	8	17	404	429
2005	791	71	197	1059	392	38	152	582	1	96	115	212	266	14	69	349	10	18	359	387
2006	1419	67	180	1666	1805	33	150	1988	123	91	77	291	275	14	69	358	9	17	298	324
2007	1576	71	177	1824	1775	27	142	1944	122	100	71	293	281	18	63	362	8	17	291	316
2008	1889	53	204	2146	2053	27	118	2198	121	74	76	271	284	11	2	297	10	9	72	91
2009	1892	53	191	2136	1485	26	99	1610	239	76	50	365	275	7	0	282	12	8	55	75
2010	1891	56	92	2039	1425	20	95	1540	142	79	37	258	275	7	0	282	13	13	61	87
2011	1813	40	71	1924	1317	21	53	1391	125	68	17	210	274	5	0	279	13	7	106	126
2012	1800	37	32	1869	893	21	54	968	4	67	15	86	277	4	2	283	19	8	101	128
2013	1865	39	34	2078	888	16	48	952	5	61	37	103	289	0	0	289	22	6	90	118
2014	1973	34	34	2181	881	8	33	922	3	46	26	75	285	0	0	285	36	6	85	127
2015	2839	37	29	3045	894	7	33	934	4	63	13	80	285	0	5	290	35	6	39	80
2016	2448	31	11	2630	845	4	23	872	5	59	41	105	342	3	0	345	34	9	29	72
2017	2419	28	16	2504	735	2	31	816	0	37	43	80	647	5	0	652	45	3	7	55

注）データは各年末のものである。なお，1990年末と1991年末は合計人数のみを示している。
出所）United Nations Peacekeeping Website (https://peacekeeping.un.org/) をもとに筆者作成.

表13-5　中国が参加している国連PKOミッション（2018年6月末現在）

(人)

国連PKO	正式名称	展開場所	司令部要員	軍事監視要員	警察要員	兵員	合計
UNMISS	国連南スーダン共和国ミッション	南スーダン	20	6	12	1030	1068
UNIFIL	国連レバノン暫定隊	レバノン	8			410	418
MINUSMA	国連マリ多面的統合安定化ミッション	マリ	8			395	403
UNAMID	ダルフール国連・AU合同ミッション	スーダン	10			365	375
MINURSO	国連西サハラ住民投票監視団	西サハラ		12			12
UNFICYP	国連キプロス平和維持隊	キプロス			6		6
UNTSO	国連休戦監視機構	中東		5			5
MONUSCO	国連コンゴ民主共和国ミッション	コンゴ(ザイール)	5	9		218	232
総合計	―	―	51	32	18	2418	2519

出所) United Nations Peacekeeping Website (https://peacekeeping.un.org/) などをもとに筆者作成.

隊や輸送部隊，医療部隊の派遣の増加，③ 5 年以内での2000人のPKO要員の訓練，地雷除去のための訓練と機材の提供を含む10の援助プロジェクトの実施，④ 常備軍と即応部隊の設立支援のために 5 年以内でのアフリカ連合（AU）向けに総額 1 億米ドルの無償軍事援助の提供，⑤ アフリカのPKOへのヘリコプター分隊の派遣，⑥ 中国国連平和発展基金の一部のPKOへの使用といった 6 つの措置を表明するなど，中国の国連PKOへの積極的な姿勢が目立っている．

　他方で，派遣部隊の任務の多様化は犠牲を伴うものであった．2016年 5 月，マリで展開中の中国のPKO要員が 1 名殺害され，5 名が負傷した．また，同年 7 月に南スーダンでは，政府と反政府勢力の武力衝突の際に中国人兵士 2 名が殺害された［Blasko 2016: 4-5］．これらを含め，中国はこれまでに合計21名の犠牲者を出した［蔣 2018: 128］．

　中国の国連PKOへの積極的な要員派遣は，国際社会の平和と安定にとって歓迎すべきものであるが，同時に中国の安全保障政策上重要な意味を持つ活動でもある．第 1 に，国連PKOは，人民解放軍にとって，多様な任務を経験できる実践的な「訓練」の場である．国連PKOに派遣された部隊は，言葉が通じず慣れない土地で貴重な経験を積み，現地での情報収集や外国の軍隊や非政府組織と協力することになる．ミッションが無事終了すれば，指揮官や部隊の自信につながる［Blasko 2016: 5］．第 2 に，国連のマンデート上，中国から派遣された部隊が中国人や中国の商業施設，投資案件を直接保護するわけではない

が，アフリカにおける中国の軍事プレゼンスは中国の海外利益を擁護するうえで抑止的な役割を果たしうる．第3に，国連PKOの部隊は国際社会やメディアの注目を集めるため，中国による国際貢献をアピールできるし，国際社会における影響力を高めることにもつながる．

3　ソマリア沖の海賊対処活動とジブチでの中国初の海外基地の建設

海賊対処活動

2000年代後半以降，中国のアフリカの安全保障への関わりはいっそう深まった．中国はソマリア沖アデン湾での海賊対処活動に参加するため，2008年12月末に人民解放軍海軍の南海艦隊所属のミサイル駆逐艦「海口」（高性能レーダーを搭載した防空ミサイル駆逐艦），「武漢」（対潜能力も備えた遠洋駆逐艦），総合補給艦「微山湖」の3隻，約800人を海南省三亜から派遣した[2]．これは中国海軍初めての遠洋行動であった．第1次部隊の派遣期間は3カ月間であり，中国の船舶や乗組員の護衛に加え，世界食糧計画（World Food Programme: WFP）などの国際機関の人道支援物資をアフリカに運ぶ船舶の保護を行うことになった[3]．

その後，2015年3月末に中国がイエメンで自国民の救出活動を始めたため，アデン湾での海賊対処活動を一時的に停止したこともあったが[4]，2018年8月現在もアデン湾での活動は続いている．2017年の中国の国防白書である『中国的亜太合作政策（中国のアジア太平洋協力政策）』によれば，中国海軍は，2008年12月から2016年1月までの間に909回にわたり，中国や他国の船舶6112隻の護衛任務を行った［中華人民共和国国務院新聞弁公室 2017］．また，2018年8月にはアデン湾に向けて中国海軍第30次護衛艦隊が青島の軍港を出航した［王・張・来 2018］．

中国がアデン湾へ海軍艦艇を派遣するにあたっては，もともと中国の海運業界からの艦艇派遣の要請があった．中国政府（交通運輸部と外交部）や人民解放軍が最終的に派遣を決定した理由は，中国の「責任ある大国」としてのイメージを国際社会に広げる機会となるという外交上の配慮や，人民解放軍が海賊対処活動への参加を海洋権益の保護の任務に資すると考えたためである［防衛省防衛研究所編 2015: 44-45］．

実際，中国にとってアデン湾への艦艇派遣のメリットは大きい．派遣された艦艇は，海賊対処活動という実戦経験を積むだけでなく，アデン湾や南シナ海，

インド洋などで各種の遠洋訓練を実施している．また，中国海軍単独の訓練に加え，ロシア，パキスタン，日本，米国，イギリス，フランス，ドイツ，スペインなどとの合同演習も行っており，遠海での指揮統制能力の向上にもつながる．さらに，遠海において長期間，艦艇部隊を展開するうえでの補給のノウハウを得るなど，後方支援能力の向上にも役立っている［防衛省防衛研究所編 2015: 46-47］．

　以上のように，アデン湾での海賊対処活動は，当該地域での海賊行為の取り締まりによる航行の安全の確保だけでなく，中国の遠海での艦艇部隊の運用能力の向上にも直結している．中国人民解放軍海軍にとっては，活動範囲を拡大させ，「外洋海軍（ブルーウォーター・ネイビー）」へと進化するうえでのまたとない機会だといえる．

ジブチでの海外基地建設

　2017年は中国の安全保障政策において分岐点となった．中国は同年7月に東アフリカのジブチ共和国のドラレ新港に人民解放軍駐ジブチ補給基地（中国語では「基地」ではなく「保障施設」という言葉を使用している．「保障」は日本語の「支援」の意）を開設し，8月に駐ジブチ補給基地部隊進駐式典を開催し，運用を開始した[5]．

　ジブチ補給基地は，アデン湾での中国艦船による海賊対処活動や人道救援，アフリカでの国連PKOの後方支援などのためとはいえ，人民解放軍による初めての海外駐留である．中国はこれまで内政不干渉原則を強く主張し，他国による自国への関与を嫌うとともに，他国の国内事情への関与にも慎重で，海外には基地を建設しない方針であった．今回のジブチにおける海外基地の建設と運用は，従来の路線からの転換である．

　習近平政権が2013年秋に発表した「一帯一路」構想のなかで，アフリカは中国沿海部から南シナ海，マラッカ海峡を経てインド洋，そしてヨーロッパへと至る「21世紀海上シルクロード」において重要な位置にある．なかでも東アフリカのジブチは紅海の入り口に位置し，インド洋の要衝である．ジブチ補給基地は，アデン湾に派遣された艦艇の活動拠点である以上に，中国海軍の前方展開拠点として，作戦能力のより一層の向上につながる．今後，中国の海外権益の拡大に伴い，他地域にも基地が建設される可能性がある．そのため，中国がジブチ補給基地をどのように運用していくのかは注目に値する．

おわりに

中国のアフリカにおける安全保障上の取り組みは，中国とアフリカ諸国の2国間での軍事支援から，国連PKOへの要員派遣やアデン湾での海賊対処活動といった多国間協力への参加，ジブチにおける中国初の海軍補給基地の運用開始へと，この70年間ほどで大きく変化した．今日では，アフリカは人民解放軍にとって極めて貴重な実戦経験を提供する現場である．また，人民解放軍が中国の沿岸部や近海にとどまらず，遠洋で作戦を展開する能力をもつ「外洋海軍」へと進化する機会を提供している．さらに，中国のアフリカにおける安全保障協力は，両地域の長年の友好関係の維持や発展のためだけでなく，中国が大国に相応しい安全保障上の貢献を行っていることを国際社会に広くアピールする場でもある．

中国は，2020年までに軍の機械化・情報化を進め，2035年までに国防と軍隊の現代化を行い，2049年までに世界一流の軍隊を建設することを目指している．中国にとって，アフリカにおける安全保障協力は，こうした目標を実現するための効果的な手段である．今後も中国のアフリカにおける安全保障協力はさらなる進化を遂げていくであろう．中国の安全保障政策の最前線といえるアフリカでどのような活動が展開されていくのか，引き続き注目していく必要がある．

注
1）台湾がアフリカで国交を樹立している国はエスワティニ王国（旧スワジランド）のみである．
2）日本も2009年3月に自衛隊法に基づく海上警備行動を発令し，海上自衛隊の護衛艦2隻のソマリア沖アデン湾への派遣を決定し，3月30日から護衛艦2隻による日本の船舶の護衛活動を始めた．その後，同年6月からはジブチを拠点にP3C哨戒機2機による警戒監視活動を始めた．さらに，同年7月からは新しく制定した海賊対処法を活動根拠に変えたことで護衛対象を外国船にまで拡大した．
3）「中国艦，ソマリア沖へ　初の遠洋行動，報道加熱」，『朝日新聞』2008年12月27日付朝刊．
4）「（地球24時）中国，海賊対策を停止　イエメンで自国民救出」，『朝日新聞』2015年3月31日付朝刊．
5）ジブチには，フランス，米国，ドイツ，イタリア，スペインが軍事基地・拠点をそれぞれ置いている．また，日本も2011年6月からソマリア沖の海賊対処活動のために同地

に海外拠点を設置している.

参考文献

邦文献

防衛省防衛研究所編［2015］『中国安全保障レポート2014——多様化する人民解放軍・人民武装警察部隊の役割——』防衛省防衛研究所.

増田雅之［2011］「中国の国連PKO政策と兵員・部隊派遣をめぐる文脈変遷——国際貢献・責任論の萌芽と政策展開——」『防衛研究所紀要』13(2): 1-24.

外国語文献

Blasko, D.J.［2016］"China's Contribution to Peacekeeping Operations: Understanding the Numbers," *China Brief*, 16(18): 3-7, December 5.

Eikenberry, K.W.［1995］*Explaining and Influencing Chinese Arms Transfers*, National Defense University, McNair Paper 36.

Grimmett, R.F.［2000］*Conventional Arms Transfers to Developing Nations, 1992-1999*, CRS Report for Congress, August 18.

Hull, A. and D. Markov［2012］"Chinese Arms Sales to Africa," *IDE Research Notes* (Summer): 25-31.

Shinn, D.H. and J. Eisenman［2012］*China and Africa: A Century of Engagement*, Pennsylvania: University of Pennsylvania Press.

U.S. Department of State［2002］*World Military Expenditures and Arms Transfers 1999 -2000*,（https://www.state.gov/ 2018年6月9日閲覧).

——［2013］*World Military Expenditures and Arms Transfers 2013*,（https://www.state.gov/ 2018年6月9日閲覧).

——［2017］*World Military Expenditures and Arms Transfers 2017*,（https://www.state.gov/ 2018年6月9日閲覧).

蒋振西［2018］「大変革中的聯合国維和行動与中国的参与」『和平与発展』2: 117-129.

王松岐・張剛・来永雷［2018］「第30批護航編隊起航赴亜丁湾」『中国軍網』（http://www.mod.gov.cn/ 2018年8月15日閲覧).

姚楽［2018］「新時代中国非洲安全治理角色演進——以維和行動為例——」『国際関係研究』3: 119-138.

中華人民共和国国務院新聞弁公室［2017］『中国的亜太安全合作政策』（http://www.mod.gov.cn/ 2018年6月17日閲覧).

ウェブサイト

United Nations Peacekeeping Website（https://peacekeeping.org/ 2018年9月11日閲覧).

中華人民共和国国防部「走進擁和中心」（http://www.mod.gov.cn/ 2018年8月15日閲覧).

（渡辺　紫乃）

第14章　韓国とアフリカ

はじめに

　長年にわたって韓国は，安全保障のいわば「消費者」であった．アメリカや他の諸国による朝鮮半島の平和と安全のための努力というものに，韓国は大きく依存してきたのである．しかし，韓国が経済成長に伴って国際社会のミドルパワーとして台頭することで，そうした状況は大きく変わった．いまや韓国は，安全保障上の単なる「消費者」ではなく，グローバルな平和と安全の「生産者」として国際社会への貢献を拡大させつつある．そうした韓国による国際の平和と安全のための貢献は，① 国際開発援助の提供と② 国連平和維持活動（Peacekeeping Operation: PKO）や多国間軍事活動への参加，という2点に大別できる [Roehrig 2013: 624-625]．

　韓国は，援助の「レシピエント（受入れ国）」から「ドナー（供与国）」へと急速な変貌を遂げ，2010年には経済協力開発機構（Organisation for Economic Co-operation and Development: OECD）の開発援助委員会（Development Assistance Committee: DAC）への加盟を達成した [Chun, Munyi and Lee 2010]．また，韓国政府は過去20年間にわたって，レバノン，ハイチ，南スーダン，西サハラ，ダルフール（スーダン），リベリア，コートジボワールを含む世界各地で展開されている国連PKOに要員を次々と派遣してきた．なかでも韓国は2013年，紛争勃発後の南スーダンで活動する国連南スーダン共和国ミッション（United Nations Mission in the Republic of South Sudan: UNMISS）に対して275名の施設・医療部隊を派遣している．この派遣は，アフリカにおける国連PKOへの韓国政府の強いコミットメントを象徴している．さらに，国連以外の多国間軍事活動への貢献として韓国は，アデン湾における海賊対策のために艦船を派遣している [Nicholson 2015]．

　そうした韓国による国際平和への貢献は，その経済規模に鑑みればなお不十分な面があることは否めない．しかし，韓国が近年，開発援助の供与と国連

174　第Ⅳ部　関　係

PKOや多国間軍事活動への参加を積極的に拡大してきた，という点は注目に値する [Roehrig 2013]．

　本章では，こうした韓国による安全保障面での国際貢献のうち，アフリカにおける国連PKOや多国軍の平和活動などに焦点をあて，同国によるアフリカの平和と安全への関与のあり方を考察する．

1　アフリカにおける国連PKOと韓国

　日本の読者にはあまり知られていないことかもしれないが，韓国が国連の正式な加盟国となったのは冷戦終焉後の1991年であり，それ以降，同国は国連PKOに正式に参加できるようになった．韓国が初めて国連PKOに要員を正式に派遣したのは1993年のことである．それは第2次国連ソマリア活動（United Nations Operation in Somalia II: UNOSOM II）に対してであった．韓国は，「エバーグリーン部隊」（Evergreen Unit）と呼ばれる工兵大隊504名を道路補修やその他の人道支援の提供のためにUNOSOM IIに派遣した [Groves 2007: 44]．さらに，1994年には約500名の医療部隊が西サハラの，また，1995年には約600名の工兵部隊がアンゴラのそれぞれ国連PKOに派遣されている．その後も韓国政府は，国連リベリア・ミッション（United Nations Mission in Liberia: UNMIL），国連コートジボワール活動（United Nations Operation in Côte d'Ivoire: UNOCI），ダルフール国連アフリカ連合合同ミッション（United Nations-African Union Mission in Darfur: UNAMID）などに要員派遣をしてきた [Song 2016a]．

　そうした韓国による国連PKOへの参加事例のなかで，もっとも最近展開されたもののひとつがUNMISSである．このUNMISSへの要員派遣は，韓国にとっては，ソマリア（復興支援），西サハラ（医療支援），アンゴラ（復興支援），東チモール（治安・国境警備），レバノン（停戦監視），ハイチ（復興支援）に次いで7番目の国連PKO参加となった [Song 2016a]．

　南スーダンは2011年7月に独立を達成したが，これに合わせて国連安全保障理事会は新興国家である同国の平和構築のためにUNMISSの派遣を決め（国連安保理決議1996），国連加盟国に対して要員提供の要請を行った．そして，この要請を受けて韓国政府は，まず2012年9月に国会の承認を取りつけ，次いで2013年1月に「ハンビット部隊」（Hanbit Unit）[1]と通称される「南スーダン復興支援グループ」（South Sudan Reconstruction Support Group）を設立し，2013年3月

に同部隊を南スーダンに派遣した．このハンビット部隊は，内戦で被害を受け
た南スーダンの町ボルにおいて，難民保護，水供給，医療支援といった人道支
援活動に加えて，道路，空港，橋などの建設・再建を行い，大きな役割を果た
した［ROK Ministry of National Defense 2016: 172］．また，ハンビット部隊は，2014
年には白ナイル川沿いに17kmにわたって河川堤防を建設し，2015年にはボル＝
マンガラ間の幹線道路125kmの修復整備を完了した．さらに，ハンビット部隊は，
ハンビット農業技術研究センター（Hanbit Agricultural Technology Research Centre:
HATRC）とハンビット職業訓練学校（Hanbit Vocational School）を開設し，現地
の実情に合致した適正な農業技術の指導や専門訓練の提供を行うようになった
［ROK Ministry of National Defense 2016: 173］．

　こうした国連PKOに対する韓国の貢献は，人的にみると依然として小規模
といえるかもしれない．しかし，同国のPKO分担金は毎年１億5000万米ドル
程度にものぼっており，それはPKO予算全体の約２％に相当し，拠出国の順位
でいえば韓国は第10位に位置する．

2　アフリカにおける多国間平和活動と韓国

　本章でいうところの多国籍軍による平和活動とは，地域安全保障機構あるい
はある特定の諸国が国連安保理決議にもとづいて創設した多国籍軍による平和
活動を指す．多国籍軍による平和活動は，紛争地域の安定化と復興に重要な役
割を果たしてきた［ROK Ministry of National Defense 2016: 174］．2016年11月時点で
韓国が参加していた，アフリカにおける主要な多国籍軍による活動としては，
①アデン湾での「清海部隊」（Cheonghae Unit）の海上安全活動と②ジブチにあ
る「アフリカの角共同統合任務部隊」（Combined Joint Task Force-Horn of Africa:
CJTF-HOA）への連絡調整官の派遣，という２つの事例が挙げられる．

　ソマリア紛争の長期化に伴って，特に2004年以降，ソマリア沖では海賊行為
が深刻な安全保障上の問題となった．こうした状況下で，国連安保理は2008年，
決議1838を採択し，加盟国に対して海賊対策のための艦船や航空機の派遣を要
請した．そして，この要請を受けて韓国政府が国会承認にもとづいて2009年３
月に設置・派遣したのが清海部隊である．

　清海部隊の主な任務は，韓国籍船舶の護送であり，「連合海上部隊」（Combined
Maritime Forces: CMF）が行う「海上安全活動」（Maritime Security Operation: MSO）

に参加した．同部隊は，2016年11月時点で駆逐艦１隻，ヘリコプター１機，複合艇（rigid-hull inflatable boat: RIB）３艇，そして302名の人員から構成されていた［ROK Ministry of National Defense 2016: 174-175］．

　清海部隊は2011年１月，「アデン湾の黎明作戦」（Operation Dawn of the Gulf of Aden）という軍事行動を実施し，海賊から韓国船舶を救助することに成功した．その際，海賊８名を射殺し，５名を拘束している．また，2011年３月には，清海部隊は政情が緊迫するリビアから韓国人37名を救助することに成功し，マルタとギリシャに避難させた．さらに，2014年８月にも，リビア在留の韓国人18名および外国人86名をやはりマルタへと避難させる作戦を成功させている［ROK Ministry of National Defense 2016: 174-176］．さらに2015年４月には，清海部隊に属する駆逐艦「王建」（Wang Geon）が，イエメンの首都サヌアなどに取り残された在留韓国人６名と外国人６名を救出した．この際，同艦には韓国史上初となる「移動式」の韓国大使館が臨時開設され，イエメンから救助された韓国人が避難先のオマーンに入国するにあたってさまざまな支援を提供している．これは，在外韓国人保護のために国防部と外交部が緊密に連携をした事例として注目されよう．

　アデン湾での海賊行為は総じて沈静化しつつあるものの，同湾は原油・天然ガスといった戦略物資の重要な輸送ルートであり，何よりも韓国の海上輸送量の約29％を占めている．このため，アデン湾での安全保障の確保はなお重要な意味をもつ［ROK Ministry of National Defense 2016: 175］．

　他方，多国籍軍への連絡調整官派遣に関しては，韓国はジブチにあるCJTF-HOAに連絡調整官を派遣している．CJTF-HOAは，もともと2001年の9.11同時多発テロを受けて，2002年10月にアフリカの角を含む東アフリカ地域におけるテロ対策強化のために創設された組織である．当初は，アメリカの地域別統合軍のひとつであるアメリカ中央軍（U.S. Central Command: CENTCOM）の傘下にあったが，2008年にいまのアメリカ・アフリカ軍（U.S. Africa Command: AFRICOM）へと所管が移された．CJTF-HOAの「活動地域」（area of operations）は，ブルンジ，ジブチ，エリトリア，エチオピア，ケニア，ルワンダ，セーシェル，ソマリア，タンザニアといった東アフリカ諸国であるが，その「関心地域」（area of interest）は，東アフリカに限らず，中央アフリカ共和国，チャド，コモロ，コンゴ民主共和国，エジプト，マダガスカル，モザンビーク，さらにはイエメンまでもが含まれる．CJTF-HOAは，テロ対策強化のためにこうした

アフリカ諸国の安全保障能力の強化に取り組むとともに，日本を含むアフリカ域外のパートナーとも連携しており，韓国は同組織に連絡調整官を派遣している．

3　韓国＝アフリカ間の安全保障協力

　朴槿恵大統領による2016年5-6月のエチオピア・ウガンダ・ケニア歴訪は，韓国の歴代大統領によるアフリカ訪問としては，1982年（全斗煥），2006年（盧武鉉），2011年（李明博）に次いで4度目のものとなった．朴大統領は2016年5月，エチオピアのアジスアベバにあるアフリカ連合（African Union: AU）の本部で演説を行い，テロ，海賊，暴力的な過激主義といったアフリカの安全保障問題と北朝鮮の核開発問題を，国際の平和と安全を脅かす課題という文脈のなかに位置づけて論じた[AUC Chairperson 2016]．そして，北朝鮮の核開発計画の封じ込めに対するアフリカの理解と支持を取り付けようとするこうした朴大統領の努力もあって，たとえばウガンダは同大統領の訪問に合わせて，北朝鮮とのすべての軍事・警察関連の協力関係を停止する旨の決定を下した．

　国際社会における北朝鮮の孤立化と対北朝鮮経済制裁の強化を目指していた当時の韓国政府にとって，このウガンダ政府の決定がもつ意義は実に大きかった．というのも，ウガンダはアフリカ諸国のなかでも伝統的に北朝鮮に友好的な国家のひとつとみなされてきたからである．ウガンダが北朝鮮との外交関係を結んだのは，同国がイギリスからの独立を達成した翌年の1963年のことであり，以来，両国は緊密な関係を維持してきた．韓国も2011年，17年ぶりに大使館をウガンダのカンパラに開設しているが，韓国の外交・安全保障担当の大統領補佐官が指摘しているとおり，「ウガンダは東アフリカにおける北朝鮮の拠点」であり続けてきた．朴大統領の訪問によって，そうしたウガンダの理解と支持を獲得できたことは，韓国側にとってひとつの大きな外交成果となり，逆にウガンダの「喪失」は，北朝鮮側にとっては大きな痛手となった[Kang 2016]．しかし，北朝鮮は，ウガンダ以外にも，赤道ギニア，アンゴラ，コンゴ民主共和国，ブルンジといった友好国を依然としてもっており，北朝鮮に対して核開発の放棄を迫るための，アフリカを舞台とする韓国のいわば「強制外交」（coercive diplomacy）には，おのずと限界があることは否めない[Ramani 2016]．

韓国外交部は，朴大統領によるアフリカ訪問後の2016年12月，AUおよびエチオピア外務省とともに第4回韓国・アフリカフォーラム（Korea-Africa Forum: KAF）をアジスアベバのAU本部で開催した．KAFは，日本が1993年に初めて開催したアフリカ開発会議（Tokyo International Conference on African Development: TICAD）や中国が2000年から3年ごとに開催している中国・アフリカ協力フォーラム（Forum on China-Africa Cooperation: FOCAC）と同様の，アフリカ諸国との関係強化を目的として定期的に開催される国際会議である．第1回KAFが盧武鉉政権下の2006年にアフリカ5カ国の首脳などを集めてソウルで開催されて以降，第2回が2009年，第3回が2012年にやはりソウルでそれぞれ開催された．しかし，第4回は，KAF創設10周年を記念して2016年に初めてアフリカで開催された．同会議には，韓国側から尹炳世外交部長官，アフリカ側からエラスタス・ムウェンチャ（Erastus Mwencha）AU委員会副委員長など総勢150名が参加した．

第4回KAFでは，「第4回アフリカ・韓国フォーラムアジスアベバ宣言」（Addis Ababa Declaration of the 4th Africa-Korea Forum）が採択された．そして，同宣言のなかで平和安全保障協力分野に関して5つの点が合意された．第1に，紛争予防や早期警戒などのためのメカニズムの開発と実施を支援すること，第2に，アフリカ平和安全保障アーキテクチャー（African Peace and Security Architecture: APSA）の強化を促進するためにAUを支援すること，第3に，平和維持・平和構築・開発のためのAUのイニシアティブを支援すること，第4に，韓国のPKOセンターとアフリカ平和安全保障理事会に関係する諸センターの間の人的および情報の交流を促進すること，そして第5に，ペリンダバ条約や国際的な核不拡散の原則を再確認するとともに，朝鮮半島の非核化が北東アジアの平和と安定にとって不可欠であることを確認し，また，朝鮮半島の平和と安全のための，国連安保理などの国際的な取り組みに感謝すること，の5点である[3]．

こうしたアジスアベバ宣言の内容からもわかるとおり，アフリカの安全保障分野への韓国政府の強い関心の背景には，それを北朝鮮の非核化問題と結びつけ，朝鮮半島の平和と安全を実現するためのひとつの道具として積極的に活用したい，という外交的な思惑がある．韓国によるアフリカの安全保障問題へのコミットメントは，北朝鮮による核開発という，韓国の安全保障上の課題と密接に関連しており，そのための外交手段という側面が強い．

おわりに

　前述のとおり，韓国による国連PKOへの人的貢献は依然として小規模といえるが，その財政的な貢献は毎年１億5000万ドル程度にものぼり，それは国連PKO予算全体の約２％を占めている.

　しかし，韓国国内では近年，そうした国際の平和と安全，特にアフリカの安全保障に対する同国の貢献やコミットメントの負担面だけではなく，その利点が注目されている. たとえば，アフリカにおける国連PKOや多国籍軍の平和活動に派遣された経験をもつ韓国軍部隊は，紛争やテロといった非常事態に直面した在外韓国人の保護や避難を迅速に行うことができるかもしれない. ソマリア沖の海賊対策に派遣されていた清海部隊が2011年と2014年にリビア在住の韓国人を避難させた事例や，南スーダンの国連PKOに派遣されたハンビット部隊が武装強盗から韓国人のNGO関係者を救助した事例は，そうした将来的なメリットの可能性を強く示唆しているといえよう.

　また，アフリカへの韓国軍部隊の派遣は，その作戦能力の向上にも大いに寄与することが期待できる. たとえば，清海部隊のソマリア海賊対策は，韓国海軍の戦闘能力を向上させる上で大変重要な好機となった [Song 2016b].

　さらに，必ずしも直接的なメリットではないが，韓国軍がアフリカで平和活動に従事することはさまざまな国益をもたらす可能性がある. たとえば，ハンビット部隊が行った人道支援活動を通じて南スーダンの人びとが韓国に対して好感を抱き，結果として韓国企業のビジネスチャンスが拡大するということが期待できるかもしれない. また，韓国軍による国連PKOへの参加は，同国の国際的な評価を高めることにもなろう. このほか，韓国がアフリカの安全保障に関与することは，同国が将来の北朝鮮の体制崩壊とその後の朝鮮統一に伴う重い財政負担に直面した際に，他国からの支援を仰ぐことができる可能性を拡大することにも繋がるかもしれない [Song 2016b].

　韓国によるアフリカの安全保障問題への関与をめぐっては，今後は，紛争やテロといった伝統的な脅威だけではなく，気候変動や水不足といった非伝統的な脅威についても視野に入れていく必要があろう. また，アフリカの政治的混乱や紛争は平和活動だけで解決できるものではなく，韓国は今後，AUをはじめとするアフリカ域内外の多様なアクターとの間でパートナーシップ強化を

180　第Ⅳ部　関　係

図っていかなければならない.

付記

本章は, Hwang Kyu-Deug［2018］"South Korea's Engagement with Africa on Peace and Security," Annual Bulletin of Research Institute for Social Sciences,（48）: 57-63を加筆修正の上で翻訳したものである.

注

1）「ハンビット」（한빛）とは, コリア語で「（ひとつの）光」の意.
2）Address by H.E. Park Geun-hye President of the Republic of Korea at the African Union: Mutually Beneficial Partners for a New Future of Africa, Addis Ababa, May 27th 2016（https://au.int/ 2018年 2 月24日閲覧）.
3）Addis Ababa Declaration of the 4 th Africa-Korea Forum（http://overseas.mofa. go.kr/ 2018年 2 月24日閲覧）.

参考文献

欧文献

Chun, H.M., E.N. Munyi and H. Lee［2010］"Korea as an Emerging Donor: Challenges and Changes on its Entering OECD/DAC," *Journal of International Development*, 22 (6): 788-802.

Hwang Kyu-Deug［2018］"South Korea's Engagement with Africa on Peace and Security," *Annual Bulletin of Research Institute for Social Sciences*, (48): 57-63.

Kang, S.W.［2016］"Seoul to Boost Military Ties with Africa," *The Korea Times*（http:// www.koreatimes.co.kr/ 2018年 2 月24日閲覧）.

Nicholson, J.［2015］"Japan, South Korea Boost Their African Presence," *The Diplomat* （https://thediplomat.com/ 2018年 2 月24日閲覧）.

Ramani, S.［2016］"North Korea's African Allies," *The Diplomat*（https://thediplomat. com/ 2018年 2 月24日閲覧）.

Roehrig, T.［2013］"South Korea, Foreign Aid, and UN Peacekeeping: Contributing to International Peace and Security as a Middle Power," *Korea Observer*. 44(4): 623-645.

ROK Ministry of National Defense［2016］*2016 Defense White Paper*（http://www.mnd. go.kr/ 2018年 2 月24日閲覧）.

Song, H.［2016a］"South Korea's Overseas Peacekeeping Activities – Part I: The History and Current Status," *The Peninsula*, Korea Economic Institute（http://blog.keia.org/ 2018年 2 月24日閲覧）.

──── ［2016b］"South Korea's Overseas Peacekeeping Activities – Part II: The

Implications for South Korea," *The Peninsula*, Korea Economic Institute（http://blog.keia.org/ 2018年 2 月24日閲覧）.

（ファン・ギュドゥク）〔落合 雄彦 訳〕

182　第Ⅳ部　関　係

コラム② 　アフリカ非核兵器地帯条約（ペリンダバ条約）

　アフリカ非核兵器地帯条約（ペリンダバ条約）は，1996年にカイロで署名され，2009年に発効した．ペリンダバとは，南アフリカが核兵器を開発・製造・貯蔵していた場所である．2017年6月現在，域内の55カ国のうち，52カ国が署名し，41カ国が批准している．

　非核兵器地帯構想は，1960年から開始されたフランスのサハラ砂漠における核実験に抗するために生まれた．1964年にはアフリカ統一機構（OAU）の首脳会談が「アフリカ非核化宣言」を採択している．冷戦終結により非核兵器地帯構想に転機が訪れた．1970年代から核兵器開発疑惑のあった南アフリカが，ソ連とキューバの部隊がアンゴラから撤退したため，核兵器を放棄したのである．これを機に1991年からOAUと国連による専門家グループが設置され，条約の草案の作成と交渉が行われた．

　ペリンダバ条約は核兵器の製造・取得・配備・実験を禁止している．また，南アフリカが核兵器を保有していたことから，他の非核兵器地帯条約とは異なり，核爆発装置とそのための施設の申告・破壊をしなければならないとのユニークな規定が設けられている．その他，非核兵器地帯条約のなかで初めて，原子力施設への攻撃を禁止している．なお，非核兵器地帯条約の締約国は，核兵器国による核兵器の使用とその脅威にさらされる危険性がある．それゆえペリンダバ条約は，他の非核兵器地帯条約と同じように，核兵器の使用とその威嚇を慎むという「消極的安全保証」（Negative Security Assurance）を義務づけた第一議定書が付随している（英国，ロシア，フランス，中国は批准したが，米国は署名のみ）．

　今後の課題を3つだけ指摘しておきたい．1つ目は未批准国への対応である．たとえば，イスラエルの核兵器に脅威をもつエジプトは条約を批准していない．2つ目はディエゴ・ガルシア島をめぐる問題への対応である．たとえば，米国は中東地域に対する軍事戦略のひとつとして同島に核兵器を配備する可能性がある．最後の課題は，アフリカ諸国で高まる原子力エネルギーへの期待とその対応である．原子力の平和利用と軍事利用は紙一重である．原子力の平和利用をいかに進めていくかが問われている．

（佐藤　史郎）

第15章　国連とアフリカ

はじめに

　国際社会における安全保障分野を取り巻く環境は，冷戦終結を前後に大きく変化し，それに呼応するかのように国際連合（United Nations: 以下，国連）の役割も大きく変化してきた．その象徴が，国連の平和維持活動（Peacekeeping Operation: PKO）であろう．

　国連PKOは，国家間の紛争に対する緩衝役として冷戦下に生まれた．その後，冷戦が終結し国際社会の武力紛争の形態が国家間の戦争から国内紛争へと変容したことで［Ramsbotham, Woodhouse and Miall 2016］，国連PKOに求められる役割は国内紛争後の平和維持や平和構築へと変化していった［UN 1992; 1995］．

　この国連PKOの様態の変化が顕著に表れているのが，アフリカといえよう．冷戦中，アフリカでは紛争が度々起こっていたにもかかわらず，国連PKOはたったひとつしか展開されなかった．しかし，冷戦後になると状況は一変し，30以上の国連PKOがアフリカで設置され，国連PKO全体の半数以上を占めるようになった.[1]

　本章では，その発足以来国連の安全保障分野で重要な役割を果たしてきた国連PKOのアフリカでの取り組みを通して，安全保障分野における国連とアフリカの関わりを俯瞰する．

1　冷戦期の国連PKOとアフリカ

国連PKOの誕生

　国連は，2つの大戦を経験した国際社会が再び世界大戦を引き起こすまいという強い意志のもとで創設された普遍的国際機構である．そして，その支柱となっているのが「集団安全保障」（collective security）という概念にほかならない．

　集団安全保障とは，加盟国間の武力行使を原則的に禁じ，紛争や争議があっ

184　第Ⅳ部　関　係

た場合は平和的手段によって解決を促し，万が一平和を脅かす脅威に至った場合には，加盟国全体で該当する加盟国に対して制裁を行うことをあらかじめ加盟国間で合意し国際的な規範にすることで，加盟国間の武力紛争を防ぎ国際社会の平和と安定を図ろうとする考え方である［Orakhelashvili 2011］.

　その運用は国連憲章（以下，憲章）によって規定され，国際の平和と安全の維持を司る安全保障理事会（以下，安保理）による，憲章第7章の発動という形でなされる．なお，この制裁措置のなかには，安保理の授権のもと国連軍が実施する強制的な軍事的措置も含まれる.

　しかし，憲章で描かれた集団安全保障体制は，国際社会が東西陣営に二極化された冷戦の時代には，完全に機能不全に陥った．国連PKOは，このような状況下，集団安全保障体制を補完するひとつの方策として，紛争の平和的な解決を目的とした国連による強制力を伴わない軍事的措置として生み出された［香西 2000: 11］．ただし，このような国連PKOを通じた措置は，厳密には憲章には規定されておらず，その後その時々の国際情勢を背景にしつつ，その都度いわば手探りで形作られてきた.

　現在では，国連PKOは，安保理の授権のもと国際の平和と安全の維持のために行われる国連平和活動のうち，特に，武力紛争における停戦もしくは和平合意の実施を支援するために設置された国連事務局平和活動局（Department of Peace Operations: DPO）が管轄するフィールドミッションのことを示す［UN 2008: 19; UN 2018b: 4］．国連PKOはもともと軍事要員から構成されることが多かったが，現在では文民要員も含むミッションが一般的になっている．なお，国連は常設部隊をもたないため，国連PKOの軍事要員と文民警察は，加盟国によって賄われている.

冷戦期の国連PKO

　世界で初めての国連PKOミッションは，1948年に設立された国連休戦監視機構（United Nations Truce Supervision Organization: UNTSO）とされている．しかし，UNTSOは軍事監視団による停戦監視ミッションであり，本格的な部隊を伴った国連PKOは，1956年に設置が決まった第1次国連緊急軍（First United Nations Emergency Force: UNEF I）からとされる.

　UNEF Iの目的は，第2次中東戦争で戦ったエジプト軍とイスラエル軍の間に緩衝地帯を設置することにあった．より具体的にいえば，中東戦争という紛

争自体の解決を図るよりも，緩衝地帯を設けて両軍の衝突を防ぎ，政治外交的な解決のための時間を稼ぎ，それによって地域紛争が超大国を巻き込んだ大規模戦争に発展してしまわないようにする配慮があった．

冷戦期の国連PKOの多くは，このような国家間の正規軍同士の武力紛争に対して，国連が中立な立場で，停戦監視や双方の兵力の引き離し，外国軍撤退の検証などの任務にあたり，それらを通じて紛争当事者間に信頼醸成させ，政治的な解決を促すことが目的とされた．そのため冷戦期には15の国連PKOが設置され，その半数以上は，当時の安保理主要国の利害関係が色濃く交錯した中東に設置された［Malone and Wermester 2001: 38］．いまではこのような国家間紛争の緩衝役としての国連PKOは，「伝統的」あるいは「第1世代」の国連PKOと呼ばれている．そして，UNEF Iの経験を通して，「公平性」「(紛争当事者間の) 合意」「武力行使の制限」といった，その後の国連PKO活動の基本原則が編み出された[3]．

いうまでもなくアフリカでも，冷戦時代に数多くの紛争が発生していた[4]．しかし，冷戦期に国連PKOがアフリカに展開された事例は，コンゴ共和国 (現コンゴ民主共和国: 以下，コンゴ) 政府からの要請を受け1960年に派遣された国連コンゴ活動 (United Nations Operation in the Congo: ONUC) だけであった．

当時脱植民地化の過程にあったコンゴの国内情勢は混乱に陥り (コンゴ動乱)，ONUCは，当時の国連PKOとしては珍しく，宗主国であったベルギー軍の撤退に伴う国内治安の維持が主な任務となった．その後，情勢悪化に伴って，ONUCは国連PKO史上初となる平和執行の任務も付託された．

ONUCは，4年間で任務を完了して撤退した．しかし，その間ミッションの中立性や財政拠出のあり方をめぐって，一部の加盟国に疑念を生じさせた［三須 2017; Adebajo 2011: 70］．そうしたこともあり，冷戦終結までの間，新たな国連PKOがアフリカで展開されることはなかった．

2　冷戦後の国連PKOとアフリカ

冷戦終結に伴う国連PKOの変化

冷戦の終結は，国連PKOを取り巻く環境に大きな変化をもたらした．特に，東西対立のために機能不全に陥っていた安保理が，冷戦状況の解消に伴って本来の機能を取り戻した点は大きかった．特にこの変化を象徴的に表しているの

が，安保理での決議数の変化である．決議数は，冷戦後，年平均にして冷戦中の約5倍に急増した．これは，国際社会における安全保障問題について国際社会が一丸となって取り組もうとする意志の表れでもあった．

このような背景のなか，東西対立の解消に伴って停戦が成立した地域紛争に対して，安保理はこれらの終結を促す目的で，中南米やアフリカなどに国連PKOを派遣し始めた．アフリカでは，1989年に設立された国連ナミビア独立支援グループ（United Nations Transition Assistance Group: UNTAG）を皮切りに，アンゴラやモザンビークなどに国連PKOが派遣された．

国連PKOの新たな挑戦とアフリカ

こうしたなか1992年に発表されたのが，当時のブトロス・ブトロス=ガリ（Boutros Boutros-Ghali）国連事務総長がとりまとめた『平和への課題』という報告書であった．この報告書は，1990年の安保理を通じたイラクによるクウェート侵攻への対応やその後の中南米やアフリカでの国連PKOの成功体験をもとに高まった国連に対する期待に対して，国連が安全保障分野における本来の役割をいかに担っていけるか提言したものであった．そして，この報告書を通じて，「予防外交」「平和創造」「平和維持」「平和構築」などの概念が整理された[篠田 2018: 43]．

しかし，『平和への課題』発表後，冷戦終結時の楽観的な見方とは裏腹に，世界各地の脆弱国家や破綻国家で国内紛争が頻発するようになり，国際社会における深刻な安全保障上の課題となっていった[Holsti 1996; Kaldor 2013]．国際社会は，機能を回復した安保理を通じてその対応にあたり，それまで国家間の戦争を前提にしていた集団安全保障の概念を拡大し，国内紛争を憲章における「国際的な平和と安全を脅かす脅威」と捉えることで，機動的に国連PKOを活用し対応にあたった．

こうして国連PKOは，次々とソマリア，ルワンダ，ボスニアなどへ派遣されていった．それまでの国連PKOがその都度状況に応じて弾力的に設置されていたのに対して，『平和への課題』によってそのあるべき姿がかなり明確化されたこともあって，1990年代前半の国連PKOは劇的に増加した（図15-1）．

しかし，これらの国連PKOでは，国連としてもこれまでとはまったく異なる対応を求められるようになった．例えば，冷戦の解消に伴って停戦が成立した地域紛争に対して派遣された国連PKOでは，停戦監視などの戦闘再発防止

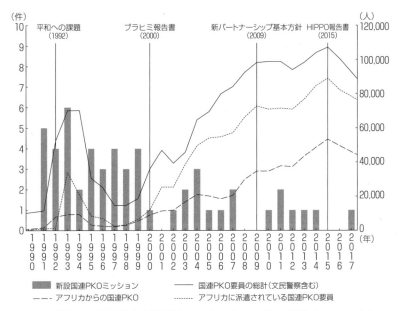

図15-1 国連PKO要員数と新設国連PKOミッション数の推移 (1990-2017年)
出所) International Peace Institute [2018] より筆者作成.

を目的とした軍事的任務のみならず，紛争終結後の国造り，選挙支援，人道活動支援といった文民分野にも任務が拡大し，国連PKOは「多機能化」していった [山下 2005: 49].

また，国内紛争によっては従来の国家間紛争とは異なり，民兵や少年兵などの不正規兵が動員され，その暴力の矛先も政府や軍隊ではなく民間人へと向けられ，しばしば多数の犠牲者が生み出された [武内 2000: 12-13]. そのため，ソマリアやボスニアなどでは，『平和への課題』で提示されていた憲章第7章下での平和執行を試みる国連PKOも展開され，これまでの平和維持の任務を超える試みもなされた.

こうして冷戦後の国連PKOは，質的に劇的に変化した. これらのPKOは，それまでの「第1世代」の国連PKOと対比するために，国内紛争後の多機能化したPKOを「第2世代」，憲章7章に基づく強制力を伴う平和執行を「第3世代」PKOと呼んで区別するようになった.

また，量的にも，国連PKOは冷戦終結を境に大きく変化した. 新たなミッショ

ンが設置されるペースは，冷戦期の平均で2年に1回から，冷戦後は半年に1回に早まった．特にアフリカでは量的変化がもっとも顕著で，前述のとおり，冷戦期にアフリカで展開されたミッションはひとつしかなかったのに対して，1990年代の10年間だけでアフリカに設置された国連PKOは15にものぼり，同時期に世界で展開された国連PKOミッションの半数近くを占めるようになった．

アフリカでの国連PKOの挫折と後退

しかし，活動環境がそれまでの原則や知見の通用しない国内紛争に変化したことで，国連PKOは厳しい現実を突きつけられた．たとえば，1993年に設置された第2次国連ソマリア活動（United Nations Operation in Somalia II: UNOSOM II）は，憲章第7章下の平和執行の任務を付託されたものの，武装集団の襲撃が続きなんらの成果も挙げられないまま撤退を余儀なくされた．ルワンダでも，1994年に80万人といわれるジェノサイド（集団殺戮）が発生したが，同国に派遣されていた国連ルワンダ支援団（United Nations Assistance Mission for Rwanda: UNAMIR）は有効な手段を講じることがほとんどできなかった．

これらのアフリカにおける国連PKOの痛切な失敗もあって，1994年に約7万人にのぼった国連PKO要員数（文民警察も含む）は，1998年には1万4000人まで急減した（図15-1）．そして，国連PKOは，ある意味で国際舞台から「後退」していったのである．

3　ブラヒミ報告書と国連PKOの再拡大

しかしながら，1990年代半ば以降の国連PKOの急減したものの，この変化は世界での武力紛争の減少を意味するものではなかった．アフリカでは，1990年代後半リベリアやシエラレオネなどが情勢不安に陥った．しかし，当時の安保理はアフリカの安全保障問題に対し総じて消極的な姿勢をとっており，国連に代わって紛争周辺国，特に西アフリカ諸国経済共同体（Economic Community of West African States: ECOWAS）といった準地域機構などが，平和活動を展開した［Adebajo 2011; Williams 2016］．

1990年代末になると，これらの地域機構などが行った武力介入の後の平和維持や平和構築の役割を加盟国などが国連に求めるようになり，安保理は再び大

規模な国連PKOを派遣するようになった.

ブラヒミ報告書 (2000年)

しかし，こうした新たな国連PKOも，再びシエラレオネなどで危機的な状況に直面した．そうしたなか国連内では，1990年代の国連PKOの失敗を検証し，新たな国連PKOのあり方を模索する機運が高まった．そして，国連は2000年に国連平和活動検討パネル (Panel on United Nations Peace Operations) を設置し，PKOを含めた紛争予防から平和構築までの国連による一連の平和活動 (peace operations) の包括的な見直し作業を実施した．その成果が通称『ブラヒミ報告書』である．

同報告書は，国連PKOの役割が冷戦中の「伝統的」なPKOから，冷戦後は国内紛争下での複合的な活動へと変化したことを指摘した上で，1990年代の失敗をもとに「国連PKOには，(中略) いったん国連が平和を守るために部隊を派遣するとなれば，諸力を退ける能力と意思を備えてあたらなければならない」と述べ，「強靭な (robust) PKO」の必要性を指摘し，国連PKOのあるべき姿を提言した [UN 2000: viii].

ブラヒミ報告書は，国連PKOのあり方について，さらに2つの方向づけをした．ひとつは，国連PKOの「統合化」である．すでに国連PKOの多機能化は1990年代から始まっていたものの，ブラヒミ報告書では，紛争後の復興国家機能，法の支配の回復，選挙支援，武装解除などといった文民専門家も関わる活動を，平和維持と対比する形で「平和構築」(peace-building) と捉え，平和維持と平和構築が統合 (integrated) された形で活動することの重要性が強調された [井上 2018: 30]. 具体的には，国連PKOにおける文民部門拡充や人道援助や開発援助を担う国連国別チーム (United Nations Country Team) との連携強化の方向性が示された．こうして，平和維持と平和構築を同時並行的に行うことで，より確実に平和を定着させ，効果的に復興を成し遂げようとする新たな試みが始められた.

もうひとつの方向性は，平和執行と武器使用のあり方についてである．それまで国連PKOにおける平和執行の任務や自衛以外の武器使用のあり方について，安保理内でも意見が分かれていた．しかし，ブラヒミ報告書を通して，平和執行については，国連自身が行うのは困難な措置との見解が示された．その一方で，武器使用については，国連PKO部隊が妨害者に直面した際でも，単

190   第Ⅳ部 関 係

なる自衛だけではなく，任務遂行のためにも躊躇なく武器を使用することがで
きる，という考え方が示された．これによって，紛争下の平和執行ではない国
内紛争後の不安定な状況下での平和維持において，任務が滞りなく遂行できる
よう配慮がなされるようになった．

　この結果，ブラヒミ報告書以降，国連PKO設置にあたって憲章7章が引用
されるケースが増加した．これらは必ずしも1990年代前半のUNOSOM Ⅱにみ
られたような平和執行を目的としたものではなく，むしろ文民の保護などの任
務遂行のために武器の使用を認める「強靭なPKO」を志向する結果の表れで
あった．

国連PKOの再拡大とアフリカ

　国連PKOの見直しやそれに伴う組織改革は，ブラヒミ報告書後も断続的に
行われ，図15-1にあるとおり飛躍的な拡大を遂げた．その要員数（文民警察も
含む）の変化だけをみても，2000年以降の10年間だけで約3倍，予算規模は約
4倍へと拡大した．

　こうした国連PKOの量的拡大は，特にアフリカで如実に表れた．たとえば，
アフリカに派遣されている国連PKO要員数は，2000年の約1万3000人から
2010年には約7万人へと増加し，世界で派遣されている国連PKO要員の7割
を占めるようになった．また，新設された国連PKOの数をみても，ブラヒミ
報告書以降に設置された17の国連PKOのうち，12がアフリカで展開している
（2018年11月現在）．

　一方，質的には，1990年代のアフリカでは第2世代PKO（モザンビーク，アン
ゴラなど）や第3世代PKO（ソマリア）が展開されていたものの，ブラヒミ報告
書以降は，コートジボワールや南スーダンなどでの憲章第7章下で強靭な任務
を付託され設置された統合化したPKOが主流となっている．

　また，アフリカは，国連PKO部隊提供国としても2000年代以降その存在感
を増している．2013年にはアジアを抜いて最大部隊提供地域となり，今ではア
フリカからの国連PKO要員数が約4万6000人に達し，全要員のほぼ半数を占
めるにいたっている（2017年末現在）．これは，アフリカ諸国自身が積極的に域
内の安全保障課題に対して取り組もうとしている姿勢として読み取ることがで
きる（写真15-1）．

写真15-1　国連マリ多元的統合安定化ミッション（MINUSMA）に参加しているニジェールの警察官と兵士
出所）2017年4月，マリにて筆者撮影．

4　国連PKOが抱える課題とアフリカ

　このように国連PKOの役割は，国家間紛争の緩衝役から国内紛争後の平和維持や平和構築へと時代とともに大きく変容してきた．しかし，近年の国連PKOは，量・質の両面で大きな岐路に立たされている．本節では，現代の国連PKOが直面する課題とそれらを乗り越える試みを見ていく．

PKO要員と予算の量的限界

　国連PKOが近年直面する課題のひとつは，PKO要員と予算の限界である［UN 2009: 4］．国連PKO要員数はブラヒミ報告書後に急増したものの，ここ10年近くは約10万人前後で推移し，2015年を境に減少し始めている．この間アフリカ諸国からの要員派遣が増加したものの，これまで最大要員派遣地域であったアジアからの要員派遣が2010年以降減少に転じ，アフリカの増加分がアジアの減少分によっていわば相殺された形になっている．

　国連PKOの予算も要員数と同様に，ブラヒミ報告書以降急増し，2008年以降75億ドル前後で推移していた．しかし，2015年の85億ドルをピークに減少に転じている[7]．PKO予算も要員も加盟国から賄われており，それらにはおのず

192　第Ⅳ部　関　係

と限界がある．限られた要員と予算の中で，いかに効果的に平和維持，そして
平和構築の任務を遂行することができるか，重要な課題となっている．

「維持する平和がない」状況下の国連PKO派遣

　もうひとつ近年の国連PKOが直面している課題は，活動環境の更なる変化
である．この背景には，近年マリや中央アフリカ共和国のように和平合意がな
い状況下で国連PKOが派遣されたり，コンゴや南スーダンなどのように和平
合意が存在しても再び紛争に陥ったり，これまで前提とされていなかった「維
持する平和がない」(no peace to keep) 状況下に，近年国連PKOが活動するよう
になったことがある．

　このような「維持する平和がない」状況下で活動する国連PKOの象徴的な
事例は，2010年にコンゴで設置された国連コンゴ民主共和国安定化ミッション
(United Nations Organization Stabilization Mission in the Democratic Republic of the
Congo: MONUSCO) を皮切りに設置されるようになった「安定化ミッション」
と称する国連PKOである．

　これらの安定化ミッションは，紛争下の国家権限の再建や文民の保護などの
任務が与えられ，従来の「平和維持」よりも「紛争の管理」を主眼に置いてい
るのが特徴となっている [UN 2015a: 43]．しかし，このような活動環境の変化は，
PKO要員の死傷者の増加といった問題だけではなく，これまで国連PKOを支
えてきた原則との整合性など政策面でもいくつもの課題を生み出している [De
Coning, Aoi and Karlsrud, eds. 2017; Peter 2015; UN 2017b]．国連によると，このよう
な状況下で活動する国連PKO要員は，全体の3分の2に達している [UN 2015a:
89]．そのようなこともあり，2014年に国連平和活動ハイレベル独立パネル
(High-Level Independent Panel on Peace Operations: HIPPO) が設置され，国連の平和
活動の見直し作業が再び行われ，その翌年には答申報告書が安保理に提出され
た [UN 2015a]．

　国連PKOを取り巻く環境の象徴的な変化のもうひとつは，マリやソマリア
などでみられるテロ武装集団による脅威の拡大である．アフリカでは，2000年
代に入って武力紛争による死者数が大きく減少した一方，テロによる死者数は
2011年以降増加し，2014年と2015年には武力紛争による死者数を上回った（図
15-2）．特に，アフリカでは，サヘル地域でのイスラーム・マグレブのアル＝カー
イダ，チャド湖周辺のボコ・ハラム，ソマリアのシャバーブ，ウガンダ北部と

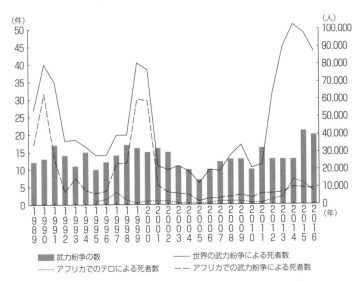

図15-2 世界の武力紛争の数と武力紛争とテロによる死者数（1989-2016年）

出所）Uppsala Conflict Data Program [2017], Study of Terrorism and Responses to Terrorism [2017] をもとに筆者作成.

コンゴ東部を中心とした地域の神の抵抗軍などのテロ武装集団の存在は，当事国だけではなく周辺国及び国際社会にとっても，安全保障上の直接的な脅威となっている［白戸 2014；片岡 2016；佐藤 2017］．

しかし，こうした環境下では国連PKO自体がテロの直接的な攻撃目標とされるばかりか，テロ組織の場合には政治外交的な交渉を通して解決を模索したりすることが難しく，従来の国連PKOや紛争解決の知見と手法がほとんど通用せず，大きな課題となっている．

課題を乗り越える試み

こうした課題に対して，国連ではこれらを乗り越えるべく，様々な試みがなされている．たとえば，国連事務局のテロ対策関連部局を統合し対テロに関する政策課題に対して効果的な対応ができるよう組織改編が行われたり，国連PKOが安保理から付託された任務を各活動環境に即して適切に実施されているかどうか検証する作業が進められている［UN 2017a; 2018c］．また，近年危険

度が増している活動状況を踏まえ，国連PKO部隊が適切な対応能力を確保しているかどうかを検討する作業も進められている［UN 2017b］．

　さらに，国連PKOの予算や要員の限界を補うかのように，特別政治ミッション（Special Political Missions: SPMs）と呼ばれるPKO部隊を伴わない政務平和構築局（Department of Political and Peacebuilding Affairs: DPPA）が主管するフィールドミッションも，近年積極的に活用されている［UN 2015b; 2018b; 下谷地 2010］．

　同時に，国連は安全保障分野での地域機構などとの連携強化にも乗り出している．アフリカでは，地域機構との連携は1990年代から試みられ，2002年にアフリカ連合（African Union: AU）が設立されて以降本格化した．今ではダルフールで国連とAUが合同でPKOを運用したり，ソマリアでは国連のSPMとAUの平和支援活動が相互に連携を取りつつ活動している．

　さらに，国連では，紛争発生後の対応としての平和維持や平和構築だけではなく，紛争の発生を未然に防いだり，紛争が激化しないように早くから調停などに取り組んだりすることの重要性も，より強く認識されるようになっている．そうした認識のもと，紛争予防から平和構築までの継ぎ目のない「平和のための取り組みの連続体」（Peace Continuum）や「永続的な平和」（Sustainable Peace）という概念が謳われ，それらの実現に向けた国連システム全体の機構改革が進められている［UN 2018a; 長谷川 2018］．

おわりに

　国連PKOはもともと，地域紛争が超大国を巻き込んだ大規模戦争へと発展しないための緩衝役として冷戦下に編み出された国連が行う活動であった．しかし，冷戦終結をひとつの契機として，その役割は質的にも量的にも大きく変容した．特に冷戦後の国連PKOは，アフリカなどで頻発する国内紛争に対して，機動的に派遣されるようになった．さらに近年，「維持する平和がない」環境下にも派遣されるようになった．

　他方，量的には国連PKOは冷戦後拡大と縮小を経験してきた．冷戦終結とともに国連PKOは一時急拡大したものの，ソマリア，ルワンダ，ボスニアなどにおける失敗もあって，1990年代後半には国際舞台から「後退」していった．そして，ブラヒミ報告書の発表を前後に再び拡大へと転じ，2009年には国連PKO要員数はついに10万人規模にまで達した．

しかし，国連PKOは，近年質・量ともにひとつの限界点に達した．そのため，国連PKOのみならず国連システムの安全保障に関わる機構全体の改革が進められている．また，テロ武装集団などの複雑化するアフリカの安全保障課題に対して，国連PKOだけではなく，SPMsの派遣や地域機構等とのパートナーシップ強化を通じて，より複合的に対応する試みがなされている．同時にアフリカ諸国自身も，国連PKOへの派遣やAUの平和支援活動などを通じて，自ら域内の安全保障上の課題に対して主体的に取り組むようになってきている．今後は，より複雑化する安全保障上の脅威に対して，国連，AU，そしてアフリカ諸国などが連携して複合的な体制を築き対応していくことが予想される．

追記

本章は筆者の個人的見解を示すものであり，所属機関の見解を反映するものではない．

注

1）冷戦後に世界で設置された国連PKOは，合計56ミッションにのぼる．なお，1948年から2018年11月までに設置された国連PKOは，71ミッションである．

2）平和活動局は，2019年1月に平和維持活動局（Department of Peacekeeping Operations: DPKO）から改編され発足した．

3）これら3つの国連PKOの基本原則は，厳密にはそれぞれの概念領域は時代と共に変化している［松葉 2000; 篠田 2014］．

4）たとえば，武内［2000］を参照されたい．

5）国連国別チームは，駐在する国連基金・計画・専門機関で構成され，国別チーム代表である常駐調整官／人道調整官（Resident Coordinator/Humanitarian Coordinator）が，国連PKOの事務総長副特別代表（Deputy Special Representative of the Secretary-General: DSRSG）を兼任するようになっている．

6）たとえば，2008年には『国連平和維持活動——原則と指針——』［UN 2008］，2009年には『新パートナーシップ基本方針——国連平和維持の新たな地平を描く——』［UN 2009］という文書がそれぞれ策定され，国連PKOの活動領域の明確化や運用環境整備などが図られた．また，世界各地の国連事務局が監督する平和活動を支援する体制も強化され，2007年には国連PKOミッション等の物資や総務業務などを統括するフィールド支援局（Department of Field Support: DFS）が，DPKOから切り離される形で新設された．なお，DFSは，2019年1月に業務支援局（Department of Operational Support: DOS）に改編された．

7）国連PKOの予算は国連通常予算とは別枠で，加盟国の経済規模等によって分担比率が定まる分担金によって賄われている．ちなみに，アフリカ諸国の分担金分担比率は，全体の約3％に留まっている．

196 第Ⅳ部 関 係

8）政務平和構築局は，2019年1月に政務局（Department of Political Affairs: DPA）と平和構築支援事務局（Peacebuilding Support Office: PBSO）が改編され発足した．

参考文献

邦文献

井上実佳［2018］「国際平和活動の歴史と変遷」，上杉勇司・藤重博美編『国際平和協力入門――国際社会への貢献と日本の課題――』ミネルヴァ書房，21-39.

片岡貞治［2016］「アフリカにおける安全保障問題の現状」『国際問題』(650): 17-29

香西茂［2000］「国連平和維持活動（PKO）の意義と問題点」，日本国際連合学会編『21世紀における国連システムの役割と展望』国際書院，9-24.

佐藤章［2017］「イスラーム主義武装勢力と西アフリカ――イスラーム・マグレブのアル＝カーイダ（AQIM）と系列組織を中心に――」『アフリカレポート』(55): 1-13.

篠田英朗［2014］「国連PKOにおける「不偏性」原則と国際社会の秩序意識の転換」，『広島平和科学』36: 25-37.

篠田英朗［2018］「国際平和活動をめぐる概念の展開」，上杉勇司・藤重博美編『国際平和協力入門―国際社会への貢献と日本の課題―』ミネルヴァ書房，42-62.

下谷内奈緒［2010］「概観と横断的分析」，日本国際問題研究所編『PKO以外の国連現地ミッションの調査』日本国際問題研究所，5-20.

白戸圭一［2014］「近年のアフリカの武装組織のテロリズム志向について――新たな安全保障上の課題に関する仮説――」『立命館国際研究』26(4): 119-141.

武内進一［2000］「アフリカの紛争――その今日的特質についての考察――」，武内進一編『現代アフリカの紛争――歴史と主体――』日本貿易振興会アジア経済研究所，3-52.

長谷川祐弘［2018］『国連平和構築――紛争のない世界を築くために何が必要か――』日本公論社.

松葉真美［2010］「国連平和維持活動（PKO）の発展と武力行使をめぐる原則の変化」『レファレンス』2010.1: 15-36.

三須拓也［2017］『コンゴ動乱と国際連合の危機――米国と国連の協働介入史，1960～1963年――』ミネルヴァ書房.

山下光［2005］「PKO概念の再検討――「ブラヒミ・レポート」とその後――」『防衛研究所紀要』8(1): 39-79.

欧文献

Adebajo, A. [2011] *UN Peacekeeping in Africa: From the Suez Crisis to the Sudan Conflicts*, Boulder: Lynne Rienner.

De Coning, C.H., C. Aoi, and J. Karlsrud, eds. [2017] *UN Peacekeeping Doctrine in a New Era: Adapting to Stabilisation, Protection and New Threats*, London: Routledge.

Holsti, K.J. [1996] *The State, War, and the State of War*, Cambridge: Cambridge University Press.

International Peace Institute [2018] *IPI Peacekeeping Database*（http://www.

providingforpeacekeeping.org/ 2018年 1 月12日閲覧).

Kaldor, M. [2013] *New and Old Wars: Organised Violence in a Global Era*, Cambridge: Polity.

Malone, D.M. and K. Wermester [2001] "Boom and Bust? The Changing Nature of UN Peacekeeping," in Adebajo, A. and C. L. Sriram, eds., *Managing Armed Conflicts in the 21st Century*, London: Frank Cass, 37–54

Orakhelashvili, A. [2011] *Collective Security*, Oxford: Oxford University Press.

Peter, M. [2015] "Between Doctrine and Practice: The UN Peacekeeping Dilemma", *Global Governance*, 21: 351–370.

Ramsbotham, O., T. Woodhouse and H. Miall [2016] *Contemporary Conflict Resolution*, fourth edition, Cambridge: Polity.

Study of Terrorism and Responses to Terrorism [2017] *Global Terrorism Database* (http://www.start.umd.edu/gtd/ 2018年 5 月15日閲覧).

United Nations (UN) [1992] A/47/277-S/24111.

———— [1995] A/50/60-S/1995/ 1 .

———— [2000] A/55/305-S/2000/809.

———— [2008] *United Nations Peacekeeping Operations: Principles and Guidelines*.

———— [2009] *A New Partnership Agenda: Charting a New Horizon for UN Peacekeeping*.

———— [2015a] A/70/95-S/2015/446.

———— [2015b] A/70/400.

———— [2017a] A/RES/71/291

———— [2017b] *Improving Security of United Nations Peacekeepers: We Need to Change the Way We Are Doing Business*.

———— [2018a] A/72/707-S/2018/43

———— [2018b] A/72/772

———— [2018c] SG/SM/18960-SC/13269-PKO/712

Uppsala Conflict Data Program [2017] *UCDP Battle-Related Deaths Dataset version 17.2* (http://ucdp.uu.se/ 2018年 5 月14日閲覧) .

Williams, P.D. [2016] *War and Conflict in Africa*, second edition, Cambridge: Polity.

(山口 正大)

第16章　国際刑事裁判所とアフリカ

はじめに

　2003年に設立された国際刑事裁判所（International Criminal Court: ICC）は，戦争犯罪を裁く常設の国際的な裁判所である．国際刑事裁判所ローマ規程の123カ国の締約国が運営している．そして，ICCには33カ国のアフリカ諸国が加入している．

　ICCの歴史の中で唯一の脱退の事例が，2017年10月のブルンジであった．アフリカ連合（African Union: AU）では，いくつかの有力な諸国がICCに敵対的な姿勢をみせている．AUは，2016年に「脱退戦略文書」を採択し，アフリカのICC加盟国の脱退を促しただけでなく，包括的なICC改革を要求した．

　アフリカ諸国によるICC批判は，個別具体的な事象をめぐるものをこえて，新植民地主義に対する糾弾といった性格を帯びた内容を持ち始めている．実際に，ICCがアフリカにおける戦争犯罪ばかりを扱っているという事実は，欧州諸国が影響力を持ち，欧州出身の職員が多いICC内部の実情とあわせると，植民地時代の記憶をよみがえらせるのが容易い構図を作り出している．

　だが問題の背景に，法＝正義の実現を通じて平和の達成にも貢献するはずだったICCが，真にアフリカの安全保障上の要請にこたえるものであるのか，大きな疑問が提起されているという実情がある．いわゆる「正義（justice）vs.平和（peace）」の見取り図のなかで，ICCが「平和」の要請を無視して，一方的で断片的な「正義」を振りかざしている，という不満が，アフリカという具体的な文脈をめぐって表明されているのである．

　たとえば21世紀の国際平和活動は，「パートナーシップ」をひとつの鍵概念として，多層的な構造のなかで様々な形態をとっていくことが通常となっている［篠田 2016］．つまり国連が平和維持活動（Peacekeeping Operation: PKO）をアフリカに展開させる場合，AUのような地域機構や，西アフリカ諸国経済共同体（Economic Community of West African States: ECOWAS）のような準地域機構，

さらにはEUのような域外の地域機構と連携し，事実上の分業体制をとって，活動を行っていくことが常態化している．地域機構が介在する場合，利害関心を持つ周辺諸国の思惑が，平和活動に介在する．それは中立性を重んじる立場からは，避けるべき事態だろう．しかし政治的責任を強調する立場からは，推奨すべきものである．現実は，後者の方向に，大きく振れている．

1 アフリカとICCの関係

2017年12月現在，ICCは11件の事件を捜査している．それらのうち10件までがアフリカにおける事件である．具体的には，コンゴ民主共和国，ウガンダ，中央アフリカ共和国Ⅰ，ダルフール（スーダン），ケニア，リビア，コートジボワール，マリ，中央アフリカ共和国Ⅱ，そしてブルンジである．2016年になって10件目としてジョージアが捜査対象とされるまでの間は，ICCの捜査対象事件のすべてがアフリカ諸国におけるものであった．

たしかにアフリカは武力紛争が多発している地域だ．しかし近年では中東の武力紛争も増えており，アフガニスタンが捜査対象候補となっていることを除いて，アジアがまったく扱われていないのは，均衡性のとれた状態ではない．もっともこの現状の原因のひとつは，ICC締約国の地域的な偏りである．前述のとおり，アフリカのICC締約国は，全体の4分の1以上を占める33カ国にのぼる．アフリカを上回る加入率を示している地域は，ヨーロッパと中南米だけである．西欧および北米からは25カ国，東欧からは18カ国，中南米からは28カ国が締約国となり，ICC運営の中枢を構成している．しかしこれらの地域では武力紛争等があまり発生していないため，捜査対象となる事件がない状態となっている．

これに対して，中東ではヨルダンが加入している程度で，ICCへの関心はほとんどない．また，いくつかの深刻な武力紛争の事例を抱え込んでいるアジアにおいても，やはりICCへの関心は低い．太平洋島嶼国の加入率が高いため，アジア太平洋からの締約国は19カ国となっているが，アジア諸国のICC加入率は，総じて非常に低い．締約国が存在していなければ，その地域でICCの捜査が開始される可能性は低くなる．

したがってアフリカ諸国ばかりを相手にしているからといって，ICCが政治的に偏向している，とまではいえない．問題になるのは，アフリカ諸国がICC

に大きな期待をして加入したにもかかわらず，その期待が裏切られていると感じているため，問題が発生しているということだ．その状況の背景には，アフリカ諸国の国際刑事法適用の欲求と，安全保障上の欲求のジレンマがある．

2　ケニアとスーダンの衝撃

　アフリカの有力なICC加入国で，脱退を目指しているのは，南アフリカ共和国（以下，南ア）である．これは，南アにおけるAU首脳会議開催の際のオマル・アル・バシール（Omar Hasan Ahmad Al Bashir）大統領逮捕要請問題が引き金となった事態であった．すでに脱退を果たしたブルンジは，捜査対象となることが現実化したところで脱退する判断をしたということが，周知のこととなっている．

　ICC批判の急先鋒となっているのが，ICC非締約国の地域大国であるエチオピアや大統領が訴追されたスーダンなどである．締約国では，大統領を捜査対象とされた地域大国ケニアやICCの捜査対象となった後に摩擦を起こしたウガンダなども批判的である．概して，北・東・中央アフリカ諸国が批判的であり（もともとICC加入率が低い）だといえる．

　これに対して，ICC締約国側の地域大国であるナイジェリアはICC脱退の動きを批判してきており，総じて西アフリカ諸国はICCに親和的である．南部アフリカ諸国についても，実はボツワナなどは強いICCの支持国といえるため，最近の突出した南アフリカの行動はむしろ例外的であり，必ずしもICCに批判的な傾向が強いとはいえない．

　これまでICCが捜査対象にした諸国をみれば，スーダン，ケニア，ウガンダ，コンゴ民主共和国，中央アフリカ共和国と，東から中部にかけての地域が主である．しかも地域の有力国を含んでいる．そのことが，東・中部アフリカ諸国におけるICCへの態度硬化に少なからず影響しているといえよう．残る捜査対象のアフリカ諸国とは，リビアのような体制崩壊を経験した北アフリカの国と，マリ，コートジボワールという体制の大きな変動を経験した西アフリカの諸国である．なお南部アフリカ地域には，ICCの捜査対象となった国がない．そのことが，同地域の諸国のICCへの親和的な態度の背景にある，といえよう．

　なお，9件のアフリカにおける捜査対象事件のうち5件までは，当該国のICCへの自発的な付託によって捜査が開始されたものである．たとえば，ウガ

ンダ，コンゴ民主共和国，中央アフリカ共和国（2件），マリは，それぞれの国の政府がICC捜査開始の要請を行ったがゆえに，捜査対象となっている．つまり自発的な付託によって，ICCの捜査が開始されることになった．捜査開始後に捜査の中止を求めたものの，中止を認めようとしないICCと対立してしまったウガンダを例外とすれば，これらの諸国のICCに対する態度は，総じて平穏なものである．

アフリカ諸国が捜査対象とされる場合が増えているのは，検察官による付託（*proprio motu*）が2件，国連安全保障理事会による付託が2件あり，それらがいずれもアフリカに関する事件だからである．これら4件の事件は，締約国の付託によって捜査が開始された場合と比して，問題になる度合いが高い．

検察官による付託2件は，コートジボワールとケニアである．ただし，両者が持つ政治的含意は，まったく異なっている．コートジボワールについては，前大統領のローラン・バボ（Laurent Gbagbo）の失脚にともなって，むしろAUがICCに捜査を要請した経緯がある．そのためコートジボワールについては，AUにおける議論などでも，あまり問題視されることがない．

それに対してケニアの事例は，論争を呼んだ．2007年から2008年にかけて発生した大統領選挙後の騒乱で，ケニアでは1300人ともいわれる多くの死傷者が出た．関係者との間の交渉に前国連事務総長のコフィ・アナン（Kofi Annan）が乗り出したものの，交渉の破綻にともなって，ICCに容疑者の訴追が要請された[Mutua 2016: 53]．そしてICCは，2012年にケニアの初代大統領ジョモ・ケニヤッタ（Jomo Kenyatta）の息子であり，副首相・財務大臣の地位にあったウフル・ケニヤッタ（Uhuru Kenyatta）らの訴追に踏み切った．ケニヤッタは，同時に訴追されたウィリアム・ルト（William Ruto）を副大統領候補に指名して大統領選挙に臨んで当選し，2013年4月に正式に大統領に就任した．ケニヤッタやルトを中心としてケニア政府は，反ICCの政治キャンペーンを展開した．その結果，ICCは，ケニア政府の不協力による捜査続行の不可能を理由にして，2014年にケニヤッタに関する捜査を取り下げることを決定した．また，ルトらに関する捜査も，2016年に取り下げられた．

国連安全保障理事会が付託したリビアとスーダンの事件についても，ICCに対する政治的含意は異なっている．リビアについては，AU内で論じられるほどの大きな論争点にはなっていない．ただし，当初は大きな問題を内包していたし，現在でも潜在的に大きな論争点を含んでいる事例であるかもしれない．

リビア国内の騒乱にともなって，2011年3月に付託がなされ，6月には事実上の最高権力者の地位にあったカダフィ（Muammar Mohammed Abu Minyar Gaddafi）大佐に対する訴追が発表された．しかしカダフィ大佐は騒乱のなかで死亡したため，訴追は同年11月になって取り下げられた．

　これに対して，スーダンのダルフール事件は，今日にも続くICC最大の懸案事項を引き起こしている．ダルフールにおける紛争の激化と，それにともなう国際世論の沸騰を受けて，国連安保理は，2005年3月にICCに捜査の付託を行った．それまでICCに対して敵対的な姿勢をみせていたジョージ・W・ブッシュ（George Walker Bush）政権下のアメリカが，決議に棄権する歴史的な判断を下し，付託が行われた．その結果，2009年3月に，スーダン大統領バシールに対する訴追が発表された．さらなるバシール大統領に対する訴追は，2010年7月にも行われた．ただしバシール大統領は，今日に至るまで逮捕拘束されていない．繰り返し海外渡航を行い，ICC締約国への訪問も繰り返しているバシール大統領だが，アフリカ諸国が，同大統領を逮捕するICCへの協力義務を果たしていないのである．

　バシール大統領を逮捕する締約国の義務に関しては，ICCローマ規程98条1項および27条2項の解釈をめぐる法的議論も存在する．98条1項は，「裁判所は，被請求国に対して第三国の人又は財産に係る国家の又は外交上の免除に関する国際法に基づく義務に違反する行動を求めることとなり得る引渡し又は援助についての請求を行うことができない」と定める．その一方で，27条2項は，「個人の公的資格に伴う免除又は特別な手続上の規則は，国内法又は国際法のいずれに基づくかを問わず，裁判所が当該個人について管轄権を行使することを妨げない」と定める．ICCは，主権免除を理由にした国家元首の免責を認めていないが，ローマ規程の条文解釈の方法のところから，アフリカ諸国は異議を唱えている状況である［Knottnerus 2016］．

　しかしそれにしてもスーダン国内で捜査をできないICCが，バシール大統領を訴追するに十分な証拠を集めていたかについて，疑念の余地があることは否めない．証拠が不十分であるにもかかわらず訴追がなされたということは，ICCが政治的裁量で訴追をしたということである．スーダンは，ローマ規程の非締約国として，ICCの権威を受け入れていない．スーダンは当然，ICCには非締約国の国家元首を訴追する権限を持っていないと主張する．それだけでなく，他のアフリカ諸国に，ICCの権威に挑戦する集団行動をとるように働きか

ける．エジプトやエチオピアなどの周辺の地域大国は，ICCローマ規程の締約国ではない．したがってICCに従う法的な義務もなく，スーダンの呼びかけに同調して反ICCキャンペーンを行う．

さらにスーダン問題は，波及的な効果を放った．2015年に南アでAU首脳会議が開催された際，ICCは南ア政府に対して，訪問するバシール大統領を逮捕・拘束するように要請を出した．南アの最高裁判所は，ICCの要請を受けて行動することを勧告したが，南ア政府はそれを受け入れなかった．結局，バシール大統領は，逮捕されることなく，南ア訪問を終えた．その後に残ったのは，南ア政府によるICCへの不満であった．それ以降，南アはICC批判の急先鋒となり，2016年の脱退宣言へといたるのである［Vilmer 2016: 1319-1342］．

国連安保理がICCに対して行った野心的な捜査付託が，スーダンだけでなく，数多くのアフリカ諸国のICCに対する不満を高める結果をもたらした．政治的配慮を排して裁判所として活動することを建前とするICCだが，安保理による付託に政治的性格がないはずはない．つまりICCが政治的配慮を持って活動していることが自明である場合がありうるということである．その場合でもICCは法的機関としての性格を変えることはないのだが，しかし政治的性格を持った付託を受け入れて捜査を行うことになる．そうなると法と政治の境界線は，極めて曖昧な形でしか存在しえない．それは控えめに言って非常に複雑な事態であり，いずれにせよICCはその複雑な事態を明晰なやり方で処理していく原則的な方法論を持ち合せていなかった．

3　AUの脱退戦略文書

2017年1月17日のAUによる「脱退戦略文書」(*Withdrawal Strategy Document*) は，現在のAUのICCに対する態度が要約されている重要文書である［African Union 2017］．「脱退戦略文書」という題名が感じさせるほどには，AUに加盟するICC締約国の脱退までの道のりが直接的かつ一本調子に書かれているわけではない．文書では，「脱退戦略」が広い文脈で捉えられており，AU諸国が抱くICCへの不満の性格が説明されていると同時に，その不満を解消していくための道筋が，「脱退」以外の方法も含めて提示されている．

「脱退戦略文書」は，まずICCの「二重基準」を糾弾する．しかし次に，「脱退戦略文書」は，ICCの改革を訴えるのである．そしてさらに広い視点から，

国際刑事法の地域化（Regionalization）を唱える．さらに「アフリカの問題への
アフリカの解決」を謳い，AU構成国の威厳を保つ重要性を訴える．

　AUでは，大臣級の委員会において，法的・制度的戦略と，政治的戦略／関
与が話し合われた．そして，ローマ規程の改訂の提案，国連安保理の改革，
ICCにおけるアフリカ人職員の比率の向上，各国内の法的・司法的メカニズム
の強化，アフリカ司法人権裁判所規程の修正に関する議定書の批准といった広
範な議題が，扱われたのであった．

　つまりAUとしては，大別すれば，第1に，ICCの改革・改善を求める．そ
こには，アフリカに対して偏見を抱いているかのような態度を改めるところか
ら，アフリカ人職員の増加といった具体的なところまで，諸々の論点が存在し
ていることになる．第2に，国連安保理の改革といった，ICC以外の機関に関
する改革を視野に入れることによって，国際社会の全体動向のなかで問題を捉
える姿勢を打ち出す．第3に，アフリカのエンパワメントを目指して，ICCを
中心とする国際機関が活動すべきだという考え方が示される．「ICCによる介
入を制限するためには，国際犯罪を裁くAU構成諸国の法規則の枠組みや司法
メカニズムを強化する必要性がある．そのためモデル国内法や能力構築プログ
ラム（たとえば訓練や交換派遣プログラムなど）のような大陸的・地域的・国家的な
戦略を発展させることが必要である」［African Union 2017: 12］．

4　アフリカの安全保障と「正義」と「平和」

　ここまでみてきたICCとアフリカの関係の悪化の背景には，司法機関として
のICCが，アフリカの政治情勢，特に安全保障にかかわる問題を悪化させかね
ない行動をとっているという不信感がある．

　現在，アフリカの武力紛争は，サヘル地域を中心に発生している．伝統的な
国家機構の脆弱性の問題に加えて，中東情勢とも連動した対テロ戦争の構図の
なかで，紛争が発生し，悪化している場合が少なくない．たとえばソマリア，
リビア，マリ，中央アフリカ共和国，ナイジェリアなどが典型例だが，ダルフー
ルやチャド，そして南スーダンの紛争も，スーダンのハルツーム政権のイスラー
ム主義が大きく影響して発生・悪化した．こうした事情を考えると，ソマリア
や南スーダンの平和維持活動に大きく関与してきたケニアと，和平調停への関
与が強く求められるスーダンの動向が，アフリカの安全保障環境の整備にとっ

て，極めて重要な意味を持っていると言うことは，正しい．

そもそもアフリカは，各地域の大国の存在を背景にして，準地域ごとの安全保障環境を積み上げる形で，地域全体の安定を図っていく仕組みをとっている．それはAUの平和安全保障アーキテクチャー（African Peace and Security Architecture: APSA）において，如実に反映されている．東アフリカでは，エチオピアと並んでケニアが地域大国として，安全保障に主要な役割を担うことが期待されている．北アフリカではエジプトやリビアがアラブの春で影響力を失墜させた後，地域大国であるスーダンが地域情勢に対して持つ意味はむしろ高まったと考えるべきだろう．過激派勢力を抱えるスーダン国内の情勢を考えると，統率力のあるバシール大統領の権威に期待して，地域情勢のみならず，スーダン国内の安定も図っていかざるをえないという考え方は，それなりに説得力がある．

このようにICCとアフリカの対立関係の背景にある事情は，「正義」と「平和」の解消されない対立構造として理解することができる．もちろんここで「平和」とは，安全保障に直結する意味での「平和」と言い換えてもいい．多くの論評が，「脱退戦略」の文脈でも頻繁に語られる「正義vs.平和」の対立構図についてふれている［Kersten 2016］．アフリカ諸国の政府高官が，ICCとの関係を念頭に置いて，一方的な司法的正義の追求は平和を脅かす，と述べている．政治指導者の訴追は，地域を不安定にさせ，平和を阻害する要素であることは確かかもしれない［Dersso 2013］．

このことは，法と政治の対立，という様相も持っている．ケニアとスーダンの事件は，和平合意の調停にあたってICCがひとつの交渉道具として用いられたという経緯や，国連安全保障理事会がICCを紛争対応のひとつの政策道具として用いたという経緯があって，ICCとアフリカの関係に大きな影響を与えることになった．

また，こうした「正義と平和」あるいは「法と政治」の対立構図は，「普遍と地域」という対立構図にも飛び火して，ICCに対するアフリカ諸国の不満，という形でも表れてきている．ICCは条約によって成り立っている国際機関でありながら普遍的な国際人道法／国際刑事法の適用を求めている．しかしアフリカ諸国は，その普遍主義的なアプローチに偽善を感じたり，活動の限界を感じたりする．アフリカに，アフリカ特有の国際司法機関があってはいけない，ということはない．むしろ国際刑事裁判も，国際平和活動などと同様に，国家，

地域, 普遍の多様な次元の視点が重層的に重なり合いながら, 相互のパートナーシップが模索されるべき領域なのかもしれない.

　必ずしも機能していないが, アフリカ域内の独自の人権・刑事裁判所を運営する動きは存在している. 具体的な機能の基盤が存在するにもかかわらず, 実際に地域的規模で広げる政治的な推進力がないのが現状である. ICCへの批判のトーンを強めても, 実際に脱退する締約国が続出するわけでない状態と, それは密接な相関関係にある.

　過去数年にわたって「積極的補完性」(positive complementarity) の概念がICC内部で議論されている. 国内司法の能力が不足している場合にICCが司法介入を行うという意味での「補完性」原則の理解に加えて, 不足している国内司法の能力の向上のためにICCも貢献すべきだ, という考え方である. ICCが捜査対象としている諸国では, すでに国連PKOや開発援助機関等を通じた司法制度への能力構築支援の活動が多々行われている. それに加えて, 実は国内司法とICCの間に, 地域的な司法能力の充実に向けた動きも存在しているわけである. 「積極的補完性」は, 重層的な性格を持っており, それだけに複雑な性格も持っている. しかし今後もこの概念をめぐる議論は展開していくだろう.

おわりに

　本章では, アフリカ諸国のICC脱退問題の背景に, 根本的には「正義と平和」の間の対立構図があることを指摘し, それが「法と政治」や「普遍と地域」の関係にも関わっていると論じた.

　もちろんICC側では, 表だって政治的配慮を認めるわけにはいかない. 国際規範が広がりながらも, 紛争が蔓延し, 終わりなき「対テロ戦争」も進行中の21世紀の世界が抱えている, 大きなジレンマである. その意味では, ICCの苦悩は, 容易には解消されることがない.

　アフリカの安全保障の観点からすれば, 戦争犯罪の問題を, 大局的な地域秩序に取り込んでいくことは, ICCに対する立ち位置という論点をこえて, 大きな問題として存在する. 地域的な戦争犯罪法廷とのかかわりを発展させていくなどの方向性で, 何らかの形でICCの存在を活かしきっていく政策的方向性を見出すことが, 焦眉の課題となる.

参考文献

邦文献

篠田英朗 [2016]「国連ハイレベル委員会報告書と国連平和活動の現在——「政治の卓越性」と「パートナーシップ平和活動」の意味——」『広島平和科学』（広島大学平和科学研究センター）37: 45–56.

欧文献

African Union [2017] *Withdrawal Strategy Document* (https://www.hrw.org/s 2018年9月19日閲覧).

Dersso, S.A. [2013] "With its Focus on Insulating African Leaders from Prosecution, the AU Summit missed an Opportunity to fix some of the Flaws in the ICC System," ISS Today, 15 October (https://issafrica.org/iss-today/ 2018年9月19日閲覧).

Kersten, M. [2016] *Justice in Conflict: The Effects of the International Criminal Court's Interventions on Ending Wars and Building Peace*, Oxford: Oxford University Press.

Knottnerus, A.S. [2016] "The AU, the ICC, and the Prosecution of African Presidents" in Clarke, K.M., A.S. Knottnerus and E. de Volder, eds., *Africa and the ICC: Perceptions of Justice*, Cambridge: Cambridge University Press, 152–184.

Mutua, M.W. [2016] "Africans and the ICC: Hypocrisy, Impunity, and Perversion," in Clarke, K.M., A.S. Knottnerus and E. de Volder, eds., *Africa and the ICC: Perceptions of Justice*, Cambridge: Cambridge University Press, 47–60.

Vilmer, J.-B.J. [2016] "The African Union and the International Criminal Court: Counteracting the Crisis," *International Affairs*, 92(6): 1319–1342.

（篠田　英朗）

第V部 地域

第17章　アフリカ連合

はじめに

　アフリカ諸国は今日，アフリカの紛争問題に対して，以前よりも積極的に関与するようになった．たとえば，国連の平和維持活動（Peacekeeping Operation: PKO）の要員（軍事要員と文民警察官）を例にとってみても，冷戦終結後の1993年6月末時点でのその総数は7万7310名であり，うちアフリカ諸国から派遣された要員数は8634名であって，それは全体の11.2％にすぎなかった．ところが，四半世紀後の2018年6月末になると，国連PKO要員総数は9万1699名であるのに対して，アフリカ諸国が提供した要員数は4万5464名にのぼり，それは全体の49.6％を占めるにいたっている[1]．かつて国連PKO要員といえば，インドやバングラデシュといった南アジア諸国や，カナダやデンマークといった欧米諸国から派遣された兵士や警察官が目立った．しかし今日では，そのほぼ2人にひとりがアフリカ人で占められている．

　そして，いうまでもなく，そうした今日の国連PKOミッションの多くがアフリカの紛争解決や平和構築のために展開されている．たとえば，2018年6月末時点で展開されている国連PKOは全部で14ミッションであったが[2]，そのうち7つがアフリカで展開されており，しかもそれらの要員規模を合わせると，14件の国連PKO全体の実に8割以上にも達する．これに対して，アフリカ以外の残る7つの国連PKOミッションは，そのほとんどが，パレスチナ，レバノン，キプロスといった，冷戦時代から長年にわたって派遣が続く，そして比較的小規模な，いわゆる「レガシー・ミッション」であった［山下 2016: 1］．

　アフリカにおける紛争の発生状況は，1990年代をピークにその後一時的に沈静化する傾向を示していたが，21世紀に入ってもなお同地域では，新たな武力紛争が散発的に発生しており，銃声はまだ鳴り止んでいない．さらに近年では，イスラーム過激派などによるテロ事件もアフリカの各地で頻発している．そうした意味で，アフリカはいまもなお政情が不安定な地域であり，そしてそこで

212　第Ⅴ部　地　域

は，従前以上に多くのアフリカの人びとが，国連PKO要員などとして，紛争
解決や治安維持のための活動に従事するようになっている．

　そうした「アフリカ自身がアフリカの問題を解決する」という姿勢を地域機
関としてもっとも鮮明に掲げて活動を展開してきたのが，「アフリカ連合」
(African Union: AU) にほかならない．AUは，2002年の創設以来，地域的な安全
保障メカニズムの整備を進めるとともに，アフリカ各地の紛争において独自の
平和支援活動 (Peace Support Operation: PSO) を展開してきた．

　本章では以下，そうしたAUによる地域的な安全保障関連の取り組みとその
課題を概観する．

1　地域安全保障メカニズム

アフリカ統一機構 (OAU) からアフリカ連合 (AU) へ

　AUの前身である「アフリカ統一機構」(Organization of African Unity: OAU) は，
アフリカを包括する地域機関として1963年に創設された (表17-1)．OAUの基
本条約である「アフリカ統一機構憲章」では，「交渉，仲介，調停，または仲
裁による紛争の平和的解決」が原則のひとつとして掲げられ，その実現のため
に仲介調停仲裁委員会を設けたり，防衛・安全保障面での加盟国間の協力を促
進するために防衛委員会を設置したりすることが定められた．しかしOAUは，
その創設から少なくとも1980年代までの間は，安全保障分野では目立った成果
を挙げることができなかった．

　ところが，1990年代に入って状況は大きく変わる．冷戦終焉直後の1990年7
月，OAU諸国首脳は，「アフリカにおける政治的および社会経済的状況と世界
で生じている根本的な変動に関する宣言」を採択し，そのなかで，アフリカに
おける紛争予防・管理・解決の責任が一義的にアフリカ諸国にあるとの認識を
明確に打ち出した．そしてその上で，1993年6月にエジプトのカイロで開催さ
れたOAU首脳会議において，「紛争予防・管理・解決メカニズムの創設に関す
る宣言」(カイロ宣言) が採択され，「紛争予防・管理・解決メカニズム」(Mechanism
for Conflict Prevention, Management, and Resolution: MCPMR) というOAU独自の地域
安全保障メカニズムが創設された．

　MCPMRの中核的組織である「中央機関」(Central Organ) と同メカニズムの
財源を確保するための「平和基金」(Peace Fund) はともに1993年11月に設置され，

第17章　アフリカ連合　213

表17-1　AUの主要な安全保障関連取極め・政策文書・宣言

発表／採択年	名称（括弧内は通称あるいは略称）
1963	**アフリカ統一機構憲章（OAU憲章）**
1964	アフリカ非核化宣言
1977	アフリカにおける傭兵排除に関する議定書
1981	人および人民の権利に関するアフリカ憲章（バンジュール憲章）
1990	**アフリカにおける政治的および社会経済的状況と世界で生じている根本的な変動に関する宣言**
1990	子どもの権利および福祉に関するアフリカ憲章
1991	アフリカ経済共同体設立条約（アブジャ条約）
1993	**紛争予防・管理・解決メカニズムの創設に関する宣言（カイロ宣言）**
1996	アフリカ非核地帯条約（ペリンダバ条約）
1996	アフリカにおけるドラッグ乱用および不正密輸統制に関する宣言および行動計画
1997	地雷なきアフリカに関する第1回アフリカ地雷専門家大陸会議行動計画（ケンプトンパーク行動計画）
1999	テロリズムの予防および撲滅に関する条約（アルジェ条約）
2000	**アフリカ連合制定法（AU制定法）**
2000	アフリカ安全保障・安定・開発・協力会議に関する宣言（CSSDCA宣言）
2000	小火器・軽武器の非合法な拡散・流通・密輸をめぐるアフリカ共通姿勢に関するバマコ宣言
2000	憲法に反する政権交代へのOAU対応の枠組みに関する宣言
2001	アフリカ開発のための新パートナーシップ（NEPAD）
2002	**アフリカ連合平和安全保障理事会の創設に関する議定書（PSC議定書）**
2003	**アフリカ待機軍および軍事参謀委員会の創設のための政策枠組み**
2003	アフリカにおける女性の権利に関する，人および人民の権利に関するアフリカ憲章議定書
2003	アフリカ連合裁判所議定書
2003	アフリカ連合制定法修正議定書
2003	腐敗の予防および撲滅に関するアフリカ連合議定書
2004	テロリズムの予防および撲滅に関するOAU条約議定書
2004	共通アフリカ防衛安全保障政策に関する厳粛宣言
2004	対人地雷に関する共通のアフリカ的立場
2005	アフリカ連合不可侵および共通防衛協定
2006	紛争後復興開発政策（PCRD政策）
2007	アフリカ国境問題担当閣僚会議によって採択されたアフリカ連合国境プログラムおよびその実施手順に関する宣言
2007	民主主義，選挙およびガバナンスに関するアフリカ憲章
2008	**アフリカ連合，地域経済共同体，東部アフリカおよび北部アフリカ地域待機旅団調整メカニズム間の平和安全保障分野における協力に関する覚書**
2008	アフリカ人権裁判所規程議定書
2009	アフリカにおける憲法に反する政権交代状況でのアフリカ連合の措置実施の拡大のためのエズルウィニ枠組み

2009	アフリカにおける国内避難民の保護および支援のためのアフリカ連合条約（カンパラ条約）
2009	アフリカ連合委員会国際法規程
2013	治安部門改革に関するアフリカ連合政策枠組み
2013	50周年記念厳粛宣言
2013	**アジェンダ2063**
2014	サイバーセキュリティおよび個人情報保護に関するアフリカ連合議定書
2014	国境を越えた協力に関する議定書（ニアメ議定書）
2015	ボコ・ハラムとの闘いにあるチャド湖流域委員会諸国およびベナンへの支援に関する宣言
2015	APSAロードマップ 2016-2020
2016	アフリカにおける高齢者の権利に関する，人および人民の権利に関するアフリカ憲章議定書
2016	海洋の安全保障・安全・開発に関するアフリカ憲章（ロメ憲章）
2017	アフリカ連合警察協力メカニズム（AFRIPOL）規程
2018	**アフリカ大陸自由貿易圏創設協定**

出所）Makinda, Okumu and Mickler［2016: 117-118］をもとに筆者作成.

これ以降OAUは，MCPMRを通じて域内の紛争問題に関与するようになる．しかし，結局のところ，OAUがアフリカの紛争対応において重要な役割を果たした事例は，コモロ紛争やエチオピア・エリトリア紛争などを除けば，ほとんどみられなかった．MCPMRを通じた1990年代のOAUの地域安全保障イニシアティブは，「アフリカ自身がアフリカの問題を解決する」という姿勢を域内外にアピールし，アフリカを包括する地域機関としてのOAUへの期待感とその組織としての求心力を一時的に高めることにはある程度成功したといえる．しかし，実際の紛争対応においては，OAUは実質的な成果をやはり挙げることができなかったのである．

そうしたなか，2002年7月に南アフリカのダーバンで開催された首脳会議において，OAUはAUへと正式に移行した．そして，このAUへの移行こそが，カイロ宣言から10年近い歳月が経ち，当初の期待感が失望感へと変わりつつあった，アフリカ諸国による地域安全保障イニシアティブを再活性化するためのひとつの大きな転機となった．

ところで，OAUとAUは規程上多くの点で異なるが，安全保障面での両者の大きな相違点のひとつは，OAUには加盟国に干渉する権限が規程上は付与されていなかったのに対して，AUにはそれが正式に認められた，という点にある．AU創設のために2000年に採択された「アフリカ連合制定法」では，アフ

リカ大陸における平和，安全，安定を促進することがAUの目的のひとつとされている（第3条（f））．そして，その実現のためにAU制定法は，一方でOAUと同様に内政不干渉原則を掲げながらも（第4条（g）），他方では，戦争犯罪，ジェノサイド，人道に反する罪といった深刻な事態が生じた場合には，AUに対して，その最高意思決定機関である総会（首脳会議）の決定に従って加盟国に介入する権限を認めているのである（第4条（h））．また，加盟国側に対しても，自国の平和と安全を脅かすような事態が発生した際には，それらを回復するためにAUによる介入を要請する権利が付与されている（第4条（j））．このようにAUにおいては，OAUと同様に内政不干渉が加盟国間の一応の原則とされながらも，OAUとは異なってAU側に対しては，深刻な事態が生じた場合には当該国の同意なく介入する権利が，他方，加盟国側に対しては，自国の平和と安全を回復するためにAUによる介入を要請する権利が，それぞれ規程上明確に認められた［加茂 2017: 304］．

　AUは，OAUが地域安全保障において必ずしも十分な役割を果たせなかったという反省のもと，その限界を乗り越えるために創設された地域機関であり，少なくも規程上は，前身のOAUよりも強い権限を付与された．そうしたAU制定法の文言や規定が果たしてどれほどの実効性や安全保障上の意味合いを持つものであったのかはともかくも，そこには，「アフリカ自身がアフリカの問題を解決する」という信念や価値へのアフリカ諸国のより強いコミットメントを読み取ることができよう．そして事実，その後のAUによる地域安全保障分野の取り組み，特に地域安全保障メカニズムの整備と平和支援活動の展開は，多くの課題を依然として孕みながらも，OAU時代のそれとは一線を画すような顕著な進展をみせることになった．

アフリカ平和安全保障アーキテクチャー（APSA）

　AUの地域安全保障メカニズムのことを一般に「アフリカ平和安全保障アーキテクチャー」（African Peace and Security Architecture: APSA）と呼ぶ．それはOAU時代のMCPMRに相当するが，結局のところ，MCPMRが「絵に描いた餅」的な仕組みに終わってしまったのに対して，APSAには今日，それなりの実体が伴いつつあるようにみえる．

　APSAと呼ばれる地域安全保障メカニズムに法的な根拠を与えているのは，前述のAU制定法と，2002年7月の初のAU総会で採択された「アフリカ連合

平和安全保障理事会の創設に関する議定書」という2つの地域条約である．APSAは，両条約の成立後に使用されるようになった用語であるため，それらの条文のなかにはまだAPSAという表現自体は出てこない．しかし，特に後者の議定書では，APSAの中核的機関となる「平和安全保障理事会」(Peace and Security Council: PSC) の構成や機能などが詳細に規定されている．また，同議定書では，PSCをサポートする組織として，「賢人パネル」(Panel of the Wise: PoW)，「大陸早期警戒システム」(Continental Early Warning System: CEWS)，「アフリカ待機軍」(African Standby Force: ASF)，そして，OAU時代に創設された平和基金を挙げ，それぞれの役割や構成などが規定されている．APSAとは，AU制定法とPSC議定書を主要な法的根拠として創設あるいは運営されてきた，こうしたPSCを中心とする5つの機関から成る地域安全保障メカニズムのことをいう．

　以下，APSAを構成する5つの機関とそれらを支える「アフリカ連合委員会」(African Union Commission: AUC) について個別にみていこう．

①平和安全保障理事会 (PSC)

　APSAの中核を成すのが平和安全保障理事会である．同理事会の目的は，アフリカの平和，安全，安定を促進したり，AUの共通防衛政策を推進したりすることにある (PSC議定書第3条)．また，具体的な権限としては，PSCは，平和支援ミッションの派遣を承認したり，深刻な事態が生じた際に加盟国に介入することを総会に勧告したり，憲法に反する政権交代を行った加盟国に対して制裁を科したりすることができる (第7条)．

　PSCは，AU内の平和と安全保障に関する事項を取り扱う機関であるという意味で，国連の安全保障理事会にやや類似した存在といえる．しかし，国連安保理とは違って，AUには総会 (首脳会議) という最高意思決定機関があり，PSCはあくまでもその下位機関にすぎない．たしかにPSCは，総会とともにアフリカ連合政策機関 (African Union Policy Organs: AUPOs) のひとつではあるが，その権限は国連安保理よりもかなり限定的である．

　PSCには，国連安保理のような「常任／非常任」といった理事国の区別はない．したがって，国連安保理の常任理事国に認められている拒否権のような概念もない．その意味では，PSCは国連安保理よりもよほど民主的といえる．PSCは，北部・西部・中部・東部・南部という5つの地域別に選出された任期

２年の理事国10カ国と任期３年の理事国５カ国の計15カ国から構成される（PSC議定書第５条）．任期の異なる理事国があるのは，理事国に優劣をつけるためではなく，PSCが組織としての継続性を維持するためであるという．任期２年の理事国は，北部アフリカに１カ国，西部アフリカに３カ国，東部・中部・南部アフリカにそれぞれ２カ国の枠が割り当てられており，任期３年の理事国については５つの地域に各１カ国の枠が配分されている．

　表17-2は，2018年８月末時点でのPSC理事国を一覧にしたものである．これらの理事国のうちナイジェリアは，2004年のPSC創設以来，最も長く理事国を務めている，まさにPSCの「常連」であるのに対して，モロッコとリベリアは2018年の改選で初めて理事国に選出された「新顔」である[4]．なお，紛争問題を抱えていたり，国内政情が不安定であったりするような一部のAU加盟国——たとえば，中部アフリカの中央アフリカ共和国やコンゴ民主共和国，東部アフリカのコモロや南スーダン，西部アフリカのギニアビサウなど——は，任期を問わず，PSC理事国に選出されたことがまだ一度もない．

　PSCの会議は，① 常駐代表（大使）級，② 閣僚級，③ 首脳級，の３つのレベルで開催される．アフリカ諸国はAU本部があるエチオピアのアジスアベバに常駐代表部を置いており，そうした常駐代表によるPSCの大使級会議は月２回以上，閣僚級と首脳級の会議は年１回以上開催される．PSCの議長は月毎の輪番制である．投票権は１国１票であるが，議事の採決は全会一致を原則とする．しかし，賛否が分かれた場合，議事進行などの手続き事項については過半数，それ以外の事項については３分の２以上の賛成があれば，議事は可決される（PSC議定書第８条）．

表17-2　PSCの理事国一覧（2018年８月時点）

地域	任期２年（2018-2020年）	任期３年（2016-2019年）	小　計
北部	モロッコ	エジプト	2
西部	リベリア，シエラレオネ，トーゴ	ナイジェリア	4
中部	ガボン，赤道ギニア	コンゴ	3
東部	ジブチ，ルワンダ	ケニア	3
南部	アンゴラ，ジンバブエ	ザンビア	3
小　計	10	5	15

出所）筆者作成．

②賢人パネル（PoW）

賢人パネルは，平和と安全保障をめぐる事項について平和安全保障理事会と
アフリカ連合委員会委員長を支援し，それらに助言を与える機関として2007年
に創設された．PoWは，アフリカの5つの地域からひとりずつ選ばれた計5
名の委員によって構成され，同委員は，AUC委員長が推薦し，総会の承認を
えて任命される．任期は3年である（PSC議定書第11条）．アフリカには，長老や
年長者が紛争の解決や調停において大きな役割を果たしてきたという伝統があ
り，それを現代に踏襲したのがPoWであるという［加茂 2017: 307］.

表17-3 は，PoWの第4期（2017-2020年）メンバーの一覧である．いずれもが，
地域機関の長，国家元首，閣僚などを経験した，国際的にも著名な人物ばかり
である．これまでにも，OAU事務局長を務めたタンザニアのサリム・アハメド・
サリム（Salim Ahmed Salim），ザンビア大統領であったケネス・カウンダ（Kenneth
Kaunda），アルジェリア大統領経験者のアハメド・ベン・ベラ（Ahmed Ben
Bella）といった老練な政治家や官僚経験者がPoWメンバーを務めてきた［AUC
2018: 70-71］.

PoWメンバーは，比較的年長の政治家などが就任する，いわば名誉職であり，
実際の紛争対応におけるその役割は限られている．しかし，AUは2010年，
PoWの活動を支援するという目的で，PoWメンバー経験者から成る「賢人パ
ネルの友」（Friends of the Panel of the Wise）という新しい制度を発足させている

表17-3　賢人パネルの第4期（2017-2020年）メンバー一覧

出身地域	氏名	過去の主な経歴
北部	アムル・ムーサ Amr Moussa	元アラブ連盟事務局長
西部	エレン・ジョンソン・サーリーフ Ellen Johnson Sirleaf	元リベリア大統領
中部	オノリヌ・ンゼ・ビテイェ Honorine Nzet Bitéghé	元ガボン社会問題相
東部	スペシオサ・ワンディラ・カジブウェ Speciosa Wandira Kazibwe	元ウガンダ副大統領
南部	ヒフィケプニェ・ポハンバ Hifikepunye Pohamba	元ナミビア大統領

出所）AUC［2018: 71］をもとに筆者作成.

[AUC 2018: 71-72]．それは，いわば賢人（年長者）のためのさらなる賢人（年長者）を設けようとするものであり，そこには，アフリカにおける年長者を遇する文化の根強さとでもいうべきものを看取できよう．

③大陸早期警戒システム（CEWS）

大陸早期警戒システムは，紛争の予防や対応のための大陸規模の情報収集ネットワークのことをいう．CEWSは，AU本部内に置かれた「危機管理室」(Situation Room) と，アフリカ各地の「地域経済共同体」(Regional Economic Communities: RECs) の監視システムという2種類の仕組みから構成される[AUC 2018: 73]．

ところで，AUは，**表17-4**にある8つの地域機関を，「アフリカ経済共同体」(African Economic Community: AEC) の基盤となるRECsとして公認している．そして，これら8つのAU公認RECsのうち，たとえばCOMESAであれば「COMESA早期警戒システム」(COMESA Early Warning System: COMWARN)，

表17-4　AUが公認する8つのRECs

地域	名称	設立年
北部	アラブ・マグレブ連合 Arab Maghreb Union (UMA)	1989
	サヘル・サハラ諸国国家共同体 Community of Sahel-Saharan States (CEN-SAD)	1998
西部	西アフリカ諸国経済共同体 Economic Community of West African States (ECOWAS)	1975
中部	中部アフリカ諸国経済共同体 Economic Community of Central African States (ECCAS)	1983
東部	東アフリカ共同体 East African Community (EAC)	1999 (1967)
	政府間開発機構 Intergovernmental Authority on Development (IGAD)	1996
	東南部アフリカ市場共同体 Common Market for Eastern and Southern Africa (COMESA)	1994
南部	南部アフリカ開発共同体 Southern African Development Community (SADC)	1992

注）EACは，もともと1967年に設立されたが，その後，加盟国間の対立のために1970年代後半に解体され，1999年になって条約が調印されて再結成された（ただし，設立条約の発効は2000年）．

出所）筆者作成．

EACならば「EAC早期警戒メカニズム」(EAC Early Warning Mechanism: EACWARN)，ECCASであれば「中部アフリカ早期警戒メカニズム」(Mécanisme d'alerte rapide de l'Afrique Centrale: MARAC)，ECOWASならば「ECOWAS警戒対応ネットワーク」(ECOWAS Warning and Response Network: ECOWARN)，IGADの場合には「紛争早期警戒対応メカニズム」(Conflict Early Warning and Response Mechanism: CEWARN) という，各機関独自の早期警戒システムがこれまで地域別に構築されてきた．なかでもECOWASのECOWARN，IGADのCEWARN，COMESAのCOMWARNなどは，紛争関連情報収集のための仕組みづくりや能力向上がある程度進展してきており，そうしたRECsの早期警戒システムとAUの間の連携強化や，CEWSをめぐるAUと国際機関や市民社会組織との協力関係の構築などが近年，さまざまなレベルで検討されている [AUC Peace and Security Department 2015: 15]．

④アフリカ待機軍 (ASF)

アフリカ待機軍は，PSCが平和支援活動を展開したり，総会の決定にしたがって加盟国に介入したりすることを可能ならしめるための軍事機関である (PSC議定書第13条第1項)．ASFは待機軍ではあるが，軍事要員だけではなく警察などの文民要員をも含む多領域的な組織である．ASFは，2002年のPSC議定書のなかでその創設と大まかな任務などがまず規定され，2003年5月のアフリカ防衛参謀会議で策定された「アフリカ待機軍および軍事参謀委員会の創設のための政策枠組み」によってその詳細が定められた．同政策枠組みでは，AUとRECsが2005年までに複数の待機旅団を地域別に創設することや，2010年までにAUが複合多機能型PKOを独自展開できる能力を整備することなどが目指された [AU 2003]．そして，2004年に同政策枠組みがAU総会で承認されて以降，ASFを構成する待機旅団の創設に向けた動きが各地域で本格化していく (図17-1)．

たとえば西部アフリカでは，すでに1990年代に「ECOWAS停戦監視団」(ECOWAS Ceasefire Monitoring Group: ECOMOG) と呼ばれる部隊がリベリアやシエラレオネなどの紛争に派遣されており，そうした経験にもとづいて2005年以降，RECsのひとつであるECOWASの主導のもと，「ECOWAS待機軍」(ECOWAS Standby Force: ESF) の創設が模索され始めた．そして，2009年12月には，ESFを6500人規模とするとともに，それを「タスクフォース」(ESF Task Force: ESF-TF) と呼ばれる即応部隊とそれ以外の「主力軍」(ESF Main Force) に分けて整

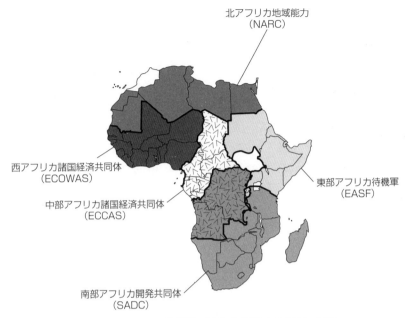

図17-1 アフリカ待機軍の整備を担当するRECs/RMs
出所）筆者作成．

備することが，ECOWASの防衛参謀長委員会で正式に承認されている．また，前者のESF-TFは，セネガルとナイジェリアがそれぞれ主導する「西部大隊」(Western Battalion) と「東部大隊」(Eastern Battalion) から主に構成されることになった．ESFとESF-TFの本部，そして「ミッション計画管理班」(Mission Planning and Management Cell: MPMC) と呼ばれる，いわゆる「計画策定部」(Planning Element: PLANELM) は，ECOWAS本部のあるナイジェリアのアブジャにすべて置かれている．また，ESFの教育訓練に関しては，ECOWASは，戦略レベルではアブジャの「国防大学」(National Defence College: NDC)，作戦レベルではガーナのアクラにある「コフィ・アナン国際平和維持訓練センター」(Kofi Annan International Peacekeeping Training Centre: KAIPTC)，そして，戦術レベルではマリ・バマコにある「アリュヌ・ブロンデン・ベイ平和維持学校」(École de maintien de la paix Alioune Blondin Bèye: EMP) をそれぞれ拠点機関と位置づけ，これまでに将校や部隊などを対象にした様々なコースを展開してきた．なお，

222 第Ⅴ部 地 域

2016年12月にガンビアで大統領選挙をめぐる混乱が生じた際には，ECOWAS
は，選挙結果を受け入れようとしないヤヒヤ・ジャメ（Yahya Jammeh）政権に
対して圧力をかけるため，セネガル軍などから成る「ECOWASガンビア・ミッ
ション」（ECOWAS Mission in The Gambia: ECOMIG）をESFとして同国に派遣して
いる．

　他方，中部アフリカでは，ASF構想以前の2000年にECCAS加盟諸国間にお
いて「中部アフリカ多国籍軍」（Force multinationale de l'Afrique Centrale: FOMAC）
という地域的な軍事組織を創設することがすでに合意されていた[6]．そして，
2003年以降，このFOMACをASF構想における中部アフリカの待機旅団として
整備するための検討が始まり，2006年には「ECCAS待機軍」（ECCAS Standby
Force: FOMAC）が創設されるとともに，PLANELMと呼ばれる，派遣前の作戦
規程の作成や訓練・演習の計画などを担当する事務局がECCAS本部のあるガ
ボンのリーブルヴィルに設置された．FOMACの場合，PLANELM以外の常設
的な本部は置かれていない．FOMACの教育訓練は，ガボンにある「リーブル
ヴィル幕僚学校」（École d'état-major de Libreville: EEML）などで主に実施されて
きた [Cilliers and Pottgieter 2010: 136]．

　南部アフリカでは，RECであるSADCの加盟諸国が2007年8月，「南部アフ
リカ開発共同体待機旅団に関する南部アフリカ開発共同体加盟諸国間の覚書」
に調印した[7]．そして，同覚書にもとづいて創設されたのが「SADC待機旅団」
（SADC Standby Brigade: SADCBRIG）であり，それがのちに「SADC待機軍」（SADC
Standby Force: SSF）とも呼称されるようになった．SSFには，FOMACと同様
に常設本部はなく，PLANELMのみがSADC事務局のあるボツワナの首都ハボ
ローネに置かれている．また，域内におけるSSFの教育訓練については，ジン
バブエのハラレにある「地域平和維持訓練センター」（Regional Peacekeeping
Training Centre: RPTC）というSADC所管の機関などで展開されてきた．

　このように西部・中部・南部アフリカでは，RECsを中心にしてASF地域旅
団の整備が進められてきた．これに対して東部と北部では，関係諸国間の意見
対立などもあって，地域旅団の創設・運営を担うRECsが決まらず，結局，「地
域メカニズム」（Regional Mechanisms: RMs）と呼ばれる新しい調整機関が設けら
れることになった．

　具体的には，東部では，まず2004年に関係諸国間で「東部アフリカ待機旅団」
（Eastern Africa Standby Brigade: EASBRIG）を創設することが決議され，2007年，

そのためのRMとして「東部アフリカ待機旅団調整メカニズム」(Eastern Africa Standby Brigade Coordination Mechanism: EASBRICOM) の設立が承認されている. その後, 2010年にEASBRIGが「東部アフリカ待機軍」(Eastern Africa Standby Force: EASF) へと正式に改称されたのに伴って, RMの名称も「東部アフリカ待機軍調整メカニズム」(Eastern Africa Standby Force Coordination Mechanism: EASFCOM) へと変更された [Bayeh 2015: 493-494]. そして, 2014年からは, EASFは待機軍であるとともに, 東アフリカ諸国から構成されるRM(政府間機構)としても位置づけられるようになっている. EASF事務局はケニアのナイロビに置かれている.

他方, やはり地域旅団の創設を主導するRECsが決まらなかった北部アフリカでは, 2007年に「北アフリカ地域能力」(North African Regional Capability: NARC) というRMを新設するための覚書がまず策定され, そのもとで「NARC待機軍」(NARC Standby Force: NSF) の創設が目指された. しかし, 西サハラ問題をめぐる関係諸国間の対立関係などもあって, NARCとNSFを整備しようとする取り組みはなかなか進展しなかった. 2008年には,「アフリカ連合, 地域経済共同体, 東部アフリカおよび北部アフリカ地域待機旅団調整メカニズム間の平和安全保障分野における協力に関する覚書」という文書がAU, RECs, RMsの間で調印されているが, 北部アフリカのREC/RMであるUMAとNARCは, ともに同覚書に署名しなかった. しかし, 2009年にはNARCの本部がリビアのトリポリに正式に開設された [Damidez and Sörenson 2009: 19]. また, PLANELMがカイロに置かれる一方, 同地にある「アフリカ紛争解決・平和維持・平和構築のためのカイロ国際センター」(Cairo International Center for Conflict Resolution, Peacekeeping and Peacebuilding in Africa: CCCPA) などにおいて, これまでにNARC諸国を対象とした様々な種類の教育訓練コースが実施されてきた.

このようにASFの整備をめぐっては, その進捗度合いに地域差があるとはいえ, 待機旅団の創設が合意されたり, その編成や展開に必要なPLANELMという事務機構が常設されたり, 各地のセンターでPSOのための教育訓練が実施されたりしてきた. そして, そうした各地域の取り組みを統合するために,「欧州連合」(European Union: EU) の「アフリカ平和維持能力強化」(Renforcement des capacités africaines de maintien de la paix: EURORECAMP) の支援を受けて実施されてきたのが,「アマニ・アフリカ」(Amani Africa: スワヒリ語で「アフリカにお

ける平和」の意)という大陸規模の合同軍事演習である.

アマニ・アフリカは,各地域の取り組みを糾合しつつASF全体の運用能力の構築を図ろうとする合同演習であり,2018年時点ですでに2回実施されている.2008年から2010年にかけて実施されたアマニ・アフリカIでは,2010年10月,様々な演習や訓練の最終成果として「指揮所演習」(Command Post Exercise: CPX)がアジスアベバで実施された.そして,このアマニ・アフリカIのCPXが成功裏に終了したことを受けて,ASFは最低限度の「初期運用能力」(Initial Operational Capability: IOC)を獲得したことが宣言されている [AU 2016a: para 7].これに対して,2011年から2015年にかけて実施されたアマニ・アフリカIIでは,2015年10-11月に一連の合同軍事演習の総決算として「実働演習」(Field Training Exercise: FTX)が南アフリカの陸軍戦闘訓練センターで行われた [山下 2016: 16].そして,このアマニ・アフリカIIのFTXの成功を受けて,2016年1月,AUの「防衛安全保障専門技術委員会」(Specialized Technical Committee on Defence, Safety and Security: STCDSS)は,NARC以外の4つのRECs/RMからの確認を取りつけた上で,ASFの「完全運用能力」(Full Operational Capability: FOC)の達成を宣言している [AU 2016b].とはいえ,このFOC達成の宣言は多分に政治的判断によるものであり,これをもって,ASFがアフリカ域内の紛争に対して十分な対処能力を獲得するにいたった,と判断するのは明らかに早計であろう.

他方,こうしたASF整備と並行する形でAU内において進められてきたのが,「アフリカ危機早期対応能力」(African Capacity for Immediate Response to Crises: ACIRC)という緊急展開部隊の整備である.もともとASFの詳細を定めた2003年の政策枠組みでも,部隊の「早期展開能力」(Rapid Deployment Capability: RDC)を地域別に構築することの重要性が謳われていた [AU 2003: para 3.8].しかし,その整備はなかなか進展せず,また,AUが2012年にマリで発生した紛争に対して迅速に対応できなかったこともあって,2013年4月,当時のAUC委員長であった南アフリカ出身のヌコサザナ・ドラミニ=ズマ (Nkosazana Dlamini-Zuma)が報告書のなかでACIRCという即応部隊の創設を提唱した.これに対して,ナイジェリアなどの一部諸国は南アフリカ主導のACIRC構想に強い難色を示したが,結局,2013年5月のAU総会においてその創設が承認された.

ACIRCの目的は,緊急事態に即応できる柔軟かつ強靭な部隊をAUに提供す

ることにあるとされる．ACIRCは，「有志国」(Volunteering Nations: VNs) が自ら率先して提供する部隊から構成される，いわば「有志連合」の多国籍軍である[10]．これまでにACIRC諸国は，独自のCPXを2014年11月にタンザニア，2016年8月にアンゴラ，2017年3月にルワンダでそれぞれ実施する一方，2015年に南アフリカで行われたアマニ・アフリカⅡのFTXにも参加している [AUC 2018: 76]．

　このようにAUが，ASFと並行する形でACIRCという別の，しかし類似した軍事機関を整備することは，一見すると，実に紛らわしい．しかし，それに対しては，ACIRCはASFの，特にRDCの運用が軌道に乗るまでのあくまでも「暫定措置」にすぎず，その活動もAPSAの枠組みを超えるものではない，という説明がなされている [山下 2016: 7]．とはいえ，前述のとおり，ASFのFOC達成が宣言された2016年以降もACIRC諸国は独自の合同演習を継続的に実施しており，ACIRCが果たして将来的にASFに統合されていくのか，それともこれまでと同様にASFとは別の組織として存続することになるのかは，現時点ではまだ判然としない．

⑤平和基金 (PF)

　平和基金は，もともとOAU時代の1993年に創設された機関であり，その目的は，平和支援活動などを展開するための財源を確保することにある．PFの資金は，AU通常予算からの組入れ金，加盟国からの任意の拠出金，民間セクターなどからの寄付，アフリカ域外のドナーからの援助などから構成される(PSC議定書第21条)．しかし，PF予算に占めるAU加盟国の自己資金の比率はこれまで数パーセント程度と極めて低く，その大半をEUの「アフリカ平和ファシリティ」(African Peace Facility: APF) といったドナーからの援助に依存してきた[11]．そして，こうした財政面での外部依存度の高さが，AUによる地域安全保障イニシアティブ，特にPSOの展開を大きく制約してきた．たとえば，AUによるこれまでのPSOは，いわば「財布」をドナーに握られてきたため，その要員規模や派遣期間をAU独自に決定できず，その結果，しばしば国連PKOと比して圧倒的にわずかな要員と装備で活動を展開したり，短期間のうちに任務を終えて撤収したりすることを余儀なくされてきたのである．そうした状況から脱するために，AUは2016年以降，PFにおける加盟国自己負担比率の向上を含む財政改革に取り組んでいる．

226 第Ⅴ部 地 域

⑥アフリカ連合委員会（AUC）

APSAは，前述の① PSC，② PoW，③ CEWS，④ ASF，⑤ PFという５つの機関から構成されるが，そうした諸機関を支援する事務機構として重要な役割を果たしてきたのがアフリカ連合委員会である．AUCはAUの政策執行機関であり，その首班が「委員長」（Chairperson）である．PSC議定書によれば，AUC委員長は平和と安全を脅かす事項に関してPSCの注意を喚起したり，平和と安全保障をめぐるPSCと総会の決定を履行かつフォローアップしたりする（第10条）．このように平和安全保障分野で重要な役割を果たすAUC委員長は，しばしば国連の事務総長ポストと対比される．AUC委員長の任期は４年である．OAU時代には「事務局長」（Secretary-General）という官僚ポストが置かれていたが，AUになってからは，AUC全体を統督する委員長職は政治ポストとされ，たとえば2017年３月にはチャドの元首相のムーサ・ファキ・マハマト（Moussa Faki Mahamat）が委員長に就任している．AUC委員長のもとには，平和安全保障担当の「コミッショナー」（Commissioner）とその配下に「平和安全保障局」（Peace and Security Department: PSD）が置かれており，同局が，PSCやCEWSといったAPSA諸機関の事務を所管するとともに，後述するPSOの事務局も担当している．

2　平和支援活動

AUは2002年の創設以来，地域安全保障メカニズムであるAPSAの整備を進める一方，2003年のブルンジへのミッション派遣を皮切りに，域内で多くの平和支援活動を展開してきた．表17−5は，そうしたAUによるこれまでの主要なPSOを一覧にしたものである．同表にあるとおり，これまでにAUが単独あるいは国連と共同で任命（mandate）し展開した主な平和支援ミッションは９件ある．これに対して，AUが承認（authorize）し，一部諸国などによって展開されてきた主要なミッションは４件であった[12]．

本章には，そうしたAUによるPSOを個別具体的に検討するための紙幅はもはや残されていない．そこで，本節の前半ではまず，これまでのAU-PSOの特徴について概観する．そして後半では，そうしたAU-PSOの特徴の概観を踏まえた上で，今後のAPSA整備の課題について考えてみたい．

これまでにAUが展開してきたPSOには，少なくとも５つの特徴がみられる．

第17章　アフリカ連合　227

表17-5　AUによる主要なPSO一覧（2018年 8 月 1 日時点）

区分	名称	展開年
任命	アフリカ連合ブルンジ・ミッション African Union Mission in Burundi（AMIB）	2003-2004
	アフリカ連合スーダン・ミッションⅠ African Union Mission in Sudan I（AMIS I）	2004
	アフリカ連合スーダン・ミッションⅡ African Union Mission in Sudan II（AMIS II）	2004-2007
	アフリカ連合コモロ選挙支援ミッション African Union Support to the Elections in the Comoros（AMISEC）	2006
	アフリカ連合ソマリア・ミッション African Union Mission in Somalia（AMISOM）	2007-
	アフリカ連合コモロ選挙安全保障支援ミッション African Union Electoral and Security Assistance Mission to the Comoros（MAES）	2007-2008
	アフリカ主導マリ国際支援ミッション African-led International Support Mission to Mali（AFISMA）	2012-2013
	アフリカ主導中央アフリカ共和国国際支援ミッション African-led International Support Mission to the Central African Republic（MISCA）	2013-2014
	ダルフール国連アフリカ連合合同ミッション African Union-United Nations Hybrid Operation in Darfur（UNAMID）	2007-
承認	コモロにおける民主主義作戦 Operation Democracy in the Comoros	2008
	神の抵抗軍の撲滅のための地域協力イニシアティブ Regional Cooperation Initiative for the Elimination of the Lord's Resistance Army（RCI-LRA）	2011-
	G 5 サヘル合同軍 Group of 5 Sahel Joint Force	2014-
	対ボコ・ハラム多国籍合同タスクフォース Multinational Joint Task Force against Boko Haram（MNJTF）	2015-

出所）De Coning, Gelot, and Karlsrud［2016: 8 - 9］, AUC［2018: 77-82］をもとに筆者作成.

第1に，AU-PSOは，和平合意が成立していなかったり，一旦成立した和平合意が崩壊の危機に瀕していたりするような，戦闘状態がなお続く紛争に対して多く派遣されてきた．伝統的な国連PKOは，停戦監視などを中立的な立場で行う必要性から，なんらかの和平合意が成立し，情勢がある程度安定した紛争に派遣されることが多かった．これに対してAU-PSOは，そうした国連PKOの展開がまだできないような，戦闘状態が続く紛争へとしばしば派遣されてきたのである．

この点とも関連するが，第2に，AU-PSOは，武力行使を伴う「安定化活動」(stabilization operation) を主に展開してきた．たとえば2007年のソマリア（AMISOM）や2012年のマリ（AFISMA）の事例のように，これまでのAU-PSOのなかには，武力行使によって治安を回復・維持したり反政府勢力やテロ組織を封じ込めたりするような安定化のためのミッションが多くみられた．そして，その結果，従来のAU-PSOはしばしば「攻撃的」であることを余儀なくされてきた．

第3に，**表17-5** からもわかるとおり，AU-PSOの展開期間は総じて短い．これまでにAUが独自に派遣してきたPSOの多くは，6カ月から18カ月程の比較的短期間のうちに活動を終了している．その例外はソマリアのAMISOMであり，同部隊はイスラーム過激派「シャバーブ」(Shabaab) との間で戦闘を繰り返し，これまでに一定の成果を挙げてはきたものの，まだ国連PKOが展開できるほどの安定的な状況を作り出せずにいる．

第4に，AU-PSOは，国連への活動継承をそのひとつの重要な出口戦略としてきた．たとえば，2004年のスーダン・ダルフール（AMIS II），2012年のマリ（AFISMA），2013年の中央アフリカ（MISCA）では，各AU-PSOの活動を継承する形で国連PKOが派遣されている．

最後に，前述のとおりAU-PSOは，その派遣費用の大半を域外ドナーからの援助に依存してきた．たとえば，ソマリアに展開するAMISOMの2018年度予算はおよそ2億5000万ドルであるが，そのうちの約95％がドナーからの援助によって賄われている［AUC 2018: 193］．

そして，こうした5つの特徴を繋ぎ合わせてみると，「戦闘状態にある紛争に派遣され，武力を行使して安定化活動を展開し，費用をドナーからの援助に依存しているために，資金が比較的豊かな国連PKOに短期間のうちに活動を引き継いで任務を終える」という，これまでのAU-PSOのパターンのようなも

のが浮かび上がってくる.

それでは, こうしたAU-PSOの経験から導き出されてくる今後のAPSA整備の課題とは何か. 本節では, そうした課題として以下の3点を指摘しておきたい.

第1に, 今後のAPSA整備にあたっては, 従来のAU-PSOの経験にもとづいてASFの基本的な原則や構想を見直す必要がある. もともとASFは, AU-PSOの経験がまだほとんど蓄積されていなかった2000年代前半に, 国連PKOの経験や「集団安全保障」的な思考をベースにして構想された組織である. つまりASFは, 地域の平和と安全を脅かすような事態が生じた際に, AU加盟国が「集団安全保障」的に, すなわち集団の責任として対応することを前提にしていたのである[13]. ところが, のちに展開されたAU-PSOの多くは「攻撃的」な安定化ミッションであり, その部隊提供国には, 自軍に犠牲者を出すことへのそれなりの覚悟が求められたため, AU加盟国は, 単なる集団の責任だけではなかなか要員を派遣できず, 介入を後押しするような個別の国益をしばしば必要とした. 介入する紛争に利害関係をもつ周辺国や地域的な覇権を目指す地域大国などが従来のAU-PSO部隊提供国のなかに多くみられたのは, そのためである. そして, そうしたAU-PSOは, 中立性を重んじ, 紛争に利害関係のない諸国の要員から主に構成されてきた国連PKOとは違って, しばしば主導国を中核とする「有志連合」的な多国籍軍の様相を帯びてきたのである.

近い将来, 安定化という, これまでAUに求められてきた紛争対応ニーズが大きく変わることはなかろう. とすれば, 今後のAPSA整備にあたっては, ASFの根底にある「集団安全保障」的な思考を見直し, 安定化ミッションの遂行により適した「有志連合」的な要素や仕組みを取り入れることが必要となるかもしれない. その点で注目されるのがACIRCである. 前述のとおり, ACIRCは南アフリカが2013年に提唱し, ASFと並行する形で整備が進められてきた, RECs/RMsに依拠しない「有志連合」的な危機対応部隊である. 前述のとおり, ACIRCが今後ASF, 特にそのRDCに統合されて消滅するのか, それともしばらくASFと並存することになるのかは, まだ判然としない. しかし, ACIRCの今後の取り扱いは, これまで「集団安全保障」的であったASFが, その編成や運用のあり方にいかに「有志連合」的な要素を取り込んでいくのか, を考える上でのひとつの重要なバロメーターになるかもしれない.

第2に, 今後のAPSA整備では, 従来のAUとRECs/RMsの間の曖昧な関係

性を整理する必要がある．これまでのAPSA整備では，AUとRECs/RMsの間の協力関係強化がしばしば謳われてきた．しかし実際には，両者の関係性や役割分担は総じて曖昧かつ不明確なままにされてきたのである．もし，そうした状況が今後も続けば，RECs/RMsにもとづいて地域別に整備されてきたASFがAUの紛争対応において十分に機能しない可能性がある．たとえば，紛争に対して一義的な責任を負うのはAUか，それともRECs/RMsか．RECs/RMsが紛争対応する場合には，AUからの授権や承認を必要とするのか，それともしないのか．複数の地域にまたがって，あるいはその境界で発生した紛争については，AUとRECs/RMsは一体どのような形で対処すべきなのか．紛争対応においてAUとRECs/RMsは，財政面も含めて具体的にどのような分担をすればよいのか．そうしたAUとRECs/RMsの関係性をめぐってこれまで曖昧にされてきた諸点が，AU-PSOの展開によって蓄積されてきた知見や経験にもとづいて，今後は明確化されるべきであろう．

　そして，第3に，PSO予算に占めるAU加盟国の自己負担比率を高めるための努力を今後とも継続する必要がある．たとえASFを整備しても，従来のAU-PSOのように，その派遣費用の大半をドナーの援助に依存しているようでは，AUの自主性はおよそ確保できない．「アフリカ自身がアフリカの問題を解決する」という理念を達成するためには，それに相応しい財政基盤をAU加盟国自らが確立しなければならない．そのためには，何よりもまず，長年にわたってAUを悩ませてきた加盟国の分担金未納問題を解決する必要があろう[14]．そして，この点で注目されるのが，2017年から一部の加盟国で導入が始まったAU徴収金制度である．

　AU総会は2015年6月，2020年までにその運営予算の100％，プログラム予算の75％，平和安全保障関連活動予算の25％を加盟国による自主財源によって賄う，という野心的な目標を掲げた．そして，その実現のために，2016年1月に平和基金上級代表に任命されたのが，アフリカ開発銀行（African Development Bank: AfDB）総裁経験者でルワンダ出身のドナルド・カベルカ（Donald Kaberuka）であった．カベルカの任務はその後，PFだけではなくAU全体の財政改革へと拡大され，最終的にカベルカは，AU加盟国による慢性的な分担金未納問題を解決し，前述の諸目標を達成するために，各AU加盟国が非加盟国からの輸入品に対して0.2％の徴収金を新たに課すという大胆な提案を行った．そして，2016年7月のAU総会でこのカベルカの提案が承認され，ルワンダ，

エチオピア，ギニア，チャド，コートジボワールといった一部のアフリカ諸国
では，2017年からその徴収が始まっている［Apiko and Aggad 2018: 6-7］．

　この0.2％徴収金制度を導入した諸国では，政府が自国の中央銀行のAU名義
口座に徴収金を一旦プールし，そこからAUに対して分担金を支払う．もし，
徴収金収入が事前に算定された分担金を超えた場合には，各国政府はその余剰
分を国庫に組み入れることができる一方，不足分が生じた場合には国庫からそ
れを補填しなければならない．

　AU分担金の財源確保のために0.2％徴収金制度を導入するか，それとも同制
度を導入せずに従来どおりに国庫から分担金を支出するかの選択は，各国政府
の判断に委ねられている．また，同制度を導入した場合であっても，加盟国は，
徴収金を課す輸入品目を独自に決定できる．しかし，AU加盟国のなかには当
初から，0.2％徴収金制度の導入に慎重な意見が聞かれた．というのも，AU徴
収金は輸入に対する事実上の新たな課税を意味しており，その導入の仕方に
よっては，自国の物価や産業に負の影響をもたらしかねないからである．また，
アフリカ域外諸国からの輸入に対してのみ徴収金を差別的に課すことは，最恵
国待遇原則という国際貿易ルールに違反しかねないということも強く懸念され
た．

　しかし，前者の自国経済への悪影響については，たとえばケニアでは，それ
を緩和するために，AU徴収金の導入に合わせて従来の輸入申告手数料を2.5％
から2.0％へと軽減する措置が講じられた［Apiko and Aggad 2018: 13-14］．また，
後者の最恵国待遇違反の問題については，自由貿易協定のような「地域貿易協
定」（Regional Trade Agreement: RTA）は最恵国待遇適用の例外とされており，
AU諸国の多くは2018年3月，「アフリカ大陸自由貿易圏」（African Continental
Free Trade Area: AfCFTA）の設立に関する諸条約にすでに調印している．今後，
こうしたAU加盟諸国による工夫や努力によって，0.2％徴収金制度が広く普及・
定着していけば，従来の慢性的な分担金未納問題は次第に改善されていく可能
性がある．もしそうなれば，これまで援助依存度が特に高かった平和安全保障
関連活動予算についても，加盟国の自己負担比率が向上し，「アフリカ自身が
アフリカの問題を解決する」という理念の実現に向けてまた一歩，AUは前進
することになろう．

232 第Ⅴ部 地 域

おわりに

　OAU創設から50周年にあたる2013年，AUは「アジェンダ2063」という次の50年間を見据えた長期ビジョンを発表し，そのなかで「(アフリカ大陸において)2020年までに銃声を鳴り止まらせる」("Silencing the guns by 2020")という平和への希求を表明している[AUC 2015]．この「ビジョン2020」とも呼ばれる平和への希求は，残念ながら実現しそうにない．しかし，本章で詳述してきたとおり，AUによるこれまでの地域安全保障イニシアティブには，OAU時代とは一線を画するような顕著な進展がみられた．

　そうしたAUによる地域安全保障イニシアティブの将来に大きな影響を及ぼすことになるかもしれないのが，AUがルワンダのポール・カガメ(Paul Kagame)大統領の主導のもとで2017年から取り組む「機構改革」(institutional reform)である．この2年間にわたる機構改革では，平和安全保障や経済統合といったいくつかの領域をAUの最優先分野として位置づけ，そこに資源を戦略的に集中させること，AU，RECs/RMs，加盟国などの役割分担を明確化すること，PSCを改革してその能力強化を図ること，AU徴収金制度の普及によって分担金未納問題を解決し，財政基盤を強化することなどが目指されている[Kagame 2017]．カガメが主導するこの機構改革が果たしてどの程度実現されることになるのかはわからないが，少なくともそれが目指す方向性をみるかぎり，同改革がAUの地域安全保障イニシアティブのさらなる推進に寄与する可能性は十分にあろう．

注
　1) United Nations Peacekeeping Website (https://peacekeeping.un.org/ 2018年8月5日閲覧).
　2) 2018年6月末時点で展開されていた14の国連PKOミッションは，設立順に以下のとおり (下線はアフリカに派遣されたミッションを示す). ①国連休戦監視機構 (United Nations Truce Supervision Organization: UNTSO, 1948年設), ②国連インド・パキスタン軍事監視団 (United Nations Military Observer Group in India and Pakistan: UNMOGIP, 1949年設), ③国連キプロス平和維持隊 (United Nations Peacekeeping Force in Cyprus: UNFICYP, 1964年設), ④国連兵力引き離し監視隊 (United Nations Disengagement Observer Force: UNDOF, 1974年設), ⑤国連レバノン暫定隊 (United Nations Interim Force in Lebanon: UNIFIL, 1978年設), ⑥国連西サハラ住民投票監視

団（United Nations Mission for the Referendum in Western Sahara: MINURSO, 1991年設），⑦ 国連コソボ暫定行政ミッション（United Nations Interim Administration Mission in Kosovo: UNMIK, 1999年設），⑧ ダルフール国連アフリカ連合合同ミッション（African Union-United Nations Hybrid Operation in Darfur: UNAMID, 2007年設），⑨ 国連コンゴ民主共和国安定化ミッション（United Nations Organization Stabilization Mission in the Democratic Republic of the Congo: MONUSCO, 2010年設），⑩ 国連アビエ暫定治安部隊（United Nations Interim Security Force for Abyei: UNISFA, 2011年），⑪ 国連南スーダン共和国ミッション（United Nations Mission in the Republic of South Sudan: UNMISS, 2011年設），⑫ 国連マリ多元的統合安定化ミッション（United Nations Multidimensional Integrated Stabilization Mission in Mali: MINUSMA, 2013年設），⑬ 国連中央アフリカ多面的統合安定化ミッション（United Nations Multidimensional Integrated Stabilization Mission in the Central African Republic: MINUSCA, 2014年設），⑭ 国連ハイチ司法支援ミッション（United Nations Mission for Justice Support in Haiti: MINUJUSTH, 2017年設）．

3）たとえば，AU制定法第4条（h）は，ジェノサイドといった深刻な事態が発生した場合に当該国の同意なしに介入する権利をAUに認めているが，2018年8月時点において，AUが同条文にもとづいて同意なしの介入を行った事例はまだない．例外としては，チャドの大統領であったイッセン・ハブレ（Hissène Habré）が2016年，亡命先のセネガルにおいて，かつての政権時代の犯罪を人道に反する罪として問われ，終身刑の判決を受けた際に，AUが同規定を根拠にしてセネガルによる特別裁判を容認したことがある．しかしこれは，同条文の本来の趣旨を必ずしも適切に反映したものではなく，あくまでも例外的なケースといえよう．

4）モロッコのPSC理事国就任が遅れたのは，同国はOAUの原加盟国であったが，1984年に西サハラ（サハラ・アラブ民主共和国）の加盟に抗議してそれを脱退し，2017年になってようやくAUへの再加盟を正式に承認されたためである．他方，リベリアの場合は，同国のPSC議定書批准が2017年になってしまったことによる．

5）ECOWAS加盟国は，ベナン，ブルキナファソ，カーボヴェルデ，コートジボワール，ガンビア，ガーナ，ギニア，ギニアビサウ，リベリア，マリ，ニジェール，ナイジェリア，セネガル，シエラレオネ，トーゴの15カ国である（2018年8月時点）．

6）ECCAS加盟国は，アンゴラ，ブルンジ，カメルーン，中央アフリカ，チャド，コンゴ，コンゴ民主共和国，赤道ギニア，ガボン，サントメ・プリンシペ，ルワンダの11カ国である（2018年8月時点）．ルワンダは2007年にECCASを一旦脱退したが，2016年に正式に再加盟している．なお，ECCAS加盟国のうち，コンゴ民主共和国とアンゴラはSADC，ブルンジとルワンダはEASFにもそれぞれ加盟している．

7）SADC加盟国は，アンゴラ，ボツワナ，コモロ，コンゴ民主共和国，レソト，マダガスカル，マラウイ，モーリシャス，モザンビーク，ナミビア，セーシェル，南アフリカ，エスワティニ(旧スワジランド)，タンザニア，ザンビア，ジンバブエの16カ国である（2018年8月時点）．コモロは2017年に加盟を認められた．

8）2018年8月時点でのEASF加盟国は，ブルンジ，コモロ，ジブチ，エチオピア，ケニア，

ルワンダ，セーシェル，ソマリア，スーダン，ウガンダの10カ国である［EASF 2018］．なお，南スーダンは2013年にオブザーバー資格を取得しており，将来的にはEASFの正式加盟国になる可能性がある．

9）2018年8月時点でのNARC加盟国は，アルジェリア，エジプト，リビア，モーリタニア，西サハラ，チュニジアの6カ国である［AUC 2018: 75］．

10）ACIRCのVNsは，アルジェリア，アンゴラ，ベナン，ブルキナファソ，チャド，エジプト，ニジェール，モザンビーク，ルワンダ，セネガル，南アフリカ，スーダン，ウガンダ，タンザニアの14カ国である（2018年8月時点）．

11）ちなみに，AUの2018年度予算では，PSO予算は2億6808万3200米ドルと見積もられているが，そのうちのAU加盟国の自己負担比率は4.7％でしかない［AUC 2018: 193］．

12）これら以外にも，これまでにAUが展開したPSOとしては，たとえば，2015年7月にブルンジに先遣隊が派遣された「アフリカ連合ブルンジ人権軍事監視ミッション」（African Union Human Rights and Military Observers Mission in Burundi: HRMOM）がある．しかし，HRMOMは当初の想定よりもかなり小規模な展開しかできなかった．また，同年12月には，PSCがブルンジへの「ブルンジ・アフリカ予防保護ミッション」（African Prevention and Protection Mission in Burundi: MAPROBU）の派遣を決議したが，その後ブルンジ政府が受け入れを拒否したこともあって，最終的には派遣にいたっていない．このほか，AUは2014年，「アフリカ連合西アフリカエボラ出血熱発生支援」（African Union Support to Ebola Outbreak in West Africa: ASEOWA）という，主に医療従事者から成る人道支援ミッションを西アフリカに派遣している．

13）とはいえ，これまでのASF整備において，国連PKOの経験や「集団安全保障」的な思考だけが常に謳われてきたというわけではない．たとえば，ASFの詳細を定めた2003年の政策枠組みでは，主導国を中核とする「有志連合」的な紛争対応の重要性もある程度認識されていた．ただし，同政策枠組みでは，それはあくまでもASFが整備されるまでの過渡的な紛争対応形態とみなされていたのである［AU 2003: para. 3.11］．

14）たとえば，2016年末までに同年度のAU分担金を完納したのは，当時の加盟国54カ国のうち25カ国にすぎなかった．14カ国は分担金の半分以上をAUに納めたものの，15カ国についてはまったく分担金を支払わなかったという［Kagame 2017: 13］．

参考文献

邦文献

加茂省三［2017］「地域国際機構による紛争予防・管理・解決——アフリカの場合——」，山本武彦・玉井雅隆編『国際組織・国際制度』（現代国際関係学叢書第1巻）志學社，301-317．

山下光［2016］「アフリカにおける平和維持活動能力整備と能力構築支援」『防衛研究所紀要』19(1): 1-21（http://www.nids.mod.go.jp/ 2018年9月7日閲覧）．

欧文献

African Union（AU）［2003］*Policy Framework for the Establishment of the African Standby Force and the Military Staff Committee*, Part I, Document adopted by the

Third Meeting of African Chiefs of Defense Staff（http://www.peaceau.org/ 2018年8月13日閲覧).

──────[2016a] *The African Standby Force: Draft Maputo Strategic Work Plan (2016-2020)*, Version 1.5（http://www.peaceau.org/ 2018年8月13日閲覧).

──────[2016b] *2nd Extraordinary Meeting of the Specialized Technical Committee on Defence, Safety and Security*（http://www.peaceau.org/ 2018年8月13日閲覧).

African Union Commission（AUC）[2015] *Agenda 2063: The Africa We Want*, Addis Ababa: African Union Commission（https://au.int/ 2018年8月6日閲覧).

──────[2018] *African Union Handbook 2018: A Guide for Those Working with and within the African Union*, Addis Ababa: African Union Commission（https://au.int/ 2018年8月6日閲覧).

African Union Commission（AUC）Peace and Security Department [2015] *African Peace and Security Architecture: APSA Roadmap 2016-2020*, Addis Ababa: African Union Commission（http://www.peaceau.org/ 2018年8月9日閲覧).

Apiko, P. and F. Aggad[2018]*Analysis of the Implementation of the African Union's 0.2% Levy*, Briefing Note No. 98, ECDPM（https://ecdpm.org/ 2018年8月4日閲覧).

Bayeh, E. [2015] "Eastern Africa Standby Force: An Overview," *International Journal of Research*, 2(1): 492-499.

Cilliers, J. and J. Pottgieter [2010] "The African Standby Force," in Engel, U. and J.G. Porto, eds., *Africa's New Peace and Security Architecture: Promoting Norms, Institutionalizing Solutions*, Surrey, UK, and Burlington, VT: Ashgate, 111-141.

Damidez, N. and K. Sörenson [2009] *To Have or Have Not: A Study on the North African Regional Capability*, Stockholm: FOI, Swedish Defence Research Agency.

De Coning, C. H., L. Gelot, and J. Karlsrud [2016] "Towards An African Model of Peace Operations," in De Coning, L. Gelot, and J. Karlsrud, eds., *The Future of African Peace Operations: From the Janjaweed to Boko Haram*, London: Zed Books, 1-19.

Eastern Africa Standby Force（EASF）[2018] *Multidimensionality and Multinationalism for Peace and Stability: Annual Report 2017*（http://www.easfcom.org/ 2018年8月2日閲覧).

Kagame, P. [2017] *The Imperative to Strengthen Our Union: Report on the Proposed Recommendations for the Institutional Reform of the African Union*（https://au.int/ 2018年8月17日閲覧).

Makinda, S.M., F.W. Okumu and D. Mickler [2016] *The African Union: Addressing the Challenges of Peace, Security, and Governance*, second edition, London and New York: Routledge.

ウェブサイト

United Nations Peacekeeping Website（https://peacekeeping.un.org/ 2018年8月5日閲覧).

（落合 雄彦, セドリック・ドゥ・コニング）

第18章　地域経済共同体

はじめに

　アフリカを包括する地域機関である「アフリカ連合」（African Union：AU）は，同地域を北部・東部・西部・中部・南部の5つに区分するとともに，それらにある8つの地域機関を「アフリカ経済共同体」（African Economic Community: AEC）の基盤となる「地域経済共同体」（Regional Economic Communities: RECs）として公認している[1]．そして，アフリカでは1990年代以降，前章で詳述したAUだけではなく，そうしたRECsもまた，本来の目的である経済統合に加えて，地域安全保障のための取り組みを活発に展開してきた［Bach 2016: 88-94］．

　本章では以下，平和安全保障分野で積極的な取り組みを行ってきた3つのRECsを取り上げ，それらによる地域安全保障メカニズムの構築や平和支援活動（Peace Support Operation: PSO）の展開などについて概観する．

1　西アフリカ諸国経済共同体（ECOWAS）

地域安全保障メカニズム

　「西アフリカ諸国経済共同体」（Economic Community of West African States: ECOWAS）は，西アフリカでの経済活動と社会文化的な事項での協力および開発を促進するために1975年に創設された地域機関である（表18-1）．

　ECOWASはもともと経済共同体として創設されたが，創設翌年の1976年には，早くもナイジェリアとトーゴが他の加盟諸国に対して防衛協定の締結を提案し，1978年には「不可侵に関する議定書」，次いで1981年には「防衛相互援助に関する議定書」がECOWAS加盟国間でそれぞれ調印されている［落合 2002: 39-40］．

　とはいえ，ECOWASが地域安全保障イニシアティブを本格的に展開するようになるのは，冷戦終結後の1990年代に入ってからのことである．そして，

表18-1　本章で取り上げる3つのRECsによる地域安全保障イニシアティブの概要 (2018年8月時点)

名称 加盟国	主な安全保障関連組織	早期警戒システム 主な平和支援活動	主な安全保障関連取極め・政策文書 (カッコ内は採択あるいは発効年)
西アフリカ諸国経済共同体 (ECOWAS) ベナン、ブルキナファソ、カーボベルデ、ガンビア、ガーナ、ギニア、ギニアビサウ、コートジボワール、リベリア、マリ、ニジェール、ナイジェリア、セネガル、シエラレオネ、トーゴ (15カ国)	国家元首政府首脳級会議 (AHSG) 仲介安全保障理事会 (MSC) 防衛安全保障委員会 (DSC) 長老評議会 (CE) ECOWAS待機軍 (ESF) 監視モニタリングセンター (OMC) 西アフリカ海洋安全保障地域センター ゾーン事務所 (CRESMAO) 多国間調整センター (MMCC) 西アフリカ警察長官委員会 (WAPCCO) セキュリティイザーサービス長委員会 (CCSS) ECOWAS委員会 [アブジャ]	ECOWAS警戒対応ネットワーク (ECOWARN) ECOMOG (リベリア：1990-1998) ECOMOG (シエラレオネ：1997-2000) ECOMOG (ギニアビサウ：1998-1999) ECOMICI (コートジボワール：2003-2004) ECOMIL (リベリア：2003) ECOMIB (ギニアビサウ：2012-2017) ECOMIG (ガンビア：2017-)	不可侵議定書 (1978) 防衛相互援助に関する議定書 (1981) ECOWAS修正条約 (1993) 西アフリカにおける小型武器の輸入・輸出・製造に関するモラトリアム宣言 (1998) 紛争予防・管理・解決・平和維持・安全保障メカニズムに関する議定書 (1999) 安全保障開発調整支援プログラム (PCASED) の履行のための行動計画 (1999) 民主主義とグッドガバナンスに関する議定書 (2001) ECOWAS紛争予防枠組み (2008) ECOWAS統合海洋戦略 (2014) 平和・安全保障・安定、およびテロリズムと暴力的過激主義への戦いに関するロメ宣言 (2018)
中部アフリカ諸国経済共同体 (ECCAS) アンゴラ、ブルンジ、カメルーン、中央アフリカ、チャド、コンゴ、コンゴ民主共和国、赤道ギニア、ガボン、サントメ・プリンシペ、ルワンダ (11カ国)	国家首脳会議 中部アフリカ平和安全保障理事会 (COPAX) 防衛安全保障委員会 (FOMAC) ECCAS待機軍 (BN) 国別ビューロー (DC) 地域間調整センター (ICC) 中部アフリカ海洋安全保障地域センター (CRESMAC) 多国間調整センター (CMC) 事務総局 [リーブルヴィル]	中部アフリカ早期警戒メカニズム (MARAC) MICOPAX (中央アフリカ：2008-2013)	中部アフリカ平和安全保障理事会に関する議定書 (2000) ECCAS加盟諸国間相互援助協定 (2000) ギニア湾におけるECCASの海洋権益を確保するための戦略に関する議定書 (2009) テロリスト集団ボコ・ハラムへの戦いに関するヤウンデ宣言 (2015) 加盟諸国による海洋安全保障・安定、およびテロリズムと暴力的過激主義への戦いに関するロメ宣言 (2018)
南部アフリカ開発共同体 (SADC) アンゴラ、ボツワナ、コモロ、コンゴ民主共和国、レソト、マダガスカル、マラウイ、モーリシャス、モザンビーク、ナミビア、セーシェル、南アフリカ、エスワティニ (旧スワジランド)、タンザニア、ザンビア、ジンバブエ (16カ国)	国家元首政府首脳会議 (サミット) 政治・防衛・安全保障機関 (SADC機関) 機関トロイカ 機関閣僚委員会 (MCO) 国家間政治外交委員会 (ISPDC) 国家間防衛安全保障委員会 (ISDSC) 地域平和維持訓練センター (RPTC) SADC待機軍 (SSF) 仲介リファレンスグループ (MRG) 長老会議 (PoE) 南部アフリカ地域警察長協力機構 (SARPCCO) 事務総局 [ハボローネ]	地域早期警戒センター (REWC) [SADC連合軍 (コンゴ民：1998-2002)] [ボレアス作戦] (レソト：1998-1999) SAPMIL (レソト：2017-)	SADC条約/宣言 (1992) 非合法薬物密輸取締りに関する議定書 (1996) 政治・防衛・安全保障協力に関する議定書 (2001) 火器・弾薬・その他関連物資の管理に関する議定書 (2001) 犯罪人引渡議定書 (2002) 刑事共助議定書 (2002) 地域指示的戦略開発計画 (RISDP) (2003) SADC相互防衛協定 (2003) SADC機関戦略指示的計画 (SIPO) (2004) SADC将機版同に関するSADC加盟諸国の覚書 (2007) SADC機関戦略指示的計画改訂版 (SIPO II) (2010) 女性・平和・安全保障に関するSADC地域戦略 (2018-2022) (2018)

出所) 筆者作成.

ECOWASは1999年12月には，「紛争予防・管理・解決・平和維持・安全保障メカニズムに関する議定書」という，地域安全保障メカニズムの創設に関する条約を採択している．

同議定書が定めるところのECOWASの地域安全保障メカニズムのことを「紛争予防・管理・解決・平和維持・安全保障メカニズム」(Mechanism for Conflict Prevention, Management, Resolution, Peace-keeping and Security: MCPMRPS) という．同議定書によれば，メカニズムの目的は，加盟国内および加盟諸国間の紛争の予防・管理・解決，共同体内の平和・安全保障・安定の維持と強化，人道支援の調整などとされ (第3条)，同メカニズムは，①「国家元首政府首脳最高会議」(Authority of Heads of State and Government: AHSG)，②「仲介安全保障理事会」(Mediation and Security Council: MSC)，③「ECOWAS委員会」(ECOWAS Commission)，④ AHSGが設立するその他の組織，から構成される (第4条)．

AHSGは，ECOWASだけではなくメカニズムの最高意思決定機関でもあり，メカニズムに関するすべての事項について決定を行うことができる．ただし，必要に応じてMSCに権限を委任する (第6-7条)．

MSCは，AHSGが選出した7カ国に現職と前任のAHSG議長国の2カ国を加えた合計9カ国で構成され，西アフリカの平和と安全に関する事項について決定を行う．MSCの採決は3分の2以上の多数決で行われ，具体的な審議は，首脳級，閣僚級，大使級の3つのレベルでなされる (第8-14条)．

ECOWAS委員会はECOWASの政策執行機関であり，それを統督するのが「委員長」(President) である．同委員長は，紛争対応や安全保障に関する行動を起こす権限を有し，その機能のなかには，MSCへの勧告，メカニズム活動報告書の作成，事実調査と仲介のためのミッション派遣などが含まれる (第15条)．

このほか，同議定書は，こうした諸組織を支援するための補助機関として，加盟国の国軍参謀総長などから構成される「防衛安全保障委員会」(Defence and Security Commission: DSC) や，有識者などから成る「長老会議」(Council of Elders: CE) などの設置と機能についても定めている (第17-22条)．

また，同議定書は，紛争予防を主たる目的とした「早期警戒システム」(Early Warning System: EWS) の構築についても定めており (第23-24条)，今日それは「ECOWAS警戒対応ネットワーク」(ECOWAS Warning and Response Network: ECOWARN) と一般に呼ばれている．ECOWARNでは，加盟諸国は4つの「監視モニタリングゾーン」(Observation and Monitoring Zone: OMZ) に区分され，各

区に「ゾーン事務所」(Zonal Bureau: ZB) がひとつずつ置かれている[2]. また，ECOWAS委員会のあるナイジェリアのアブジャには「監視モニタリングセンター」(Observation and Monitoring Center: OMC) がある．

なお，ECOWASは2008年，こうしたMCPMRPSのうち特に紛争予防分野を深化させた「ECOWAS紛争予防枠組み」という基本文書を採択している[山根 2018: 56].

平和支援活動

ECOWASは，8つのAU公認RECsのなかで最も積極的にPSOを展開してきた機関といえる．1989年12月にリベリアで紛争が勃発すると，ECOWASは，地域大国ナイジェリアの主導のもとで「ECOWAS停戦監視団」(ECOWAS Ceasefire Monitoring Group: ECOMOG) という独自の軍事組織を創設し，同紛争に派遣した．ECOMOGは，当初想定された平和維持軍としての中立的役割を介入直後から大きく踏み越え，まさに事実上の紛争当事者として反政府武装勢力との間で激しい戦火を交えた．しかし，紛争当事者化したECOMOGと反政府武装勢力の対立関係が，やがて7年間にも及ぶ戦闘の果てに次第に緩和され，両者の歩み寄りがなされたことで，同内戦は終結に至り，ECOMOGは1998年までにリベリアから完全撤退した．このリベリア派遣を皮切りに，ECOWASは1997年から2000年にかけてシエラレオネ，1998年から1999年にかけてギニアビサウの紛争にもECOMOGをそれぞれ展開している．また，前述のMCPMRPS議定書においても，ECOMOGはメカニズムの正式な補助機関として位置づけられた (第17条)．

しかし，2000年代に入って，AUのもとで「アフリカ待機軍」(African Standby Force: ASF) 構想が推進されるようになると，ECOWASはECOMOGという名称を使用しなくなり，代わりに「ECOWAS待機軍」(ECOWAS Standby Force: ESF) と称してその整備を進めるようになる．そして，2003-04年にはECOMOGの名を冠さない「ECOWASコートジボワール・ミッション」(ECOWAS Mission in Côte d'Ivoire: ECOMICI)，2003年には「ECOWASリベリア・ミッション」(ECOWAS Mission in Liberia: ECOMIL)，2012-17年には「ECOWASギニアビサウ・ミッション」(ECOWAS Mission in Guinea-Bissau: ECOMIB) というPSOがそれぞれ展開されている．

さらに，2016年12月にガンビアで大統領選挙をめぐる混乱が生じると，

ECOWASは，選挙結果を受け入れようとしないヤヒヤ・ジャメ（Yahya Jammeh）大統領を排除するために，2017年1月，「ECOWASガンビア・ミッション」（ECOWAS Mission in The Gambia: ECOMIG）をESFとして同国に派遣している．

新たな安全保障課題

ECOWASが近年直面する重大な安全保障課題のひとつにテロリズムがある．たとえば，アルジェリアで創設された「イスラーム・マグレブのアル=カーイダ」（al-Qaida in the Islamic Maghreb: AQIM）というイスラーム主義組織は，2012年にマリでの武装蜂起に関与し，一時，同国北部を実効支配下に置いた．その後，フランス軍の掃討作戦によって勢力は衰えたものの，マリのほかブルキナファソやコートジボワールにも進出してホテルなどの襲撃事件を起こしている［佐藤 2017］．また，ナイジェリア北部では，特に2010年代に入って，「ボコ・ハラム」（Boko Haram:「西洋教育は罪」の意）というイスラーム主義武装組織による襲撃，誘拐，自爆といったテロ事件が頻発してきた［白戸 2017］．

これに対して，ECOWASは2012年，「ECOWASマリ・ミッション」（Mission de la CEDEAO au Mali: MICEMA）というPSO部隊をマリの紛争に派遣しようとしたが，同国暫定政府がその受入れに反対したことや派遣のための財源が確保できなかったことなどもあって展開を断念した［山根 2018: 58; Tejpar and de Albuquerque 2015］．また，ボコ・ハラムに関しては，地域大国を自負するナイジェリアがECOWASの介入を望まなかったため，やはりそのPSOは展開されていない．このように，テロリズムは今日の西アフリカの重大な安全保障課題でありながら，これまでECOWASは必ずしもそれに十分に対応できずにきた．2018年7月には，「平和・安全保障・安定，およびテロリズムと暴力的過激主義への戦いに関するロメ宣言」がECOWAS首脳会議で採択され，テロや暴力的過激主義と戦う姿勢が強く表明されてはいるものの，ECOWASが西アフリカのテロ対策において主導的な役割を果たす気配はいまのところまだみられない．

また，ECOWASは近年，海洋安全保障への地域的な取り組みを強化している．ECOWAS加盟諸国は総じて海上警備能力が脆弱であるため，これまでその周辺海域では，海賊，密輸，密漁などが横行してきた．これに対してECOWASは，2014年3月に「ECOWAS統合海洋戦略」（ECOWAS Integrated Maritime Strategy: EIMS）を採択し，海上ガバナンスの強化を謳うようになった．そして，それ以

降，ドナーの支援を受けつつECOWASは，EIMSにもとづいて，加盟諸国の海域を３つのゾーンに分け，各ゾーンに「多国間海洋調整センター」(Multinational Maritime Coordination Center: MMCC)，コートジボワールのアビジャンにMMCCを統轄する「西アフリカ海洋安全保障地域センター」(Centre Régional de Sécurité Maritime de l'Afrique de l'Ouest: CRESMAO) を設置する準備を進め，2015年３月には最初のMMCCがベナンのコトヌに開設されている[3]．

このほか，2010年代には，ドラッグや武器などの密輸やテロリストの国際移動といった国際犯罪に関するECOWAS加盟諸国間の情報共有のために，国際刑事警察機構 (International Criminal Police Organization: INTERPOL) の支援を受けて，「西アフリカ警察情報システム」(West African Police Information System: WAPIS) が導入されている．

2 　中部アフリカ諸国経済共同体（ECCAS）

地域安全保障メカニズム

「中部アフリカ諸国経済共同体」(仏語名Communauté economique des États de l'Afrique Centrale: CEEAC, 英語名Economic Community of Central African States: ECCAS) は，「中部アフリカ関税経済同盟」(Union douanière et économique de l'Afrique Centrale: UDEAC) と「大湖地域諸国経済共同体」(Communauté économique des pays des grands lacs: CEPGL) の加盟諸国を中心として1983年に創設された経済共同体である．

加盟国による分担金未納や国家元首間の確執などもあって，ECCASは創設当初からあまり機能せず，1990年代に入ると，加盟国における政情不安の拡大や紛争の勃発といった問題も加わり，ついに1992年にはほぼ完全な活動停止状態に陥ってしまう．しかし，1998年２月に開催された首脳会議においてECCASの再生が決議され，その後，同共同体は中部アフリカにおける唯一のRECとして認められた．とはいえ，ECCASは，ECOWASと比べると組織的にみてかなり脆弱であり，地域機関というよりもいまなお「首脳フォーラム」のような存在に近い．地域機関である以上，ECCASにも一応，「事務総局」(Secrétariat Général) という常設的な事務機構がガボンのリーブルヴィルに置かれている．しかし，ECOWAS委員会とは異なり，ECCAS事務総局の規模や機能は限定的なものでしかない．また，ECCASの場合には，その加盟国が他の

242　第Ⅴ部　地　域

地域機関にも重複加盟しているケースが多く[4)]，組織としての求心力や一体性も
けっして強くない.

　しかし，1990年代のいわば「冬眠」期をへて，再生ECCASが最も積極的な
活動を展開するようになったのは平和安全保障分野である．たとえば，1999年
には，地域的な平和安全保障能力の構築がECCASの4つの最優先分野のひと
つとして位置づけられ［Meyer 2015: 3］，中部アフリカにおける地域安全保障メ
カニズムとして「中部アフリカ平和安全保障理事会」(Conseil de Paix et de
Sécurité de l'Afrique Centrale: COPAX)が創設された．そして，2000年2月には「中
部アフリカ平和安全保障理事会に関する議定書」がECCAS加盟諸国間で採択
されている.

　同議定書によれば，COPAXの目的は紛争の予防・管理や防衛安全保障分野
の協力促進などとされており（第4条），それは，①「国家首脳会議」(Conférence
des Chefs d'État)，②「閣僚理事会」(Conseil des ministres)，③「防衛安全保障委
員会」(Commission de défense et de sécurité: CDS)，④事務総局から主に構成され
る（第7条）．首脳会議はCOPAXの最高意思決定機関であり，外務大臣や防衛
大臣などでから成る閣僚理事会が首脳会議の決定を履行する．そして，国軍参
謀総長などをメンバーとするCDSが閣僚理事会を補佐する（第8-14条）.

　また，同議定書では，紛争や人道的危機などに関する情報収集を行う「中部
アフリカ早期警戒メカニズム」(Mécanisme d'alerte rapide de l'Afrique Centrale:
MARAC)の創設が合意された（第21条）．MARACは，「国別ビューロー」(Bureau
National: BN)と呼ばれる，政府機関，国際機関，NGO，研究機関などから成る
各加盟国内のネットワークと，個人の資格で報告を行う各国3名程度の「個別
報告者」(Decentralised Correspondent: DC)を通じて紛争関連情報を集め，分析す
る仕組みである．しかし，MARACは2007年に一応は活動を開始したものの，
人員や予算の不足，自国の問題状況を他国と共有することへの各国政府の消極
的姿勢などもあって，それが今日実質的に機能しているかどうかは疑わしい，
との指摘もある［Ingerstad and Lindell 2015; Meyer 2015: 6-9］.

　このほか，COPAX議定書は，「中部アフリカ多国籍軍」(Force multinationale
de l'Afrique Centrale: FOMAC)の創設についても定めている（第23-26条）．
FOMACはその後，ASF構想における中部アフリカの待機旅団として位置づけ
られるようになり，2006年には「ECCAS待機軍」(ECCAS Standby Force:
FOMAC)の創設が合意された．FOMACの常設的な事務局となる「計画策定部」

（Planning Element: PLANELM）はリーブルヴィルに置かれている．

平和支援活動

　このようにECCASは，1990年代末以降，地域安全保障メカニズムの構築という制度面の整備に関してはそれなりの進展をみせてきた．しかし，中部アフリカでは多くの紛争が発生してきたにもかかわらず，ECCASは，その組織としての脆弱性や加盟国間の対立などもあって，ECOWASが展開したようなPSOをほとんど展開できずにきた．そのほぼ唯一の例外が，中央アフリカ共和国への介入である．

　中央アフリカ共和国では2002年，国内政情が急速に悪化し，これに対して，「中部アフリカ経済通貨共同体」（Communauté économique et monétaire de l'Afrique Centrale: CEMAC）という地域機関が「中央アフリカ多国籍軍」（Force multinationale en Centrafrique: FOMUC）という部隊を同国に派遣した．CEMACという地域機関の創設が合意されたのは1994年のことだが，同共同体はもともと植民地期に起源をもつUDEACの後継組織であり，その意味で，組織としてのCEMACの歴史は1983年設のECCASよりも実質的に古く，組織的な求心力や正当性も強かった．また，CEMAC加盟国はすべてECCASのメンバーでもあったが，当時のECCASは「冬眠」期をへて再生されたばかりであり，独自のPSOを展開できるような状況にはなかった．そこで，ガボンやチャドといった中部アフリカの仏語圏諸国は，ECCASではなくCEMACを通じて中央アフリカ共和国の紛争に軍事介入するという道を選んだ．

　その後およそ6年間，FOMUCはフランスや「欧州連合」（European Union: EU）の支援を受けて活動を展開したものの，複数の反政府武装勢力が国土の大半を群雄割拠する事実上の国家崩壊の状態に陥り，2008年7月には，ECCASが派遣した「中央アフリカ平和定着ミッション」（Mission de consolidation de la paix en Centrafrique: MICOPAX）に活動を引き継いだ［Meyer 2011: 21-22］．しかし，MICOPAXも，700名規模の要員しかいなかったこともあって，そのPSOは事態の改善にはほとんど貢献せず，2013年にはイスラム系反政府武装勢力の「セレカ」（Séléka）が首都バンギを制圧することを許してしまう．これに対して，ECCASはMICOPAXの要員を2000人へと増強してなんとか治安回復や武装解除を試みようとするが，キリスト教系武装勢力の「アンチバラカ」（Antibalaka）が結成されてムスリムへの襲撃や殺戮を開始し，事態は深刻な大

量虐殺の様相を呈するようになる．そうしたなか，2013年12月にフランスが中央アフリカに軍事介入する．また，ECCASに任せておくことで状況がさらに悪化することを危惧したAUが同月，フランス軍の支援を受けつつ，MICOPAXを増強する形で5500人規模の「アフリカ主導中央アフリカ共和国国際支援ミッション」(African-led International Support Mission to the Central African Republic: MISCA) を展開させた．その後，MISCAは2014年，それを母体に創設された「国連中央アフリカ多面的統合安定化ミッション」(United Nations Multidimensional Integrated Stabilization Mission in the Central African Republic: MINUSCA) に活動を引き継いでいる［武内 2014: 25］.

このように，ECCASによるこれまでのところほぼ唯一のPSOであるMICOPAXは，CEMACによるFOMUCと同様，中央アフリカ共和国の紛争解決にはほとんど貢献せず，事実上の失敗に終わったといえよう．しかし，CEMACがFOMUCの失敗を契機に平和安全保障分野から撤退し，経済通貨協力分野にその活動を集中させるようになったのに対して，ECCASは中部アフリカにおけるASF地域待機旅団の整備を担うRECとして，MICOPAX失敗の教訓を踏まえつつ，今後とも平和安全保障分野で一定の役割を果たすことが求められている．

しかし，考えてみれば，もともと「中部アフリカ」という地域は，言語的にも歴史的にも経済的にも地域としての一体性や共通性を著しく欠いている．それは，「北部，西部，南部，東部アフリカに囲まれ，かつ，そのいずれの地域にも属さない残余のような圏域」でしかない．また，中部アフリカには，西アフリカにおけるナイジェリア，南部アフリカにおける南アフリカ，北アフリカにおけるエジプトに相当するような地域的なリーダー国もみられない [Meyer 2011: 28-30; 2015: 11-12]．にもかかわらず，同地域には，中央アフリカ共和国やコンゴ民主共和国のように独立以来政情不安定な国が少なくないのである．アフリカのなかで最も脆弱なRECsのひとつであるECCASが，地域としての一体性を著しく欠き，地域的なリーダー国もなく，かつ，政情がほぼ慢性的に不安定な中部アフリカの紛争対応を担っていくためには，これまでの首脳外交偏重のECCASの機構改革や組織能力強化に加えて，フランス，アメリカ，EU，AU，他のRECs，国連などからの支援とそれらとの連携が欠かせないだろう．

新たな安全保障課題

海洋安全保障のための地域的戦略をアフリカの地域機関のなかで最も早く策定したのは，おそらくECCASであろう．ECCAS諸国は2009年，「ギニア湾におけるECCASの重要な海洋権益を確保するための戦略に関する議定書」を採択している．そして，ドナーの支援を仰ぎつつECCASは，その海域を２つのゾーンに分け，ECOWASと同様，海賊や密輸などの情報収集を行う「多国間調整センター」(Centre multinational de Coordination: CMC) を各ゾーンに設けるとともに，2014年10月，２つのCMCを統轄する，ECOWASのCRESMAOに相当する「中部アフリカ海洋安全保障地域センター」(Centre Régional de la Sécurité Maritime de l'Afrique Centrale: CRESMAC) をコンゴ共和国のポワントノワールに開設した．他方，2014年９月には，西アフリカのCRESMAOと中部アフリカのCRESMACを連携させる機関として「地域間調整センター」(Inter-regional Coordination Center: ICC) がカメルーンのヤウンデに設置されている．とはいえ，こうした海賊や密輸などの海上犯罪に対する海洋ガバナンスの強化は，ギニア湾の安全航行に強い関心を抱くアメリカやドイツといったドナー主導で推進されてきたという経緯があり，ECOWASやECCASのオーナーシップは必ずしも強くない．

他方，西アフリカと同様に中部アフリカでも近年，イスラーム過激派によるテロリズムの脅威が拡大しつつある．特に，チャドとカメルーンはナイジェリア北部から越境してくるボコ・ハラムの脅威に晒されてきた．これに対して，ECCASは2018年７月，ECOWASとの合同サミットをトーゴのロメで開催し，前述のロメ宣言を共同採択して，テロと戦う姿勢を表明している．しかし，ボコ・ハラムの脅威に晒されているチャドとカメルーンがECCASではなく，「チャド湖流域委員会」(Lake Chad Basin Commission: LCBC) という別の地域機関が展開する「対ボコ・ハラム多国籍合同タスクフォース」(Multinational Joint Task Force against Boko Haram: MNJTF) に部隊を派遣している事実からも明らかなように，ECCASが本格的なテロ対策に乗り出す様子はこれまでのところまだみられない．中部アフリカにおけるテロの影響は加盟諸国間で大きく異なることもあって，ECCASは，テロや過激主義を非難し，その対策強化の重要性を謳いつつも，自らがテロ対応を主導しようとはしていない [Ingerstad and Lindell 2015].

3 南部アフリカ開発共同体 (SADC)

地域安全保障メカニズム

「南部アフリカ開発共同体」(Southern African Development Community: SADC) は,「南部アフリカ開発調整会議」(Southern African Development Coordination Conference: SADCC) を前身として1992年に創設された地域機関である.

純粋な経済共同体として創設されたECOWASやECCASとは異なってSADCは,「南部アフリカ開発共同体条約」という設立条約のなかで,「団結, 平和そして安全保障」をその活動分野のひとつとして当初から掲げていた (第4条). そして, 創設直後から地域安全保障問題への取り組みを活発化させ, 1996年6月には,「政治・防衛・安全保障機関」(Organ on Politics, Defence and Security: 以下, SADC機関と略す) という地域安全保障メカニズムを設立している. しかし, このSADC機関は, その法的根拠となる取極めが採択されないまま創設されたため, 当初からその位置づけや役割については不明瞭な点が多かった. たとえば, 同機関の初代議長国となったジンバブエは, SADC機関はもともとジンバブエ民族解放闘争支援を目的に1975年に創設された「フロントライン諸国」(Frontline States: FLS) の後継的組織であり, FLSがかつてのSADCCとは別組織であったように, SADC機関もSADC本体とは別の組織とみなされるべきである, と主張した [Nathan 2016: 39-42]. そして, ジンバブエのロバート・ムガベ (Robert Gabriel Mugabe) 大統領は, その後5年間にわたって同機関の議長を務め, SADCの最高意思決定機関である「国家元首政府首脳会議」(Summit of Heads of State and Government: 以下, サミットと略す) に報告や相談を十分にすることなく, SADC機関独自の判断で紛争対応を行った. また, SADC機関の事務所管は当初, ボツワナのハボローネにあるSADCの「事務局」(Secretariat) ではなく, 機関議長国の政府が担当したため, 同機関の審議内容や決定事項がSADC本体の事務局や加盟国政府に対して十分に周知されることもなかった.

こうしたSADC本体とSADC機関の間の曖昧な関係性を整理するとともに, 後者に法的な根拠を与えるために2001年8月に採択されたのが「政治・防衛・安全保障協力に関する議定書」である. 同議定書は, SADC機関の目的を南部アフリカ地域における平和と安全の促進とした上で, 同機関をサミットの下位組織として正式に位置づけた (第2-3条). また, SADC機関は, ① 活動全般

に対して責任を負う「機関議長」(Chairperson of the Organ)，②前任・現職・後任の3名の機関議長から成る「トロイカ」(Troika)，③外務・防衛・治安などの担当閣僚から構成される「機関閣僚委員会」(Ministerial Committe of the Organ: MCO)，④外務担当閣僚から成る「国家間政治外交委員会」(Inter-State Politics and Diplomacy Committee: ISPDC)，⑤防衛・治安担当閣僚から成る「国家間防衛安全保障委員会」(Inter-State Defence and Security Committee: ISDSC) から主に構成されることが定められた（第3条）．さらに，同議定書では，従来の機関議長国政府ではなくSADC本体の事務局が機関の事務を担当することが明記された（第9条）．

　こうしたSADC機関という地域安全保障メカニズムにおいて最も重要な役割を果たすのが機関議長である．機関議長はSADCのサミットによって毎年選出され，その任期は1年間である．機関議長は，前任と後任の議長とともにトロイカというグループを形成し，地域の平和と安全に関する重要事項について審議する．また，SADCでは，サミットにも前任・現職・後任の議長3名から成るトロイカがあり，必要に応じて機関とサミットの双方のトロイカの首脳6名が参集して協議を行う．議定書には明記されていないが，これを一般に「ダブル・トロイカ・サミット」(Double Troika Summit: DTS) と呼ぶ．トロイカ制が採用されているとはいえ，SADC機関の中核となる機関議長が1年ごとに交代してしまうため，その紛争対応は継続性の面で問題がある，との指摘もある [De Albuquerque and Wiklund 2015]．

　機関議長を補佐するのが，SADC加盟諸国の外務や防衛などを担当する閣僚から成るMCOであり，その下には，外務閣僚などから成るISPDCと，防衛閣僚などから構成されるISDSCが置かれている．MCO，ISPDC，ISDSCのいずれにおいても，議長は機関議長と同じ国の閣僚が担当する．

　こうして2001年に採択された議定書によってSADC機関の概要が定まったことを受けて，サミットは2002年1月，同機関に対して，議定書の具現化のための活動指針となる「SADC機関戦略指示的計画」(Strategic Indicative Plan for the Organ: SIPO) の策定を命じた．SIPOは，当初の5年間のプランが2004年，その改訂版であるSIPO II が2010年にそれぞれ採択されている [SADC 2010; Van Nieuwkerk 2012]．

　このようなSADC機関関連の組織のほかにも，SADCにはいくつかの安全保障関連の組織がある．たとえば，SADC加盟諸国は2007年8月，「南部アフリ

カ開発共同体待機旅団に関する南部アフリカ開発共同体加盟諸国間の覚書」に調印し，同覚書にもとづいて2008年には「SADC待機旅団」（SADC Standby Brigade: SADCBRIG）を創設している．のちにSADCBRIGは，ASFを構成する「SADC待機軍」（SADC Standby Force: SSF）とも呼称されるようになった．そのPLANELMは，ハボローネのSADC事務局内に置かれている．

　また，通常，アフリカの地域機関は独自の軍事訓練センターを所有せず，必要に応じて各国の施設を利用して地域旅団などの合同軍事訓練を実施しているが，SADCは，ジンバブエのハラレに「地域平和維持訓練センター」（Regional Peacekeeping Training Centre: RPTC）という独自の教育訓練機関を有している．

　このほかSADCは2010年，「地域早期警戒センター」（Regional Early Warning Center: REWC）という，紛争対応のための独自の早期警戒システムを創設したほか，2015年には，熟練した外交官などから成る「仲介レファレンスグループ」（Mediation Reference Group: MRG）や，老練な政治家などから成る「長老パネル」（Panel of Elders: PoE）といった組織を設け，それらを合わせて「SADC仲介・紛争予防・予防外交構造」（SADC Mediation, Confict Prevention and Preventive Deplomacy Structure）と呼称するようになった．また，2018年6月には，「平和安全保障課題グループ」（Peace and Security Thematic Group: PSTG）という，平和安全保障分野におけるSADCとドナーの関係強化のためのグループが事務局内で発足している．

　しかし，こうしたSADCの安全保障関連の諸組織や取り組みをめぐっては，問題点を指摘する声が少なくない．たとえば，SADCがジンバブエ政府から引き継いだRPTCでは，SSFを対象とした軍事訓練などが実施されてはいるものの，その質の低さが問題視されてきた．にもかかわらず，同センターの維持管理には多くの費用が必要となるため，SADCのような地域機関がRPTCのような軍事施設を保有し管理運営することの費用対効果を疑問視する声は根強い．また，一部のSADC加盟諸国は従前から他国への情報共有には消極的なため，REWCは2010年に一応発足はしているものの，サミットやSADC機関に対してこれまで十分な情報提供をできずにきた，とする指摘もある［Desmidt 2017: 10］．

平和支援活動

　SADC機関が創設された1996年から，その法的根拠となる議定書が採択され

て同機関の位置づけが明確化される2001年までの約5年間，SADCには，平和安全保障分野をめぐって，サミットとSADC機関という，いわば「ふたつのサミット」が存在した．このため，この時期のSADCによる紛争対応，特にPSOは，実に錯綜した様相を呈した．

たとえば，コンゴ民主共和国では1998年8月，ルワンダとウガンダに支援された反政府勢力が武装蜂起し，紛争が勃発した．これに対して，前年にやはり武力によって政権を奪取して同国の大統領に就任していたローラン・カビラ（Laurent-Désiré Kabila）が速やかにSADCに支援を要請する．そして，その要請を受けて，当時SADC機関議長であったムガベ大統領は，ISDSCの審議などを経て同月，アンゴラ，ナミビア，ジンバブエの3カ国の軍隊を「SADC連合軍」（SADC Allied Forces）と称して，事実上のカビラ政権支援のためにコンゴ民主共和国に派遣した［Nathan 2016: 86-87; 林 2001: 14-15］．この「主権的正当性作戦」（Operation Sovereign Legitimacy: OSLEG）と呼ばれる3カ国による軍事介入は，しかし，SADCサミットの承認をえて行われたものではなかった．特に，当時サミット議長を務めていた南アフリカのネルソン・マンデラ（Nelson Mandela）大統領は，SADCはコンゴ紛争に対して軍事介入するのではなく，あくまでも外交的な手段によってその解決を模索するべきであると考えており，ムガベ機関議長の独断的なイニシアティブによる軍事行動を批判した．しかし，結局，1998年9月に開催されたSADCサミットでは，アンゴラ，ナミビア，ジンバブエの3カ国による軍事行動を半ば追認するかのような形で，コンゴの平和と安定の回復のために派兵したSADC加盟諸国の努力を歓迎する旨の共同宣言が採択されている［De Wet 2014: 367］．

他方，こうしたジンバブエ主導のコンゴ介入を批判した南アフリカもまた，ほぼ同じ頃，SADCを名乗ってレソトへと軍事介入をしている．南アフリカに囲まれた小国レソトでは，1998年5月に実施された選挙結果をめぐって軍を巻き込んだ騒乱状態が発生し，政権崩壊の危機が高まった．こうしたなか，1998年9月，同国のパカリタ・モシシリ（Pakalitha Mosisili）首相がSADCに対して軍事介入を要請し，これに対して，当時サミット議長国であった南アフリカは，モザンビークやジンバブエの政府と協議の上で，ボツワナとともにレソトに軍事介入した．そして，南アフリカとボツワナの部隊はその後，レソト軍と激戦となり，犠牲者を出しながらも騒乱の鎮圧に成功している［林 2001: 11-12］．「ボレアス作戦」（Operation Boleas）と名付けられたこの軍事行動については，南ア

フリカ政府はあくまでもそれをSADCの決定によるものだと主張した．しかし，同作戦に参加したのが南アフリカとボツワナの２カ国のみであり，しかもその主力部隊が南アフリカ軍であったことからも推測できるように，ボレアス作戦は，SADCという地域機関による多国間的なPSOというよりも，レソトの政情不安を憂慮した南アフリカが，単独介入することへの批判を回避するためにボツワナの協力をえて，あたかもSADCの部隊であるかのような装いを最低限整えた上で展開した，事実上の単独的軍事行動であったといえよう．そして，そうした南アフリカ主導の軍事介入の背景には，水源確保プロジェクトを含むレソトでの自国の権益を守ろうとする南アフリカ政府の思惑が働いていたといわれている［Nathan 2016: 82-84］．

　このようにSADC機関設立後しばらくの間，SADCによる紛争対応，特にPSOは，サミットと機関が分立したり，SADC内が分裂したりするなかで，一部の加盟国がSADCを名乗って軍事介入をするという錯綜した形で展開された．しかし，2000年代に入って，SADC機関がサミットの下位組織として正式に位置づけられるとともに，SIPOにもとづく整備や改革が進められた結果，そうした1990年代後半にみられたような混乱状態は次第に解消されていった．近年では，レソトにおいて2017年９月に国軍参謀長が暗殺され，政情が不安定化した際，SADCサミットと機関のDTSが同月に南アフリカのプレトリアで開催され，レソトのトム・タバネ（Tom Thabane）首相の要請にもとづいて同国にPSO部隊を派遣することが決議されている．のちに「SADCレソト予防ミッション」（SADC Preventive Mission in Lesotho: SAPMIL）と命名されたこのSADCによるPSO部隊は，270名というごく小規模なミッションではあったが，2017年12月から治安維持や警備といった活動をレソト国内で正式に開始している．

　なお，SADCによる正式なPSOではないが，一部のSADC加盟諸国が国連の名のもとにコンゴ民主共和国東部で展開してきたのが，「国連介入旅団」（United Nations Force Intervention Brigade: FIB）である．FIB派遣の発端は，「大湖地域国際会議」（International Conference of the Great Lakes Region: ICGLR）という地域機関が2012年５月，コンゴ東部における反政府武装勢力掃討のために「中立的な国際部隊」の創設を決議したことにある[8]．しかしその後，ICGLR内では実際に部隊創設をするためのプロセスが進展せず，その交渉の舞台はSADCへと移った．そして，2012年12月のSADCサミットにおいて，南アフリカとタンザニアの部隊を主力とし，コンゴ東部の反政府勢力の制圧という平和執行を目的とし

たSADC軍の派遣が決議された．ただ，SADCだけではその巨額の派遣費用を負担できないこともあり，結局2013年3月には，「国連コンゴ民主共和国安定化ミッション」（United Nations Organization Stabilization Mission in the Democratic Republic of the Congo: MONUSCO）という，2010年からコンゴ民主共和国に展開していた国連PKOの一部としてFIBが創設された．そして，タンザニア，南アフリカ，マラウイというSADC加盟3カ国の部隊から構成されるFIBは，コンゴ政府軍とともに2013年7月から「3月23日運動」（Mouvement du 23 mars: M23）という反政府武装勢力の掃討作戦を展開し，同年12月までにその制圧に成功している．こうしたFIBによる活動は，必ずしもSADCのPSOではないが，一部のSADC加盟諸国が国連PKOの傘下で武装勢力対処のために武力を行使し，その鎮圧に比較的短期間のうちに成功した事例として国際的な関心を集めた［山下 2015］．

新たな安全保障課題

南部アフリカでは1995年，密輸や人身売買といった国際犯罪に対する警察組織間の地域協力を促進するために，「南部アフリカ地域警察長協力機構」（Southern African Regional Police Chiefs Cooperation Organization: SARPCCO）が創設された．SARPCCOは当初，SADCとは別個の地域機関であったが，2002年10月にはSADCが「犯罪人引渡議定書」と「刑事共助議定書」を採択するなど，SADC内でも警察分野の地域協力が推進されるようになり，ついに2006年のSADCサミットにおいて，SARPCCOをSADCへと統合する方針が合意された．そして，2009年にSARPCCOはSADC機関のISDSCの下部組織へと正式に移行している．SARPCCO本部はハラレに置かれており，盗難車の追跡やドラッグなどの密輸の取り締まりのための地域的な捜査協力を進めている［Nathan 2016: 61-62］．

他方，国際社会では，2000年10月に女性と平和・安全保障問題を初めて明確に関連づけた国連安全保障理事会決議1325が採択されて以来，「女性・平和・安全保障」（Women, Peace and Security: WPS）という課題への関心が高まりをみせるようになった．そして同決議以降も，国連安保理では，紛争下における性暴力からの女性の保護といったWPS関連の個別的課題をめぐる決議が何度も採択されている．こうした国際社会の潮流を受けてSADCも，2018年8月，平和安全保障分野におけるジェンダー主流化や紛争下の性暴力からの女性の保護

252　第Ｖ部　地　域

を謳った「女性・平和・安全保障に関するSADC地域戦略（2018-2022）」を発表している．

おわりに

　本章では，AUが公認する8つのRECsのうち，ECOWAS，ECCAS，SADCという3つの地域機関を取り上げ，その地域安全保障イニシアティブを，① 地域安全保障メカニズム，② 平和支援活動，③ 新たな安全保障課題，という3つの視点で概観してきた．

　そうした考察から明らかになったように，本章で取り上げた3つのRECsによる地域安全保障イニシアティブには，地域安全保障メカニズムのような制度面では共通点が多く，また，その整備にはある程度の進展がみられたのに対して，PSOという実践面では，その展開の仕方や成果をめぐってかなりの差や相違点がみられた．地域安全保障メカニズムという「制度」を整備することは比較的たやすいが，当然のことながら，PSOという「実践」を遂行するのには，費用面も含めて実に多くの困難が伴う．しかし，地域安全保障イニシアティブをめぐってアフリカのRECsに対していま強く求められているのは，これまでのような「制度」をめぐる成果ではもはやなかろう．ASFの地域待機旅団の運用化を含む「実践」における成果を挙げることこそが，いま強く期待されている．

注
　1）アフリカには大小様々な地域機関が数多くみられるが，AUはそのうち8つの機関──すなわち，① 「アラブ・マグレブ連合」（Arab Maghreb Union: UMA），② 「サヘル・サハラ諸国国家共同体」（Community of Sahel-Saharan States: CEN-SAD），③ 「西アフリカ諸国経済共同体」（Economic Community of West African States: ECOWAS），④ 「中部アフリカ諸国経済共同体」（Economic Community of Central African States: ECCAS），⑤ 「東アフリカ共同体」（East African Community: EAC），⑥ 「政府間開発機構」（Intergovernmental Authority on Development: IGAD），⑦ 「東南部アフリカ市場共同体」（Common Market for Eastern and Southern Africa: COMESA），⑧ 「南部アフリカ開発共同体」（Southern African Development Community: SADC）──をRECsとして公認している．
　2）議定書が定める各OMZに含まれるECOWAS諸国は次のとおりである（下線はZB所在国）：第1ゾーン（_ガンビア_，カーボヴェルデ，ギニアビサウ，セネガル），第2ゾーン

（ブルキナファソ，コートジボワール，マリ，ニジェール），第3ゾーン（リベリア，ギニア，シエラレオネ，ガーナ），第4ゾーン（ベナン，ナイジェリア，トーゴ）．

3）EIMSが定める各ゾーンに含まれるECOWAS諸国は次のとおりである（下線はMMCC設置予定国）：ゾーンE（ベナン，ナイジェリア，トーゴ，ニジェール），ゾーンF（ガーナ，ブルキナファソ，コートジボワール，リベリア，シエラレオネ，ギニア），ゾーンG（カーボヴェルデ，セネガル，ガンビア，ギニアビサウ，マリ）．

4）たとえば，ブルンジやルワンダはEACと「東部アフリカ待機軍」（Eastern Africa Standby Force: EASF），コンゴ民主共和国とアンゴラはSADC，チャドとカメルーンはCEN-SADにそれぞれ重複加盟している．

5）CEMACの加盟国は，カメルーン，コンゴ民主共和国，ガボン，中央アフリカ共和国，コンゴ，チャド，赤道ギニアの7カ国であり，そのすべての国がECCASにも重複加盟している（2018年8月現在）．

6）ECCASの海域は，ゾーンA（アンゴラ，コンゴ，コンゴ民主共和国）とゾーンD（カメルーン，ガボン，赤道ギニア，サントメ・プリンシペ）の2つのゾーンに分けられている（下線はCMC設置国）．

7）LCBCの加盟国は，カメルーン，チャド，中央アフリカ共和国，リビア，ニジェール，ナイジェリアの6カ国である（2018年9月現在）．

8）ICGLRの加盟国は，アンゴラ，ブルンジ，中央アフリカ共和国，コンゴ，コンゴ民主共和国，ケニア，ウガンダ，ルワンダ，南スーダン，スーダン，タンザニア，ザンビアの12カ国である（2018年8月現在）．

参考文献

邦文献

落合雄彦［2002］『西アフリカ諸国経済共同体（ECOWAS）』平成13年度国際協力事業団準客員研究員報告書，国際協力事業団国際協力総合研修所．

佐藤章［2017］「イスラーム主義武装勢力と西アフリカ——イスラーム・マグレブのアル=カーイダ（AQIM）と系列組織を中心に——」『アフリカレポート』(55): 1-13（https://ir.ide.go.jp/ 2018年8月29日閲覧）．

白戸圭一［2017］『ボコ・ハラム——イスラーム国を超えた「史上最悪」のテロ組織——』新潮社．

武内進一［2014］「中央アフリカにおける国家の崩壊」『アフリカレポート』(52): 24-33（https://ir.ide.go.jp/ 2018年8月29日閲覧）．

林晃史［2001］「南部アフリカにおける地域機構と紛争」『敬愛大学国際研究』(7): 1-19.

山下光［2015］「MONUSCO介入旅団と現代の平和維持活動」『防衛研究所紀要』18(1): 1-30（http://www.nids.mod.go.jp/ 2018年9月7日閲覧）．

山根達郎［2018］「テロ対策と両立する「領土的一体性」に挑むマリ」，足立研幾編『セキュリティ・ガヴァナンス論の脱西欧化と再構築』ミネルヴァ書房，49-74.

欧文献

Bach, D.C. ［2016］*Regionalism in Africa: Genealogies, Institutions and Trans-state*

Networks, Abingdon: Routledge.

De Albuquerque, A.L. and C.H. Wiklund [2015] *Challenges to Peace and Security in Southern Africa: The Role of SADC*, Studies in African Security, FOI Memo 5594, Project No. A15104 (https://www.foi.se/ 2018年 8 月27日閲覧).

Desmidt, S. [2017] *Understanding the Southern African Development Community: Peace and Security: How to Fight Old and New Demons?* ECDPM (https://ecdpm.org/ 2018年 9 月 4 日閲覧).

De Wet [2014] "The Evolving Role of ECOWAS and the SADC in Peace Operations: A Challenge to the Primacy of the United Nations Security Council in Matters of Peace and Security?" *Leiden Journal of International Law*, 27 (2): 353–369.

Ingerstad, G. and M.T. Lindell [2015] *Challenges to Peace and Security in Central Africa: The Role of ECCCAS*, Studies in African Security, FOI Memo 5327, Project No. A15104 (https://www.foi.se/ 2018年 8 月27日閲覧).

Meyer, A. [2011] *Peace and Security Cooperation in Central Africa: Developments, Challenges and Prospects*, Discussion Paper 56, Uppsala: Nordiska Africainstitutet (http://www.diva-portal.org/ 2018年 8 月29日閲覧).

──── [2015] "Preventing Conflict in Central Africa: ECCAS Caught between Ambitions, Challenges and Reality," *Central Africa Report*, Issue 3, Institute for Security Studies (https://issafrica.org/ 2018年 8 月29日閲覧).

Nathan, L. [2016] *Community of Insecurity: SADC's Struggle for Peace and Security in Southern Africa*, paperback edition, London and New York: Routledge.

Southern African Development Community (SADC) [2010] *Strategic Indicative Plan for the Organ on Politics, Defence and Security Cooperation: Revised Edition* (https://www.giz.de/ 2018年 9 月 4 日閲覧).

Tejpar, J. and A.L. de Albuquerque [2015] *Challenges to Peace and Security in West Africa: The Role of ECOWAS*, Studies in African Security, FOI Memo 5382, Project No. A15104 (https://www.foi.se/ 2018年 8 月27日閲覧).

Van Nieuwkerk, A. [2012] *Towards Peace and Security in Southern Africa: A Critical Analysis of the Revised Stratigic Indicative Plan for the Organ on Politics, Defence and Security Co-operation (SIPO) of the Southern African Development Community*, Africa Peace and Security Series No. 6, Maputo: Friedrich-Ebert-Stiftung (http://library.fes.de/ 2018年 9 月 4 日閲覧).

(落合 雄彦, ダニエル・バック)

第VI部 人間

第19章　人間の安全保障

はじめに

　現在，我々人類は様々な脅威にさらされております．地球温暖化問題を始めとする環境問題は，我々のみならず将来の世代にとっても重大な問題であり，薬物，人身売買等の国境を越えた広がりを持つ犯罪も増加しています．貧困，難民，人権侵害，エイズ等感染症，テロ，対人地雷といった問題も我々にとって深刻な脅威になっております．さらに，紛争下の児童の問題も見過ごすことのできない問題です．私は，人間は生存を脅かされたり尊厳を冒されることなく創造的な生活を営むべき存在であると信じています．人間の安全保障とは，比較的新しい言葉ですが，私はこれを，人間の生存，生活，尊厳を脅かすあらゆる種類の脅威を包括的に捉え，これらに対する取り組みを強化するという考え方であると理解しております．

　これは，1998年12月，ベトナムのハノイで小渕恵三首相（当時）が行った「アジアの明日を創る知的対話」演説の一節である．当時，アジアは著しい経済発展を遂げていた反面，アジア通貨危機を経てさまざまな社会的ひずみが指摘されていた．小渕の演説には社会的弱者への配慮をおろそかにしない経済発展のかたちを訴えるねらいがあり，人間の安全保障に対する「日本型」の包括的な姿勢が如実に示されている．

　本章では，人間の安全保障をアフリカの文脈で考える．貧困や難民問題などの脅威は，アジアだけでなくアフリカを含む世界的な問題である．日本のODAをめぐる政策文書をみても，アフリカにおける人間の安全保障という課題は常に優先されている．そして，アフリカと人間の安全保障について取り上げる際，アフリカ，特にルワンダの事例は避けて通ることができない．なぜなら，かつてルワンダで起きたジェノサイドは，人間の安全保障が世界的に切実に問われるようになった象徴的な事件だからである．

258   第Ⅵ部　人　間

　ルワンダには，主にフトゥとトゥチという2つの民族集団（エスニック・グルー
プ）がおり，8割以上の人口をフトゥが占めている．身体的特徴や生業に多少
の違いはあっても両者は混じり合って暮らしていたが，宗主国ベルギーは，植
民地経営を円滑に行うために，20世紀前半にフトゥとトゥチを明確に分離して
対立させる分断統治を導入した．独立後は，多数派のフトゥ系を代表する政権
に対抗する形で，隣国ウガンダで組織されたトゥチ系のルワンダ愛国戦線
（Rwandan Patriotic Front: RPF）が勢力を伸ばし，1990年代にはRPFと政府軍が本
格的に交戦した．1993年に和平合意が締結されて事態は収束するかにみえたが，
政権の内部には和平合意に反発する者もいた．1994年4月にジュベナール・ハ
ビャリマナ（Juvénal Habyarimana）大統領が暗殺されると，多数派フトゥが握る
政府組織とそれに同調するフトゥ過激派が，少数派トゥチおよびフトゥ穏健派
を対象とするジェノサイドを開始し，少なくとも80万人が殺害された［UNHCR
2011: 245］．

　こうしたルワンダの人道危機を阻止できなかった要因として，国際社会の非
協力的な姿勢が指摘されている．現場にいた国連平和維持軍が本部に連日報告
を続け，増援を要請していたにもかかわらず，安全保障理事会をはじめとする
国際社会は効果的な策をとることができなかった．紛争が収束した後，ルワン
ダはアフリカ諸国のなかでも特に高い経済成長率を誇っているが，市民や社会
が受けた傷はいまだに癒されていない．

　本章では以下，人間の安全保障という概念の興りをまず概観し，次いでルワ
ンダにおける人間の安全保障の実践例を紹介する．

1　人間の安全保障の興り

　国連開発計画（United Nations Development Programme: UNDP）発行の『人間開
発報告書』では，その1993年版でまず旧来の安全保障の概念を乗り越える必要
性が訴えられ，次いで翌年発行の1994年版において「人間の安全保障」（human
security）という新しい概念がより詳細に議論された．そして，1999年に日本が
主な出資国となり，人間の安全保障の理念を実践するための「人間の安全保障
基金」（United Nations Trust Fund for Human Security: UNTFHS）が設立されている．
その後，緒方貞子とアマルティア・セン（Amartya Sen）を共同議長として「人
間の安全保障委員会」（Commission on Human Security）が発足し，2003年には議

第19章　人間の安全保障　259

論の成果文書として『安全保障の今日的課題』が出版された［人間の安全保障委員会 2003］．さらに，2012年には人間の安全保障の定義に関する国連総会決議が初めて採択されている．

人間の安全保障は，「欠乏からの自由」と「恐怖からの自由」になぞらえて説明されることが多い．これらはフランクリン・ローズヴェルト（Franklin D. Roosevelt）が提唱した「4つの自由」（Four Freedoms）に由来し，また，妻のエレノア・ローズヴェルト（Eleanor Roosevelt）が世界人権宣言の草稿に反映させた概念でもある［Hunter 2013: 邦訳4］．人間の安全保障は，国連加盟国によって批准され世界的な規範となった人権思想を組み込むことで，より政治的に実効力のある概念とみなさるようになった．

しかし，国連の場での人権の議論は，相手国の人権侵害を互いに非難しあうという「暴き合い」の場を形成しがちである．国連で働き始めた当初から，緒方は人権思想が外交の舞台で他国を攻撃する手段として利用される事例を目撃する一方で［野林・納屋編 2010: 98-102］，政治力をもつ大国を巻き込まない人道支援には物量的な限界があることも経験した．そして，この緒方が感じた理念と現実政治のジレンマが，後になって人間の安全保障という概念の形成につながったと考えられる．難民高等弁務官を退任した後，緒方は2003年から国際協力機構（Japan International Cooperation Agency: JICA）の理事長に就任し，人間の安全保障をJICAの活動の柱のひとつに掲げた．中長期的な視点が求められる開発援助と迅速な対応が求められる人道支援との間にギャップがあると感じた緒方は，紛争直後の人道支援から開発援助にスムースに移行すること，そして現場のニーズに立脚した支援を展開することを重視した［野林・納屋編 2010: 262-268］．

人間の安全保障という概念を論じるときにしばしば参照される，欠乏と恐怖をめぐる2つの自由概念は，少なくとも援助の現場では当初，別々の枠組みとして捉えられていた．しかし，両者は，国連事務総長であったコフィ・アナン（Kofi Atta Annan）の演説によって結び付けられるようになり，そこに人間の安全保障委員会［2003］においてさらに「尊厳」の概念が付け加えられた．こうして，人間の安全保障の基本理念が形づくられることになる．

こうした人間の安全保障の理念を達成するための手段として，しばしば「保護」と「能力向上」が掲げられる．難民支援の現場を目の当たりにし，とにかく彼らを生き残らせることを職務とした緒方が「保護」の重要性を打ち出し，

生き方の選択肢と選択する自由を意味するケイパビリティ（潜在能力）の拡大によって貧困の連鎖を打破しようと訴えるセンが「能力向上」を提唱したとされる．

　一概に「保護」といっても，人間の安全保障を実現する手段としての保護にはさまざまな類型化が可能である．たとえば，旭英昭［2015］は，「保護」の種類として，（1）「国家建設」を支援し脆弱な国家を機能せしめることで人間の安全保障を実現させるやりかた，（2）国家機能に大きな問題がなかったとしても自然災害や感染症など一国では対処できない際に「国家間の調整」を図ることで問題に対処しようとするやりかた，（3）甚大な危機に瀕しているにもかかわらず国家に人びとを守る意思がない場合に，いわゆる「保護する責任」の論理によって人間の安全保障を守るやりかた，の3類型を提示している．この類型からもわかるとおり，人間の安全保障と国家安全保障は相反するものではなく，状況に応じて相補的な関係をもたせることが可能である．また，これらのどの場合であっても国家主権の枠を超えた活動が想定されている．特に（3）は，一部の途上国からは大国に介入を許す論理として警戒されているが，これはあくまでも「保護する責任」（Responsibility to Protect: R 2 P）のことであり，国連では人間の安全保障とは明確に切り離されている．

　とはいえ，国家によるものであれ，援助機関によるものであれ，「上から」の「保護」は，所詮は応急処置的なものでしかない．人間の安全保障を実現させるためには，再び小渕の表現を借りれば，人間が生存を脅かされたり尊厳を冒されたりすることなく，創造的な生活を持続的に営むことができる環境をつくりださなければならない．そのため，「上から」の「保護」と合わせて，「下から」の「能力向上」が重要になってくる．

　ここでいうところの「能力向上」というのは，エンパワーメントの訳語である．日本語では身体能力や学力の向上を想起させるが，もともとの意味は「人びとに力を与えること」である．一般に，子どもや女性，老人，障害者，少数民族などのカテゴリーに含まれる人びとは，社会的，政治的，経済的に脆弱な立場に置かれやすく，災害や貧困，感染症などが結びついて状況が悪化する危険性（ダウンサイドリスク）が高い．「能力向上」とは，そうした人びとに経済的自立や自己決定を促し，保護されるだけの存在ではなく主体的な個として創造的な生活を営めるように支援することを意味する．

　そもそも人間の安全保障とは，一人ひとりの人間に安全を確保することであ

る．国際政治学や安全保障研究の分野では，安全が確保されるべき主体を「国家」から「個人」へとシフトさせたところが，この概念の最も革命的な側面だと考えられている．そして，人間の安全保障が達成されている状態というのは，すべての人間が尊厳を尊重され，欠乏と恐怖に苦しまなくてもすむ状態であり，それを達成するための手段が保護と能力向上だということになる．東アジアでは，人間の安全保障のそのような理解はかなり定着しており［Hernandez et al. 2018］，これからアフリカを舞台とする実践的な応用研究が待たれている．

人間の安全保障に対するよくある批判として，人間の安全保障は対象や手段を厳格に定義づけすることをしないため，効果的な実践ができないというものがある．しかしながら，それは欠点ではなく特徴として捉えることができよう．誰が，どのような危機に瀕していて，何が求められているのかを一義的に外部者が決めてしまうのではなく，あくまでも現場の判断を尊重し，現場に求められていることに応えようとする，それが人間の安全保障の基底にある発想であり，緒方が強調した「現場主義」にほかならない．

2 ルワンダにおける人間の安全保障の実践

ルワンダでは1994年7月，ハビャリマナ大統領の暗殺からおよそ100日後に戦争終結宣言が行われた．民族融和を掲げながら，同国政府はIT環境を含むインフラの整備，農業の近代化，女性の活用を積極的に推し進めてきた．この結果，ルワンダは2014年以降年平均8％の経済成長を実現している．

ところで，人間の安全保障の基本的な考え方についてはすでに整理したが，それをアフリカにおいて具体的にどのように応用するかについては，なかなかイメージしにくいかもしれない．そこで本節では，前述のUNTFHSの支援を受けてルワンダで行われているプロジェクト「ンゴロレロ郡における自然災害と気候変動に対するレジリエンスの強化を通じた人間の安全保障の強化」を取り上げ，開発プロジェクトの一環としての人間の安全保障についてみていきたい．

ルワンダは国土こそ狭いものの，多様な地形をもつ国である．東部には平野が広がる一方，西部には幾千もの山々が連なっている．自然災害の種類も地域によって異なり，東部では干ばつが，西部では地滑りや落雷が大きな問題となっている．同プロジェクトの実施地域であるンゴロレロ郡（Ngororero District）は，

首都キガリ（Kigali）から西へ車で2時間ほどの距離にある（図19-1）．同地区は国内でも最も自然災害に脆弱な地域に指定され，特に同地区内の北東にあるカバヤ（Kabaya）と南東にあるソヴ（Sovu）は脆弱な環境下に置かれた人びとが多いため，プロジェクトが優先的に実施されている．同プロジェクトでは，UNDPが実施担当機関として予算の分配を行い，世界保健機関（World Health Organization: WHO），国連児童基金（United Nations Children's Fund: UNICEF），国連人間居住計画（United Nations Human Settlements Programme: UN-HABITAT），国際労働機関（International Labour Organization: ILO）等がルワンダの災害対策難民問題省（Ministry of Disaster Management and Refugee Affairs: MIDIMAR）やNGO等と協調して複数の開発計画を運営している．なお，ルワンダは，ミレニアム開発目標（Millennium Development Goals: MDGs）達成への取り組みを支援するために設立された「ひとつの国連」（One UN）のパイロット国に選定された．開発と平和を結びつけながら国連諸機関が相互に協調して活動するところに，国連の人間の安全保障の実践における特徴が現れている．

職業訓練所

ルワンダでは，産業の脱農業化がひとつの課題とされてきた．同プロジェクトでは，主にILOが中心となって経済的に脆弱な人びとに職業訓練を行い，自立した生活を営めるよう支援している．受益者は，事前に行われるインタビュー

図19-1　ルワンダにおけるンゴロレロ郡の位置

調査により選定され，縫製や溶接，調理，製靴，大工，製パン，理髪，石工，漁業，トマト栽培，芋栽培，石鹸製造，機械工，装飾といった候補のなかから自分が受ける訓練の種類を選ぶことができる（写真19-1）．ILOのローカルスタッフによれば，性別による選択の制限はなく，男性の職とされていた溶接に女性が，女性の職とされていた縫製に男性が応募する事例も少しずつ増えているという．訓練を修了した後は，それぞれが選択したコースに従ってビジネス・スタートアップ・キットが支給され，受益者自身でビジネスを行うことが期待される．修了生にインタビューを実施してみたところ，不確かではあっても収入源を得て家族を養うことができるようになったという声を聞くことができた．もっとも，各人が初期投資に投入できる資金はとても少ないので，ビジネスの拡大という面において課題は残る．

水道の整備

UNICEFの支援のもと，行政機関の協力を得て水道の整備が行われ，受益者は無料で水を享受することができるようになった．先述したように，ルワンダの，特に東部は非常に険しい山々が連なる土地である．ソヴに位置するある村では，湧き水を得るために長時間歩くという手間が省けたことにより，自分でビジネスを展開する時間的余裕ができたと語る受益者もいた．水は，炊事や洗濯などあらゆる家事の基本である．水が容易に手に入るようになったことで，地域住民は生活が便利になっただけでなく，節約された時間を使って，他のことに目を向けることができるようになったのである．

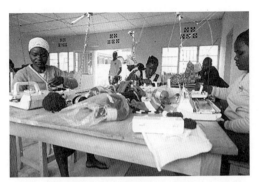

写真19-1　職業訓練の風景
出所）筆者（佐藤）撮影（2017年11月24日）．

264 第Ⅵ部 人 間

ヘルスポスト

ンゴロレロ郡のように多くの山と谷がある地域では，病院へのアクセスが大きな課題である．郡の中心には中規模の病院があるが，移動そのものが困難であるため緊急事態に対処することが難しく，かといって小さな村々に病院を建てるほどの予算は捻出できない．ソヴでは特にそれが顕著であった．そこでUN-HABITATは，役所として使われていた建物を改築し，簡易診療所として使用している．ヘルスポストができるまでは自宅出産が主流であり，母体に大きな危険があったが，出産する場所ができたことにより，より安全な出産が可能になった．これには，防災の面ですでに存在していた早期警報システムを保健部門に応用していることが大きい．出産が近い時期になったら「ウォッチ・ドッグ」と呼ばれる地元の人びとがヘルスポストに連絡し，受け入れの準備を事前に整えるのである．

グリーンヴィレッジ

ンゴロレロ郡では，傾斜の激しい土地での降雨に伴う地滑りが大きな課題となっている．特に経済的に脆弱な人びとは傾斜が急なところに住まざるを得ないため，結果的に地滑りの被害を受けやすいという悪循環になっている．グリーンヴィレッジは，そのような極端に脆弱な人びとに対して，平坦な場所（セーフティ・ゾーン）への移住を促すことを目的としている．特筆すべきは，その住宅が環境に優しい設計になっていることである．電力はソーラーパネルを利用し，水は雨水をタンクで貯めてまかなう構造になっており，収入源のない人びとでも負担が小さくなるように工夫されている．現状では住宅10棟程度が建設されているが，将来的には保育施設や病院も建てた上でひとつの村にする構想になっている．目下の課題は，移住した人びとの経済的基盤をどのように確保するかにある．

おわりに

人間の安全保障が初めて国連文書に明記されてから，すでに20年以上の歳月が経過している．当時世界各地で頻発していた民族紛争の多くは収束の方向へと進んでいるが，今もなお「人間の安全保障」の対象となるべき人びとは世界中に存在する．特にアフリカにおける近年の重要な動きとして，「アジェンダ

2063」を挙げることができる.「アジェンダ2063」とは,2015年にアフリカ連合（African Union: AU）が採択した行動計画である［AU 2015］. 5 年, 10年, 25年と区切った行動目標を設定することで女性のエンパワーメントといったアフリカ全体における問題群の解決をうたっており, そこには人間の安全保障に対する関心の高さがうかがえる. 緊急事態をいかに早く収束させるかを重視するR2Pとは異なり, このように長い時間をかけてじっくりと個人や社会をみていくところに, 人間の安全保障の特徴がよく現れているといえよう. 本章で紹介したルワンダのプロジェクトも, 一朝一夕で成果がみられるようなものではない. プロジェクトが終了したあと, 5 年後, 10年後にどうなっているかが重要だといえる.

　人間の安全保障は, 困っているのであれば誰にでも手を差し伸べる, というような全方向的なものではない. それは, 極限状態のなかで疎外された人びとをなんとか生き延びさせようという非常に限定的な目的から始まった. 人道危機の規模は一時期に比べれば相対的に小さくなっており, 全体として予防を重視する傾向はこれからも続いていくだろう. しかしながら, アフリカからダウンサイドリスクがなくなったわけではない. 国連機関や政府機関で実際に働く人びとにとってみれば, 眼前に人道危機あるいは慢性的な貧困に苦しんでいる人びとがいる. 人間の安全保障が「欲しいものリスト」とは一線を画した上で価値ある理念であり続けるためには, まずプロジェクトが継続して行われていなくてはならない. その上で, プロジェクト自体が真に人間の安全保障の理念にかなっているかどうか,冒頭の小渕の一節を再び引用するならば,「生存」,「生活」,「尊厳」がバランスよく満たされているかどうかを精査していく必要がある.

参考文献

邦文献

旭英昭［2015］『平和構築論を再構築する』（増補改訂版）日本評論社.

人間の安全保障委員会［2003］『安全保障の今日的課題』朝日新聞社.

東大作・峯陽一［2017］「人間の安全保障の理論的なフレームワークと平和構築」, 東大作編『人間の安全保障と平和構築』日本評論社, 4-26.

国連難民高等弁務官事務所（UNHCR）［2001］『世界難民白書2000——人道行動の50年史——』（UNHCR日本・韓国地域事務所広報室訳）時事通信社.

野林健・納家政嗣編［2015］『聞き書——緒方貞子回顧録——』岩波書店.

欧文献

African Union（AU）［2015］*Agenda 2063: The Africa We Want*, African Union（https:// au.int/ 2018年 5 月 7 日閲覧）.

Hernandez, C., et al. eds. ［2018］*Human Security and Cross-Border Cooperation in East Asia*, Palgrave: New York.

Hunter, A. ［2013］*Human Security Challenges*, London: Leen Editions（佐藤裕太郎・千葉ジェシカ訳『人間の安全保障の挑戦』晃洋書房，2017年）.

（佐藤裕太郎，峯陽一）

第20章　食料安全保障

はじめに

　アフリカにおける食料の安全保障[1]と聞くと，飢餓や飢饉というイメージがつきまとうのではないだろうか．1970年から1980年代にかけて東アフリカで大規模な飢饉が起こり，当時，それに関する映像が日本でも頻繁に流された．頬がげっそりこけて栄養失調になっている子どもたち，援助機関の食料配布にあつまる人びと，そのようなイメージは現在でも続いているようだ．

　筆者が担当しているアフリカに関する講義では，学生から「アフリカでも農業ができるのですか？」といった感想をしばしばもらう．おそらく学生，いや，私たちの多くがもつアフリカのイメージは乾燥地帯や砂漠といった過酷な環境であり，貧困，病気，紛争というネガティブな像であろう．アフリカの農業のイメージで思い浮かぶのは，コーヒー，カカオ，綿花といった換金作物くらいではないだろうか．

　本章で念頭におかれるアフリカとはサハラ以南のアフリカのことである．国連のミレニアム開発目標に関する報告によると，サハラ以南アフリカは1日当たり1.25米ドルの所得も得られない貧困地域に位置づけられる．

　外務省がホームページ上で発表している海外安全情報では，危険度の高い赤やオレンジの色分けが，他地域に比べるとアフリカで目立つ．

　このようにみると，私たちがアフリカにもつ貧困や紛争のイメージと概ね一致している．ただし，それらがアフリカを言い当てているというより，日常的に接するアフリカの情報にネガティブなものが多く，私たちが影響を受けているということでもある．

　そもそも，「アフリカ」という言葉で一枚岩のように語ってしまうことが多いが，それぞれの国・地域の自然環境，文化，経済状況はもちろん異なる．本章では，食料安全保障に関して，ミクロな視点，とりわけ熱帯地域の農村でみられる食料消費や分配の状況について示し，ポジティブな側面にも光を当てて

いく．さらに，相反するものと捉えられがちな換金作物生産と主食作物生産の関係についても論じ，今日の食料安全保障の意味について考察する．

1 アフリカの食料生産・消費の状況

植生と農作物

アフリカ大陸は赤道が通るコンゴ盆地を中心に同心円状に植生が広がっている．アフリカの中央部に位置するコンゴ盆地の熱帯林から，南北に離れていくにつれて，乾燥疎開林，サバンナ，乾燥地帯，砂漠という具合に，厳しい自然環境に変わっていく．ただし，アフリカ大陸の北端，南端に向かうと，北アフリカのマグレブ諸国や南部アフリカの温帯地域が広がる（図20-1）．

このような植生に応じて，農業の形態も様々であり，多様な作物が育てられている．温暖なマグレブ諸国や南部アフリカでは，コムギやオリーブなど，ヨーロッパの地中海諸国と変わらない作物が収穫可能である．熱帯や乾燥疎開林，

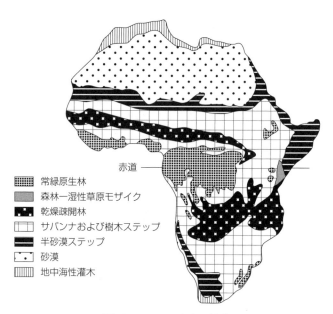

図20-1　アフリカの植生
出所）Colectif [2000] をもとに筆者作成．

サバンナでは焼畑農業が行われている．熱帯地域では，キャッサバ，タロイモなどの根栽やプランテンバナナ[2]を主とした農業が営まれており，サバンナでは，トウジンビエ，モロコシ，シコクビエなどの雑穀が主に栽培されている．アフリカで生産されるヤムイモは世界の生産量のうちの90％，タロイモは70％を超えている．また，キャッサバ，プランテンバナナは世界の生産量の50％超，トウジンビエも50％近い生産量である（表20-1）．ただし，世界の主要作物であるトウモロコシの生産量は全世界で11億トンを超え，コムギも7億トンを超えているが，アフリカにおけるそれらの生産量は世界全体の1割にも満たない．

トウジンビエやモロコシなどの雑穀はアフリカのサバンナ地帯が原産地である．一方，プランテンバナナは紀元前には東南アジアからアフリカに入ってきたといわれる．キャッサバは南米からもたらされた作物である．このように自生していた植物が植生に応じて単純に育てられるわけではない．作物の栽培場所は，歴史，社会，文化など，自然環境以外の要素も関わっているのである．アフリカは歴史なき大陸ではけっしてなく，人や作物の移動の歴史が現在の農業に刻み込まれているのだ．

主食と副食の食べ方

セネガルなどの西アフリカを中心に研究してきた小川了は，アフリカの食の特徴を簡潔にまとめている［小川 2004: 31-52］．まず，主食と副食のセットが基本である．主食は上述したように，根栽や雑穀である．副食の材料は，動物性食材（家畜，野生動物，魚，昆虫），植物性食材（マメ類，葉菜類，果菜類），調味料（塩，植物性油脂，香辛料・香草，発酵調味料）が挙げられる［安渓・石川・小松・藤本 2016: 27］．

小川は，食事は冷めない程度に温かくなくてはならないという．また，アフリカの人びとにとって，「食べる」ということは「飲む」ということである，

表20-1　アフリカの主要作物の生産量（2016年）

（万トン）

	キャッサバ	ヤムイモ	タロイモ	プランテン	トウジンビエ
アフリカ	15727	6394	737	1989	1364
世界	27710	6594	1013	3506	2836

出所）FAOSTAT Websiteをもとに筆者作成．

とも指摘する．主食を副食のスープとともに「飲む」ということであるが，主食それ自体を粉状にして湯でねって粥状にするため，噛む必要がない．もちろん，アフリカ人の顎が弱いわけではない．彼らのなかには，ビール瓶の栓をいとも簡単に歯を使ってあけてしまう人も少なくない．

　筆者が調査してきたカメルーン南部では，オクラのスープがよく食べられている．キャッサバの粥はまるでモチのようで，それとネバネバのオクラスープは非常によく合う．納豆などの粘りのあるものが好きな人は気に入るだろう．

　これらの特徴に加え，誰かと一緒に食べることもアフリカの食の特徴として挙げられよう．友人や親族とともに，熱いうちに飲むように食べること．現在のアフリカの都市部ではみられないかもしれないが，農村部での典型的な食事シーンである．

食料輸入大陸のアフリカ

　日本のような先進国は工業中心，アフリカ諸国のような途上国は農業中心である，と私たちは思いがちである．たしかにアフリカでは地域によって様々な形態の農業が営まれているが，はたしてアフリカは農業大陸といえるだろうか．

　アフリカ大陸の全人口は12億5000万人ほどで中国よりも少なく，一人当たりの面積は広大であるので，農業が十分できると考えるかもしれない．しかし，前述したとおり，トウモロコシやコムギなどに限っていえば，その生産量は，世界全体の1割にも満たない．その要因のひとつが単位面積あたりの生産量の低さである［平野 2013: 123-124]．2016年の国連食糧農業機関（Food and Agriculture Organization: FAO）の統計によると，コムギはヨーロッパの主要生産国が1 haあたり5〜8トンを生産するのに対して，アフリカ諸国は1 haあたり3トンに満たない．また，コメについても，アフリカ諸国の1 haあたりの生産量は2.5トンほどでしかなく，それはアジア諸国の半分，中国の3分の1程度でしかない[3]．

　さらに，近年のアフリカの都市人口の上昇が，人びとの食料確保に影響を与えている．実際には，世界の都市人口が農村人口を抜いたのは2008年とごく最近のことであり，アフリカ全体では未だに農村人口の方が都市人口よりも多い．しかし，2000年から2017年にかけてのアフリカの都市人口の伸び率は1.8倍であり，世界全体の1.4倍の伸び率を超えている[4]．

　都市人口の上昇は必然的に都市の食料需要の増大につながる．そのため，自

第20章 食料安全保障 271

然環境や各地でみられる紛争や病気の問題に加え，都市の人口増加といった要素によって，アフリカ大陸は食料輸入大陸になっているのである．2002年にサハラ以南のアフリカ諸国の穀物輸入量は，世界最大の穀物輸入国である日本のそれを抜いた，と指摘されている．これに北アフリカ6カ国を足すと，アフリカ全体の穀物輸入量は7000万トンを超える［平野 2017: 41］．年間2700万トンの穀物を輸入している日本や，飼料用穀物を大量に輸入している中国にとっても，こうしたアフリカ全体の穀物輸入の上昇は脅威といえるだろう．

　また，近年話題となっている気候変動の影響も無視できない．気温が上昇し続けるという予想のもと，これまで現地であたりまえのように栽培されてきた作物が収穫できない可能性が出てくるからである．

　たとえば，南アジアの米，南部アフリカ地域のトウモロコシやコムギ，サヘル地域のトウジンビエなどの主要な作物の生産量が著しく減少する，というシミュレーション結果が報告されている［Lobell et al. 2008: 609］．2030年の予想気温において，悪いケース（上昇気温が高い場合）と良いケース（上昇気温が低い場合）のどちらであっても，それらの主要作物の収量は落ちるという．

　アフリカや食料輸入国の日本にとって，食料安全保障は重要な問題として横たわっているのである．

個々の「生の充実」

　では，開発・援助の視点から食料安全保障を考えてみると，どうだろうか．この点に関して，『サブサハラ・アフリカの食料安全保障』という本の編者であるサイモン・マックスウェル［Maxwell 2001］は，以下のように論じている．

　1970年代のアフリカ，とりわけ東アフリカの食料不足が顕著であったときは，国または複数の国を対象としたマクロな視点からの援助がなされてきた．そうしたマクロな視点の背景には，先進国側の食料の過剰供給と，アフリカをはじめとした途上国側の食料不足という，世界的にバランスを欠いた食料需給の問題が根底にあったようだ．当時は，食料が不足している場所へいかに届けるか，各国の自給率をいかに高めるか，さらに食料のストックをどれだけ目指すか，といった課題が議論の中心であった［Maxwell 2001: 13-17］．

　しかし，アマルティア・セン［Sen 1981: 162-166］が述べているように，国単位での食料の供給量を高めるだけでは，個々の食料へのアクセスや確保には必ずしもつながらない．また，仮に，分析単位を世帯に絞ったとしても，世帯内

で弱い立場にある子どもや女性に食料が行き届くどうかは，やはり別個に検討されなければならない．

　そこでマックスウェルは，こうしたセンの議論を踏まえつつ，客観レベルから主観レベルへと視点を転換することの重要性を主張している［Maxwell 2001: 20］．ここでいうところの客観レベルとは，カロリーベースに基づいた食料確保のことであり，人びとの生存レベルの維持が重視される．これに対して主観レベルの視点では，個々の年齢，健康状態，労働状況，生活環境，嗜好などの要素を踏まえることで，単なる生存レベルの食料保障ではない，生活の質を重視した食料確保が目指される．

　では，個人や世帯にとっての生活の質とは一体どのようなものか．

　たとえば，栗本英世は，ケニア北西部の難民キャンプの調査を通して，難民が常に食料支援を受けるだけの受動的な存在ではなく，周囲に暮らす牧畜民と交換を行うなどして，支援者側がおよそ想定していない，食をめぐる経済に積極的に関わろうとする能動的な存在であることを明らかにしている．実際にその地で生きる人びとが求める「生の充実」［栗本 2011: 83］とは，支援者側が提供する，カロリーベースに基づいた食事ではないのだ．

　この事例からもわかるとおり，アフリカの食料安全保障を理解するためには，現地で暮らす人びとがどのような考えに基づき，何を求めているのかを知ることが不可欠であろう．そこで次節では，実際にアフリカの人びとがどのように食料を得ているのかをみてみよう．

2　地域内での食料確保

　ミクロレベルでみると，アフリカでは，適切な条件さえ整えば，総じてそれなりに食料を生産したり確保したりすることが可能である．特に熱帯地域の場合，少なくとも農村部では，食料は十分に確保可能といえる［末原 1990: 246-247］．筆者が調査してきたカメルーン南部の熱帯地域においても，人びとは，村では食料が無料で手に入るので，町で暮らすよりも安心していられる，と語る．それは，熱帯アフリカの農村部では，多様で豊富な作物が生産でき，かつ，食の分配がしばしば行われるからである．

狩猟採集社会と農耕社会の分配

　食の分配は，農耕社会よりも狩猟採集社会で顕著にみられる．そこでは，獲物をとった者が特別に多くの取り分を得るということはなく，肉は共同体構成員の間で均等に分配される．狩猟者は獲物を得たことを自慢したりはしない［市川 1982: 92-95］．このように狩猟採集社会では，狩猟技術が高い者などに権力が集中することを避ける傾向がみられる．

　これに対して，歴史的にみて農耕社会においては，まず首長（チーフ）が形成され，次いで国家が成立するように，富が個人に集中する傾向がある．とはいえ，アフリカの農耕社会では狩猟採集社会と性質は異なるものの，やはり食の分配が行われてきた．

　たとえば，タンザニア北西部のミオンボ林で暮らすトングェや，ザンビア北部のベンバを調査した掛谷誠は，人びとが富を極力蓄えずに最小の努力（労働力）で自給志向の農業生産を行っていることを見出した．余剰が得られたら，貧しい世帯や個人に配分される．このように，「もつ者」が「もたざる者」に分け与えるというメカニズムを，掛谷は「平準化機構」と呼んだ［掛谷 2011: 7］．

　また，杉村和彦は生産の側面ではなく，消費の側面に光を当てて，アフリカ農民の特徴を共食，すなわち「消費の共同体」にみている［杉村 2004: 400］．十分な作物を収穫できない貧者も「消費の共同体」に参加でき，集落内のすべてのメンバーが食べていけるのである．

　ある世帯（夫婦と未婚の子どもで構成される家族単位）が食料を確保できるかどうかは，その世帯が畑をつくり，播種や収穫といった一連の作業を行えるかどうかにかかってくる．アフリカの農村部では，農業を行うための労働力が不足しがちになり，簡単に農作業が進まないこともある．ときには，世帯構成員の病気や出稼ぎなどによって，収穫がまったくできない場合もある．そうした場合でも，特定の世帯のみが食料不足に苦しむことは少ない．国の社会福祉制度が充実していないアフリカにおいて，それを補うセーフティネット，つまり，貧者が生き延びられる仕組みがそれぞれの農村部に存在しているからだ．

食の分配の広がり

　アフリカでは，食料用の畑をつくる局面でも，平準化機構が作用する．畑をつくる際の伐開作業には男性の労働力が必要不可欠となるため，労働力の確保は，夫のいない女性世帯にとっては切実なものである．杉山祐子は，ザンビア

のベンバ社会において，女性世帯が酒を販売したり，血縁や地縁など様々な社会関係を利用したりすることで，地域内の脆弱な世帯に現金や労働力が流れこみ，経済格差が是正されることを明らかにした [杉山 1988: 53].

食の分配は，拡大家族や村落内の構成員だけにとどまらない．村落外の知人やよそ者に対してもなされる．彼らは，客として歓待され，しばしば食事が提供される．

筆者が調査したカメルーン南部でも同様のことがみられる．雨季になると，しばしば車が泥道にはまり，動けなくなる．ときには道が乾くまで待つ必要があり，乗客は近隣の村に泊まらざるをえない．村人は，初対面である乗客に対して食事を提供し，寝床を用意する．お互いにそれが当然だとされる．客人によっては感謝の意を込めて，泊めてくれた村人に酒やタバコを振る舞ったり，去り際に現金を渡したりすることもある．当の村人は内心期待しているかもしれないが，最初から現金を求めたりしない．

食の分配の背景

アフリカの農耕社会において，上述の事例のような食の分配が機能している背景には，呪術や伝統医療の信仰が関わっている．富者のみが富を享受しているのは許せないという人びとの妬みは強烈である．富者は，村人の妬みを恐れて，貧者を助ける．これは，社会のなかで共有される「制度化された妬み」といわれる [掛谷 1983: 233]．この妬みによって，富が分配されて，結果的に地域内の経済格差が是正される．

タンザニア南部では，農牧民スクマの一部が家畜の牧草を求めて移住し，その移住先で暮らしていた地元農民と必然的に関わりをもつようになった．スクマは牧畜とともに稲作を開始し，富を蓄えていき，なかにはホテルを経営するほどの財をなす者もでてきた．一方，地元民のなかには食料確保に窮する者もいて，富者であるスクマが彼らに食料を提供したり，彼らのためにあえて仕事をつくり報酬を与えたりしているという [泉 2016: 44-45]．

この地域でスクマの調査を行ってきた泉直亮によれば，牛を数千頭保有するほどの突出した富をもつスクマは，地元民からの呪いを特に恐れているという．呪術信仰の視点からいえば，経済的に成功した者はなにかしらの霊的な力を使ったとみなされる．このため，特別な霊力を用いて成功した者への妬みや呪いもまた強くなる．富者は，そうした呪いに対抗するために伝統的な薬を体に

身につけるようになり，それはまるで「サイボーグのようだ」と人びとから言われたりするという．「制度化された妬み」が異なる民族間で共有された結果，富者がなすべき役割もまた，民族の境界を越えて当然視されているのだ．

3　換金作物の影響

換金作物と食料生産

　換金作物は，アフリカの経済にとって重要である．換金作物の生産は，植民地時代には宗主国に利益をもたらし，アフリカ諸国が独立してからは，外貨獲得のために不可欠な産業として位置づけられてきた．換金作物は食べられるものと，食べられないものに分けられる．前者は，多少なりとも現地の食料確保に貢献できる．

　たとえば，大山修一が示したザンビアの例では，換金作物用として当初導入されたトウモロコシが，人びとの嗜好の変化や開墾地の制限によって主食作物へと変化した［大山 2002: 14-15］．この変化の背景には，自らの食べ物を確保しようとする，アフリカの人びとの強い生存維持志向がある．

　一方で，食料とならない作物（コーヒー，カカオ，綿花など）は，現地の食料生産にネガティブな影響を与えてきたのだろうか．植民地時代，ヨーロッパ諸国が換金作物生産を農民に強制したことで，現地の食料安全保障は脅かされたのだろうか．

　実は，男女分業によって，地域内の食料生産は維持されてきた，と考えられている．アフリカでは，主に女性が自給用の畑を管理して収穫を行い，男性は狩猟を主な生業とするかたわら，畑作業に関しては，土地を伐開したりする際にだけ労働力を提供していた．そうしたなかで植民地期に導入された換金作物の生産は，時間に比較的余裕がある男性が担った．つまり，換金作物が植民地期に導入されたことで，食料作物の生産が著しく減少したというわけではなく，食べられない換金作物は，食料生産を軸とする農民の生存維持志向の経済のなかにむしろ組み込まれていったのである．換金作物と食料作物は，アフリカにおいて相反するのではなく，むしろ共存してきたといえる．

土地収奪

　しかし，近年，その換金作物生産と食料生産のバランスが大きく損なわれる

状況がみられる．原因は土地の収奪である．

　土地の収奪は，そもそも人類の歴史のなかで繰り返されてきた．南北アメリカ大陸が「新大陸」として発見された後，先住民は植民者に土地を奪われた．19世紀末にはアフリカがヨーロッパ諸国によって分割され，換金作物用に土地が収奪されたこともある．

　近年みられる土地の収奪は，民間の企業が関わっているのが特徴的である．2000年代後半に食料価格が高騰し，先進国，新興国資本の企業が積極的に農地の海外投資を開始した．もちろん企業のみで動くわけでなく，多様な主体が関わっている．池上甲一［2016: 335］によると，「援助より投資を」というスローガンのもと，官民連携の枠組みのなかでアフリカ内外の民間企業による土地取得が推進されつつある．そこには，先進国の政府や援助機関，アフリカ諸国の政府や投資促進機構，多国籍企業やアフリカの民間企業，そして国際金融機関といった多種多様な主体が関与し，実に複雑な様相を呈している．

　アフリカの土地は，基本的に国家のものとされることが多い．国家側からすると，住民は国家の土地を利用しているだけで，彼らには所有権はないことになる．したがって，国家は多国籍企業との交渉で，法制度上，簡単に土地を貸すことができてしまう．とりわけ，使用が明確ではない土地は容易に収奪の対象となる．そして，アフリカの広大な未使用地が他国の人びとの食料のみならず，植物油や飼料の生産のために使われてしまうことになる．現地に利益として落とされるのは，わずかな労賃と優遇措置を受けた後の企業の税金であり，十分な経済効果があるとはいえない［池上 2016: 335］．

　投資される土地はしばしば「未使用地」とされるが，これはあくまでも，これから土地を使う側の視点である．たとえば，現地でこれまで循環型の焼畑農業を行ってきた人びとにとって，「未使用地」は「将来の食料畑」である．現時点で農業用の土地になっていないだけであって，彼らには「自分の土地」として認識されている．カメルーン南部でも，幹線道路に沿って並ぶ家屋や畑の裏側に広がる「未使用地」は各世帯が利用できる領域とされる．そのような慣習的な土地利用が村全体で共有されている．そのため，民間企業などによる「未使用地」の取得は，住民にとっては「自分の土地」が奪われたことにほかならないのだ．

おわりに

「食料安全保障を実現する」というスローガンを掲げるのは容易だが，それをアフリカで実際に達成するためには，本章で取り上げてきたようないくつかの要素を考慮しなければならない．たとえば，食料援助は，世帯内で誰に食料が届くのかを確認することが難しく，カロリー確保が主眼となってしまいがちである．そのため，食料援助を受けるアフリカの人びとの「生活の質」が十分に考慮されない．

また，貿易や投資による食料安全保障をめぐる議論は，生産量や生産性の向上，食料輸入量の減少といったマクロレベルの数値目標にばかり関心が向かってしまう．とりわけ，アメリカやフランスといった食料輸出国にとっては，人口が増加し続けるアフリカ大陸は格好の市場となっている．そこでは，食料の確保が課題となっているアフリカの人びとのことよりも，貿易や投資を推進する側の利益が優先される．

その結果，平準化機構（富者と貧者の関係）や制度化された妬み，食の分配といった，アフリカの人びとの食料安全保障をミクロレベルで理解する視点をしばしば欠きやすい．

このように，アフリカの食料安全保障は，単に食料確保に苦しむ同地域だけの問題でなく，様々な国や企業が関わるグローバルな問題となっている．それは，食料安全保障は解決すべき課題でありながらも，誰が，誰のために，どのような目的を実現しようとしているのか，といった「問い」を私たちに投げかけているともいえよう．

注
1）本章では，吉田［2010: 137］にならって，穀物を意味する「食糧」ではなく，副食も含めて食べ物を意味する「食料」を使う．
2）私たちが普段から食べているバナナと形状は似ているが，全く甘くない．鍋にかけて柔らかくてして食べる．
3）FAOSTAT Website（http://www.fao.org/faostat/ 2018年9月14日閲覧）．
4）FAOSTAT Website（http://www.fao.org/faostat/ 2018年9月14日閲覧）．

参考文献

邦文献

安渓貴子・石川博樹・小松かおり・藤本武［2016］「アフリカの食の見取り図を求めて」，石川博樹・小松かおり・藤本武編『食と農のアフリカ史——現代の基層に迫る——』昭和堂，23-52.

池上甲一［2016］「土地収奪と新植民地主義——なぜアフリカの土地はねらわれるのか——」，石川博樹・小松かおり・藤本武編『食と農のアフリカ史——現代の基層に迫る——』昭和堂，325-345.

泉直亮［2016］「富者として農村に生きる牧畜民——タンザニ・ルクワ湖畔におけるスクマとワンダの共存——」，重田眞義・伊谷樹一編『争わないための生業実践——生態資源と人びとの関わり——』京都大学学術出版会，19-49.

市川光雄［1982］『森の狩猟民——ムブティ・ピグミーの生活——』人文書院.

大山修一［2002］「市場経済化と焼畑農耕社会の変容」，掛谷誠編『アフリカ農耕民の世界——その在来性と変容——』京都大学学術出版会，3-49.

小川了［2004］『世界の食文化11——アフリカ——』農文協.

掛谷誠［1983］「「妬み」の生態人類学」，大塚柳太郎編『現代の人類学　生態人類学』至文堂，229-241.

―――［2011］「アフリカ的発展とアフリカ型農村開発への視点とアプローチ」，掛谷誠・伊谷樹一編『アフリカ地域研究と農村開発』京都大学学術出版会，3-28.

栗本英世［2011］「意図せざる食の経済」，中嶋康博編『食の経済』ドメス出版，64-86.

末原達郎［1990］『赤道アフリカの食糧生産』同朋舎.

杉村和彦［2004］『アフリカ農民の経済——組織原理の地域比較——』世界思想社.

杉山祐子［1988］「生計維持機構としての社会関係——ベンバ女性の生活ストラテジー——」『民族学研究』53(1): 31-55.

平野克己［2013］『経済大陸アフリカ』中央公論新社.

―――［2017］「グローバル化するアフリカをどう理解するか——資源・食糧・中国・日本——」，遠藤貢・関谷雄一編『社会人のための現代アフリカ講義』東京大学出版会，27-51.

吉田昌夫［2010］「アフリカ食料安全保障論——食料安全保障問題と農村開発——」，船田クラーセンさやか編『アフリカ学入門——ポップカルチャーから政治経済まで——』明石書店，136-152.

欧文献

Colectif［2000］*Atlas of Africa*, first edition, Paris: Les Édition du Jaguar.

Lobell, D.B., M.B. Burke, C. Tebaldi, M.D. Mastrandres, W.P. Falcon and R.L. Naylor［2008］"Prioritizing Climate Change Adaptation Needs for Food Security in 2030," *Science*, 319(5863): 607-10.

Maxwell, S.［2001］"The Evolution of Thinking about Food Security" in Devereux, S. and S. Maxwell, eds., *Food Security in Sub-Saharan Africa*, North Yorkshire: ITDG Publishing, 13-31.

Sen, A.［1981］*Poverty and Famines: An Essay on Entitlement and Deprivation*, London: Oxford University Press.

ウェブサイト

FAOSTAT Website（http://www.fao.org/faostat/ 2018年 9 月14日閲覧）.

（坂梨 健太）

第21章　食料主権

はじめに

　国際的な開発目標は，「ミレニアム開発目標」（Millennium Development Goals: MDGs）から「持続可能な開発目標」（Sustainable Development Goals: SDGs）へと引き継がれてきた．SDGsにおいては，個々の目標の達成とともに，「地球上の誰一人として取り残さない」（leave no one behind）が重要な理念とされている．また，MDGsでは，2015年までに世界の飢餓人口を半分にすることが目標とされながら，それが達成されなかったことを受けて，SDGsでは，「飢餓をゼロに」というゴールが17項目の目標の2番目に掲げられている．

　通常，世界全体および国家レベルの食料確保は「食料安全保障（政策）」として理解され，「国家の責任」という枠組みのなかで議論されることが多い．これに対して，「食料安全保障」に密接に関わりながらも，その半ば対抗的な概念として提唱されるようになったのが「食料主権」である．

　本章では，この「食料主権」という概念が，アフリカ開発，特に農業・農村開発にどのような意味を持つのか，について考えてみたい．最初に，「食料主権」概念の出自や国際的な議論の変遷，食料安全保障の考え方との相違点を整理する．次に，アフリカにおける農業・農村開発に対する国際的枠組みの概要と，それらに対する，「食料主権」からみた評価を紹介する．関連して，農業にとっての重要な投入財である種子の主権に関する筆者自身のアフリカにおける調査経験にも触れる．最後に，アフリカにおける「食料主権」と日本で生活する私たちとの関係に触れて本章の結論としたい．

1　「食料主権」とはなにか

　「食料主権」（food sovereignty）という言葉が国際社会の公的な場で初めて使用されたのは1996年のことである．同年に国連食糧農業機関（Food and

Agriculture Organization: FAO) が主催した会議において，国際的な小農組織であるヴィア・カンペシーナ (La Via Campesina) が「食料主権」という表現を用いた．

「食料主権」は，「食料安全保障」（food security）の対抗概念として捉えられるのが一般的であろう．「食料安全保障」では量的な側面がしばしば重視されるため，たとえば「自給率向上」というとき，多くの場合はカロリーの総和という視点から議論がなされてしまい，自給率向上をもたらす食料の中身や質についてはあまり問われない．極端な話をすれば，遺伝子組み換え作物のモノカルチャーで自給率が上がったとしても，「食料安全保障」的には問題がないのである．「食料安全保障」の概念のなかにも近年，食料の質や選択の権利を重視する「食料主権」的な要素が取り込まれつつあるものの，「食料安全保障」とは基本的に量的かつ技術的な概念にほかならない．

これに対して「食料主権」は，単なる量ではなく質やプロセス，そして権利を重視する概念である．それは，国家，国民，農民といった多様な主体が食料にかかわる意志決定を行う権利であり，「食料への権利」と同様に基本的人権のひとつとされる［久野 2011］．たとえば，消費者の立場でいえば，「自分たちが食べたいものを自分たちが決める」という単純な営みを保障する権利のことであるが，これはときに国家や国民の主権にも密接に関わってくる重要な概念でもある．域内（国全体で決めるだけでなく，国境の範囲内でも，たとえば，京都府や京都市というような一定の地域内）の農業生産および貿易（交易）をそこに住む人たちが最もよいと考える状態にすること，どの程度の自律を保つかを決定すること，販売を中心とした農業だけでなく自給的色彩の強い農の営みも推進することなどを含んだ，基本的に自分たちの身の回りのことを自分たちが決める権利が「食料主権」である，とヴィア・カンペシーナは指摘している［真嶋 2011］．

「食料主権」の主体は農民や市民と考えられることが多い．しかし筆者は，主権という言葉を使用する限り，国家や政府も「食料主権」の主体として重要なアクターであると考えている．日本でも，21世紀に入るころから「食料主権」という言葉が農民や市民の持つ権利として一部の研究者や運動家の間で使われるようになった．これに対して，自国の食料自給率や輸入量を自国が決めるというのは当たり前のことであり，その当たり前の「食料主権」を議論しなければいけないような国際や国内情勢こそが問題である，と指摘する声もある［岸本 2000］．

「食料主権」概念に関する国際的な研究動向を分析した久野秀二［2017］は，

282 第Ⅵ部 人 間

同概念の一部主導者が，食料安全保障アプローチを新自由主義的言説と短絡的に同一視してしまい，食料安全保障論の近年の視野が多様化していることを十分に理解していないことに注意を喚起している．また，「食料安全保障」が＜規範的な目的＝到達すべき結果＞に関する概念であるのに対して，「食料主権」が＜規範的な課程＝到達すべき道筋＞に関する概念であることを区別する必要性も指摘している．

2　飢餓問題とその要因に関する議論

　アフリカにおける「食料主権」からみた農業・農村開発を議論する背景として，飢餓の現実と，その要因に対する認識の問題に触れたい．1960年代以降に政治的独立を果たした多くのアフリカ諸国において，飢餓の克服は最も重要な政治経済的な課題のひとつであった．現在，飢餓状況にある人は世界全体で8億人を超えるといわれているが，特にサハラ砂漠以南のアフリカでは，国レベルの経済成長は目覚ましいものの，人口の3人に1人以上が満足な食事ができない状況がいまなお続いている．

　飢餓の原因としては，異常気象による洪水や干ばつなどの自然災害のほか，紛争や経済停滞なども挙げられる．また，食料価格の高騰も一因といえる．特に，2007年から2008年にかけて起こった食料価格高騰以降，穀物の国際価格が高止まりしていることが，途上国の人びとの食料へのアクセスを制限している．食料価格が高騰している理由には，新興国の経済成長や人口増加による消費増のほか，過去の食料危機の局面にはなかった原油価格高騰との連動や気候変動，バイオ燃料の需要増，穀物市場への投機マネーの流入などがあるといわれている［佐久間 2010］．

　しかし，こうした食料価格の高止まり状況のなかで2008年に開催されたFAOハイレベル会合（食料サミット）では，少なくとも「緊急・短期的な措置」に関しては，緊急食料援助，食料増産支援，輸出規制措置の自粛といった，いわば「食料安全保障」的ともいえる量的あるいは技術的な対応しか議論されなかった．また，「中・長期的な措置」に関しても，農業分野への投資の増大や国際貿易の自由化促進，持続的なバイオ燃料の生産・利用，気候変動対策支援などが合意されたものの，これらについても途上国の主権者の位置づけへの十分な理解や配慮が示されていたとは言い難い．

第21章　食料主権　　283

　FAOによると，一人一人の人が「食料主権」に基づいて飢餓状態から解放されるには，「食料があること」（Availability），「食料に実際にアクセスできること」（Accessibility），「食料の量や質が適切であるということ」（Adequacy）などが肝要とされる．また，いうまでもなく，「持続可能であること」（Sustainability）も重要である．将来にわたって，たとえ外部からの援助や支援がなくても食べていけることが求められている［国連食糧農業機関（FAO）駐日連絡事務所 2007］.

3　飢餓問題への取り組み

　本節では，アフリカにおける飢餓克服を意識したいくつかの主要な組織・プログラムについて簡単に紹介したい.

アフリカ緑の革命のための同盟
　アフリカ緑の革命のための同盟（Alliance for Green Revolution in Africa: AGRA）は，ビル＆メリンダ・ゲーツ財団や多国籍企業の協力を得て2006年に設立された民間主導の組織である．ケニアの首都ナイロビに本部事務所があり，そのほかにもアフリカの数カ所に支部を置いている．AGRAは，サハラ以南アフリカの農業の収益向上や市場化を，アジアにおける緑の革命の経験を活かして実現させようとしている．アジアでは，1960年代から70年代にかけて，小麦とコメの顕著な増産が達成された．これを一般に「緑の革命」（Green Revolution）と呼ぶが，アフリカではまだそれは実現されていない．AGRAは，アフリカにおいて「緑の革命」を実現させるためには，アフリカ政府や国際機関による努力だけでは不十分であり，民間による投資が不可欠であると考える．その初代会長には国連事務総長を退いたコフィ・アナン（Kofi Atta Annan）が就いた．AGRAの主な活動分野は，種子，土壌保全，水管理，マーケット，農業教育，政策などの，農業バリューチェーンの全般に及んでいる．日本政府も，「アフリカ開発会議」（Tokyo International Conference on African Development: TICAD）等でコミットしているアフリカへの稲作援助において，その重要なパートナー機関としてAGRAと提携している.

ニューアライアンス
　2012年にアメリカのキャンプ・デービッドで開催されたG8サミットにおい

て創設が提唱されたのがニューアライアンス（New Alliance for Food Security and Nutrition）である．ニューアライアンスは，サハラ以南アフリカ諸国の農業分野の成長のために，アフリカ各国政府，G 8 を含む開発パートナー，民間企業が官民連携のもと，農業開発支援や農業投資を積極的に推進しようとする枠組みである．ニューアライアンスでは具体的な目標として，10年間で5000万人の貧困脱却が謳われている．民間投資の拡大は，① 市場と資金供給，② 技術イノベーション，③ リスク管理，④ 栄養の改善，の 4 分野で取り組まれる．日本は，このニューアライアンスのもと，アメリカと協力してモザンビークの国別協力枠組みの策定をリードした．その結果，日本企業 4 社がモザンビークへの投資に関心を表明し，実際に投資も一部で行われている．しかし，ニューアライアンスの民間投資では，④ 栄養の改善だけは現地住民に直接的に関連する分野であるが，それ以外の 3 分野は住民や農民よりも投資企業の利益確保を重視しており，「食料主権」という視点からは問題が少なくない．

アフリカ稲作振興のための共同体

世界的に食料価格が高騰するなかで，日本政府は2008年，アフリカをはじめとする途上国に対して，農業分野，特にコメの生産能力向上のための支援を充実させるという方針を示した．そして同年に設立されたのが，アフリカ諸国のコメ生産能力向上を目的とした，「アフリカ稲作振興のための共同体」（Coalition for African Rice Development: CARD）という国際協議グループである．CARDではサハラ以南アフリカのコメ生産量を2008年の1400万トンから10年間で倍増させることを第 1 フェーズの数値目標として掲げた．アフリカ側からは，ガーナ，ケニア，マダガスカル，モザンビーク，セネガル，タンザニア，ウガンダなどの12カ国がまず参加し，のちにエチオピアなどもCARDに加わっている．日本が得意とする稲作の技術協力を通じた人材育成や研究普及組織のキャパシティビルディングを主要な内容としている．

「食料主権」の観点からみた評価

FAO等の報告によれば，世界の穀物の生産量は順調に増えており，毎年世界で約25億トンの穀物が生産されている．もしそれが世界に住む73億人に平等に分配されれば，1 人当たりの穀物量は年間340kgになる．無論，穀物に加えて他の食料も多く生産されているわけだから，世界中のすべての人たちが十分

に食べられるだけの食べ物が生産されていることは明らかである．にもかかわらず，アフリカの農業・農村開発の枠組みの基本となる考え方は，技術革新と投資による農業の近代化・市場化とそれらによる増産と収益増であり，1960年代のアジアにおける「緑の革命」時代のそれと大きくは変わっていない．そこには，「食料主権」の視点が依然として欠落しているのである．

　小農支援を展開する国際的な非営利組織であるGRAINは，AGRA等がアフリカの農民よりも北の諸国の研究者やコンサルタントを支援している，と非難する．また，そこでは，アフリカ各国に農業政策のアドバイザー的組織が設立され，それを通じて多国籍企業等が展開しやすい法律や制度が整備されてきた，と批判している．さらに，AGRAはアフリカの農家の声を聴くことを大切にしていると主張するが，実際にプロジェクトを実施したり，そこから裨益したりしているのは，AGRAの関係者，各国政府の高官，ビジネス関係者である場合が多い，とも指摘する［GRAIN 2014］．

　ニューアライアンスに関しても，世界の多くの市民組織からそのイニシアティブへの懸念が表明されている．たとえば，オックスファムは，「ニューアライアンスに参加するアフリカ各国政府が約束する政策変更の大部分は，大企業のための投資環境整備であり，現地の小規模農家や中小企業のニーズを反映せず，これらの国の伝統的な農業のあり方を根本的に変え，現地コミュニティから土地を奪ってしまう可能性があります」と指摘している［オックスファム2014］．

　日本においても，2016年の伊勢志摩サミットに向けて，日本国際ボランティアセンター他［2016］が，「ニューアライアンスの枠組みは，『G8／7各国を含む開発パートナー国』が『民間セクター』と協力し，『アフリカのニューアライアンスパートナー10ヶ国』に対する民間投資を増大させることにより課題解決を図るとされています．（中略）しかしその内容は，たとえば改良品種を導入して種をコントロールするために，アフリカの農業にとって欠かせない自家採種や保存，交換などを違法とする法制度導入をもたらす，パートナー民間企業が土地収奪を引き起こすなど，実際には，アフリカの多くを占める小規模農家にとっては被害をもたらすものとなっています」と指摘し，日本政府の関与の見直しを強く求めた．

4 「食料主権」を支える農業・農村開発および開発援助の概念

1990年代から2000年代にかけて，イギリス国際開発省を中心に，農村の貧困削減支援をめぐって，「サステナブル・ライブリフッド・アプローチ」(Sustainable Livelihood Approach: SLA) と呼ばれる，「農村の暮らし方」(rural livelihoods) の分析と「多様性」(diversity) を重視するアプローチがもてはやされた時期があった．SLAとは，農村に居住する人びとは，与えられた自然・社会・政治的環境のなかで，持続的な生存を最優先とする戦略を重視し，暮らしのあり方の多様化を図っているという前提に基づいて外部者が援助を行うアプローチを指す．農村住民の大部分はたしかに食料生産に従事しているが，その多くは必ずしも余剰の食料生産を第一目標に生産活動を営んでいるわけではない．食料安全保障の達成や貧困削減の解決を面的に広げていくためには，人びとの多様な生活を，地域の違いを意識しつつ，可能な限り個別的かつ具体的に理解していく必要がある．とすれば，農村住民の自発性と参加こそが不可欠となる．これまでの農業・農村開発の失敗は，政府や援助機関によるトップダウンの画一的な政策にその大きな原因があった，と考えられるようになったのである [Scoones 2015]．

こうしたSLAのような考えに先立って，「ファーミング・システム研究・普及」(Farming Systems Research and Extension: FSRE) という方法論も提起されたことがある．FSREの特徴は，SLAとも共通するが，問題の発見を現場から行うという「現場主義」，自然・社会・人文科学を動員する「学際主義」，そして，問題解決を中心に据えた「実践主義」にある．筆者は，ポール・リチャーズによるシエラレオネでの研究がこうしたFSREの考え方の原点であったのではないか，と考えている．このリチャーズの研究では，農民自身の工夫やイノベーションに関する事例が，特に時間的・空間的混作の観察を通じて数多く報告されている [Richards 1985]．

アフリカにおける農家の知恵の事例としてしばしば参照されるのは，リチャーズの研究にもみられるように，作物の多様な品種の利用と保全であろう．たとえば，ある病気が蔓延した場合，その病気の被害を受ける品種とその病気に強い品種の両方を栽培していれば，生産面からみたリスクを分散し，ある程度の安定性を担保することができる．これに対して，単一品種の栽培の場合には，効率的な生産や流通が行える反面，環境の変化が起こった際にその品種が

適応できずに収穫が激減してしまう危険性がある. また, 単一ではなく多様な品種を栽培していれば, 気候変動などに伴って将来必要となる品種を選定する際にも有利に働くはずである.

　こうしたリチャーズが明らかにしたような内発的な農村発展のあり方を重視し, それを基盤に農業・農村開発を考えるとき, 重要となるのは農家による品種の選択である. 特に, 遺伝的情報を世代から世代へと伝達する種子／タネは, 作物の特徴を決める大きな要素として重要な意味をもつ. 歴史的には, 長い間にわたって農家は自分たちが毎年まく種子を自分で採種し, 自分の農地に最も適した形質をもつ系統や自分の栽培したい (または食べたい) 品種を選抜してきた. この営為こそが, 作物の多様性を作り出し, それを保全してきた主要な一因であった. ところが, 現代の農業生産システムでは, この重要な種子供給が一部の企業によって独占されてしまい, 食料を生産する農家側の選択の幅が著しく狭められてきている. こうした量的な増産重視のシステムがアフリカでさらに推進されれば, それは「食料主権」を脅かすだけではなく, 同地域における生物多様性をも危機に晒すことになりかねない.

　それでは, どのようにすればアフリカの「食料主権」を実現できるような, 種子に対する自主的な選択を農家はできるようになるのか. 筆者らが, ブルキナファソで教えられたことを少し紹介したい [西川他 2012].

　筆者たちは, 三井物産環境基金の助成を受けて, 品種選択の実態把握を目的とした調査を, ブルキナファソ国内の農業生態系の異なる３カ所の地域で実施した. その結果, すべての地域の農家が, 改良品種は優れている, と考えていることがわかった. しかし, 農家が好きな品種名を具体的に尋ねてみると, いずれの地域においても上位に選ばれたのは改良品種ではなく, そのほとんどが在来品種であった. 在来品種に対する評価が否定的であったブルキナファソ中部地域においてさえ, 実際に農家が栽培のために選んだのは在来品種だったのである (写真21-1).

　さらに調べてみると, 地域の普及員と農家が優れているとそれぞれ判断する品種は必ずしも一致しないということもわかった. その一方で, 普及員の判断と農家の判断が一致し, かつ, 優れていると判断した品種がすべて改良品種になる村もあった. つまり, 後者の場合, 普及員と農家の関係が農家による品種選択に影響を与えている可能性が示唆されたわけである. 普及員が改良品種を導入しようとした村の場合には, 農家もそれに応えようとする. これに対して,

写真21-1　多様な作物の種子を採種・保存する農家
出所）ブルキナファソにて筆者撮影.

普及員が農家の考えや選択を尊重する村の場合には，農家は多様性を維持する在来品種を選択する傾向が強いものと考えられる．

また，筆者らが調査を実施した，草の根の種子管理が積極的に行われているエチオピアの事例も紹介したい［福田 2012］．

エチオピアは，農業生態的な多様性に恵まれた国である．同国では，伝統品種が数多く存在し，農家自身によってそれらの種子が供給されてきた．一方で，AGRA等の影響で，改良品種導入と企業を主たるアクターとした種子供給も推進されている．このような政策は，国家レベルの「食料安全保障」を重視したものであり，個々の農民や住民の「農民の権利」や「食料主権」の実現を考慮しているとは言い難い．

このような状況のなか，エチオピア有機種子行動（Ethio-Organic Seed Action: EOSA）というエチオピアの国内NGOが，政府関係機関や国際NGOと農民をつなぎ，農家自身が管理する種子銀行を農村部に設立して，地域内での種子の生産と供給を促進している．育種素材としての遺伝資源保全や，企業の種子供給への参入環境整備が政策の主流となっているにもかかわらず，農民自身が農業の生物多様性を自らの地域発展のために直接利用する組織・制度の整備を促進しているわけである．日本の国際協力機構（Japan International Cooperation Agency: JICA）も，農民自身による採種を含む多様な種子供給システムの役割を認知しており，特に農家グループの形成を通じて農家の種子生産技術に関する研修を実施したり，種子の品質を保証する簡易な試験室を村落の近くに設け，

その運営を支援したりしてきた．こうした活動は，エチオピアの政策のなかには必ずしも明文化されていないが，農家が自ら品種を選べるようにエンパワーする，「食料主権」へとつながる活動として積極的に評価したい．

　こうしたブルキナファソとエチオピアの2つの事例からいえることは，外部からのトップダウン的な援助が入らなくても，農民は自らの農業生産について，内発的かつ持続的な方法についての深い知恵を持っていることである．このような知恵を外部者が学び，そのうえで外部者ができることを考え，支援をしていくことが，「食料主権」の実現にとっては重要であるといえよう．

おわりに

　本章では，アフリカの農業・農村開発において，「食料主権」の考え方がとても大切であることを議論してきたが，実は，私たち日本で生活する者にとっても，少なくとも2つの側面から，とても重要な概念である．

　第一は，私たちが食べている食料がアフリカをはじめとした海外に大きく依存している点である．日本の食料自給率が40%を切っている状況は危機的な状況であり，その向上が「食料安全保障」の側面からみて重要な課題である．どうすれば，日本の食料が安価に安定的に供給できるかの「食料安全保障」の視点で，アフリカの土地を利用した農産物の開発輸入が促進されている．その意味で，日本に住む私たちが毎日食べているものの生産・加工・流通とアフリカの飢餓問題が切り離せない問題であることを自覚することも肝要であろう．このような開発は，アフリカの農民の所得向上につながることも事実であるが，児童労働，環境破壊や土地収奪など，アフリカ地域の農村部の住民の暮らしにともすればマイナスの影響を与える形で生産・輸出されているものも少なくない．このような事実に目を背けて価格や嗜好のみで食品を選択し飽食を続けることは，SDGsに反する行為である．そういう意味で，国境を越えた地球規模の課題に私たちが深く関わっている自覚が期待される．

　第二は，一人一人の市民が，自分たちがどのような食と農を求めているのかを考え，基本的人権としての食への権利を実現する「食料主権」を国内で確立していくことも重要である．農民運動全国連合会［2006］は次のように宣言している，「食糧主権は，すべての国と民衆が自分たち自身の食糧・農業政策を決定する権利である．それは，すべての人が安全で栄養ゆたかで，民族固有の

290　第Ⅵ部　人　間

食習慣と食文化にふさわしい食糧を得る権利であり，こういう食糧を家族経営・小農が持続可能なやり方で生産する権利である．食糧主権には，国民が自国の食糧・農業政策を決定する国民主権と，多国籍企業や大国，国際機関の横暴を各国が規制する国家主権の両方が含まれている」．

　アフリカの農業・農村と日本の農業・食生活が無関係ではなく，双方の「食料主権」を尊重し，SDGsが目指す誰一人取り残されない開発を実現するためにも，今日食べる食事を今一度見直すことから行動を変えていきたい．

注
　1）漢字は出典のまま「食糧」と表記する．

📚 参考文献————————————————————————————————
邦文献
　オックスファム［2014］「「食料安全保障及び栄養のためのG 8ニューアライアンス」に関するオックスファム声明」（http://oxfam.jp/ 2018年 9 月15日閲覧）．
　岸884良次郎［2000］「「食料主権」は「国」の主権」，山崎農業研究所編『緊急提言　食料主権——暮らしの安全と安心のために——』農山漁村文化協会，37.
　国連食糧農業機関（FAO）駐日連絡事務所［2007］「『食料への権利』の実現——21世紀における人権への挑戦——」『世界の農林水産』（809）： 9 -13.
　佐久間智子［2010］『穀物をめぐる大きな矛盾』筑波書房．
　西川芳昭・槇原大悟・稲葉久之・小谷（永井）美智子［2012］「農家は作物の品種をどのように選んでいるのか——ブルキナファソで外部者が学んだこと——」，西川芳昭編『生物多様性を育む食と農——住民主体の種子管理を支える知恵と仕組み——』コモンズ，84-108.
　日本国際ボランティアセンター他［2016］「G 7 伊勢志摩サミット2016に向けたアフリカにおける食料安全保障及び栄養のためのニューアライアンスに関する声明」（https://www.ngo-jvc.net/ 2018年 9 月15日閲覧）．
　農民運動全国連合会［2006］「食料主権宣言（案）——日本と世界の食と農をますます危機に追い込む政策の転換をめざして——」（http://www.nouminren.ne.jp/ 2018年 9 月15日閲覧）．
　久野秀二［2011］「国連「食料への権利」論と国際人権レジームの可能性」，村田武編『食料主権のグランドデザイン——自由貿易に抗する日本と世界の新たな潮流——』農山漁村文化協会，161-200.
　————［2017］「Food Sovereigntyから見る日本，日本から見るFood Sovereignty」（FEAST Food Sovereignty Seminar ＃ 2, 2017年 2 月28日配布資料）（https://www.researchgate.net/ 2018年 9 月15日閲覧）．
　福田聖子［2012］「エチオピアにみる作物種子の多様性を維持する仕組み——ローカルと

グローバルをつなぐNGOのコミュニティ・シードバンクを事例に——」，西川芳昭編
『生物多様性を育む食と農——住民主体の種子管理を支える知恵と仕組み——』コモ
ンズ，170-184.

真嶋良孝［2011］「食料危機・食料主権と「ビア・カンペシーナ」」，村田武編『食料主権
のグランドデザイン——自由貿易に抗する日本と世界の新たな潮流——』農山漁村文
化協会，125-160.

欧文献

GRAIN［2014］*How Does the Gates Foundation Spend Its Money to Feed the World?*
（https://www.grain.org/ 2018年9月15日閲覧）．

Richards, P.［1985］*Indigenous Agricultural Revolution: Ecology and Food Production in
West Africa*, London: Hutchinson.

Scoones, I.［2015］*Sustainable Livelihoods and Rural Development*, Rugby, UK: Practical
Action Publishing.

（西川 芳昭）

略 語 一 覧

■■ A ■■

ACDA　　　米国軍備管理軍縮局（United States Arms Control and Disarmament Agency）

ACIRC　　　アフリカ即時危機対応能力（African Capacity for Immediate Response to Crises）

ACOTA　　　アフリカ緊急作戦訓練支援（African Contingency Operations Training and Assistance）

ACRF　　　アフリカ危機対応部隊（African Crisis Response Force）

ACRI　　　アフリカ危機対応イニシアティブ（African Crisis Response Initiative）

AfCFTA　　　アフリカ大陸自由貿易圏（African Continental Free Trade Area）

AfDB　　　アフリカ開発銀行（African Development Bank）

AFISMA　　　アフリカ主導マリ国際支援ミッション（African-led International Support Mission in Mali）

AFRICOM　　　アフリカ軍（Africa Command）

AGRA　　　アフリカ緑の革命のための同盟（Alliance for Green Revolution in Africa）

AHSG　　　国家元首政府首脳最高会議（Authority of Heads of State and Government）

AMIB　　　アフリカ連合ブルンジ・ミッション（African Union Mission in Burundi）

AMIS I　　　アフリカ連合スーダン・ミッション I（African Union Mission in Sudan I）

AMIS II　　　アフリカ連合スーダン・ミッション II（African Union Mission in Sudan II）

AMISEC　　　アフリカ連合コモロ選挙支援ミッション（African Union Mission for Support to the Elections in the Comoros）

AMISOM　　　アフリカ連合ソマリア・ミッション（African Union Mission in Somalia）

AMU　　　→UMA

ANC　　　アフリカ民族会議（African National Congress）

AOF　　　フランス領西アフリカ（Afrique occidentale française）

APF	アフリカ平和ファシリティ（African Peace Facility）
APSA	アフリカ平和安全保障アーキテクチャー（African Peace and Security Architecture）
AQIM	イスラーム・マグレブのアル＝カーイダ（al-Qaida in the Islamic Maghreb: AQIM）
ASEOWA	アフリカ連合西アフリカエボラ出血熱発生支援（African Union Support to the Ebola Outbreak in West Africa）
ASF	アフリカ待機軍（African Standby Force）
AU	アフリカ連合（African Union）
AUBP	AU国境プログラム（African Union Border Programme）
AUC	アフリカ連合委員会（African Union Commission）
AUPOs	アフリカ連合政策機関（African Union Policy Organs）

■■ B ■■

BN	国別ビューロー（Bureau National）
BRS	ブラウン・アンド・ルート・サービス（Brown & Root Services）

■■ C ■■

CARD	アフリカ稲作振興のための共同体（Coalition for African Rice Development）
CDS	防衛安全保障委員会（Commission de défense et de sécurité）
CE	長老会議（Council of Elders）
CEEAC	→ECCAS
CEMAC	中部アフリカ経済通貨共同体（Communauté économique et monétaire de l'Afrique Centrale）
CEN-SAD	サヘル・サハラ諸国国家共同体（Community of Sahel-Saharan States）
CENTCOM	中央軍（Central Command）
CEPGL	大湖地域諸国経済共同体（Communauté économique des pays des grands lacs）
CEWARN	紛争早期警戒対応メカニズム（Conflict Early Warning and Response Mechanism）
CEWS	大陸早期警戒システム（Continental Early Warning System）
CGPCS	ソマリア沖海賊対策コンタクト・グループ（Contact Group on Piracy off the Coast of Somalia）
CIA	中央情報局（Central Intelligence Agency）
CJTF-HOA	アフリカの角共同統合タスクフォース（Combined Joint Task Force-

略語一覧　295

	Horn of Africa)
CMC	多国間調整センター (Centre multinational de Coordination)
CMF	連合海上部隊 (Combined Maritime Forces)
COMESA	東南部アフリカ市場共同体 (Common Market for Eastern and Southern African States)
COMWARN	COMESA早期警戒システム (COMESA Early Warning System)
COPAX	中部アフリカ平和安全保障理事会 (Conseil de Paix et de Sécurité de l'Afrique Centrale)
CP	コミュニティ・ポリシング (Community Policing)
CPX	指揮所演習 (Command Post Exercise)
CRESMAC	中部アフリカ海洋安全保障地域センター (Centre Régional de la Sécurité Maritime de l'Afrique Centrale)
CRESMAO	西アフリカ海洋安全保障地域センター (Centre Régional de Sécurité Maritime de l'Afrique de l'Ouest)
CTF-151	連合部隊第151連合任務部隊 (Combined Task Force 151)

■■ D ■■

DC	個別報告者 (Decentralised Correspondent)
DCoC	ジブチ行動指針 (Djibouti Code of Conduct)
DDR	武装解除・動員解除・社会再統合 (Disarmament, Demobilization and Reintegration)
DFS	フィールド支援局 (Department of Field Support)
DPO	平和活動局 (Department of Peace Operations)
DPPA	政務平和構築局 (Department of Political and Peacebuilding Affairs)
DPS	平和安全保障局 (Department of Peace and Security)
DSC	防衛安全保障委員会 (Defence and Security Commission)
DTS	ダブル・トロイカ・サミット (Double Troika Summit)

■■ E ■■

EAC	東アフリカ共同体 (East African Community)
EACTI	東アフリカ対テロリズムイニシアティブ (East Africa Counterterrorism Initiative)
EACWARN	EAC早期警戒メカニズム (EAC Early Warning Mechanism)
EASBRICOM	東部アフリカ待機旅団調整メカニズム (Eastern Africa Standby Brigade Coordination Mechanism)
EASBRIG	東部アフリカ待機旅団 (Eastern Africa Standby Brigade)
EASF	東部アフリカ待機軍 (Eastern Africa Standby Force)

EASFCOM	東部アフリカ待機軍調整メカニズム（Eastern Africa Standby Force Coordination Mechanism）
EASFSEC	東部アフリカ待機軍事務局（Eastern Africa Standby Force Secretariat）
ECCAS	中部アフリカ諸国経済共同体（Economic Community of Central African States）
ECOMIB	ECOWASギニアビサウ・ミッション（ECOWAS Mission in Guinea-Bissau）
ECOMICI	ECOWASコートジボワール・ミッション（ECOWAS Mission in Côte d'Ivoire）
ECOMIG	ECOWASガンビア・ミッション（ECOWAS Mission in The Gambia）
ECOMIL	ECOWASリベリア・ミッション（ECOWAS Mission in Liberia）
ECOMOG	ECOWAS停戦監視団（ECOWAS Ceasefire Monitoring Group）
ECOWARN	ECOWAS警戒対応ネットワーク（ECOWAS Warning and Response Network）
ECOWAS	西アフリカ諸国経済共同体（Economic Community of West Africa States）
EIMS	ECOWAS統合海洋戦略（ECOWAS Integrated Maritime Strategy）
EMP	アリュヌ・ブロンデン・ベイ平和維持学校（École de maintien de la paix Alioune Blondin Bèye）
EO	エグゼクティブ・アウトカムズ（Executive Outcomes）
EOSA	エチオピア有機種子行動（Ethio-Organic Seed Action）
ESF	ECOWAS待機軍（ECOWAS Standby Force）
ESF-TF	ESFタスクフォース（ESF Task Force）
EU	欧州連合（European Union）
EUCOM	ヨーロッパ軍（European Command）
EURORECAMP	欧州連合アフリカ平和維持能力強化（Renforcement des capacités africaines de maintien de la paix, Union européenne）
EUTM Mali	欧州マリ国軍訓練ミッション（European Union Training Mission Mali）
EWS	早期警戒システム（Early Warning System）

■■ F ■■

FAO	国連食糧農業機関（Food and Agriculture Organisation）
FGS	ソマリア連邦政府（Federal Government of Somalia）
FIB	国連介入旅団（United Nations Force Intervention Brigade）

FLN	民族解放戦線（Front de libération nationale）
FLS	フロントライン諸国（Frontline States）
FOC	完全運用能力（Full Operational Capability）
FOCAC	中国・アフリカ協力フォーラム（Forum on China-Africa Cooperation）
FOMAC	中部アフリカ多国籍軍（Force multinational de l'Afrique Centrale）
FOMUC	中央アフリカ多国籍軍（Force multinationale en Centrafrique）
FRELIMO	モザンビーク解放戦線（Frente de Libertação de Moçambique）
FSRE	ファーミング・システム研究・普及（Farming Systems Research and Extension）
FTX	実働演習（Field Training Exercise）

■■ G ■■

G4S	グループ・フォー・セキュリコール（Group 4 Securicor plc.）
GCC	湾岸協力会議（Gulf Cooperation Council）
GIA	武装イスラーム集団（Groupe islamique armé）
GIZ	ドイツ国際協力公社（Deutsche Gesellschaft für Internationale Zusammenarbeit）
GSPC	宣教と戦闘のためのサラフィー主義集団（Group salafiste pour la prédication et le combat）

■■ H ■■

HATRC	ハンビット農業技術研究センター（Hanbit Agricultural Technology Research Centre）
HIPPO	国連平和活動ハイレベル独立パネル（High-Level Independent Panel on Peace Operations）
HRMOM	アフリカ連合ブルンジ人権軍事監視ミッション（African Union Human Rights and Military Observers Mission in Burundi）

■■ I ■■

ICC	国際刑事裁判所（International Criminal Court）
ICC	地域間調整センター（Inter-regional Coordination Center）
ICGLR	大湖地域国際会議（International Conference of the Great Lakes Region）
ICJ	国際司法裁判所（International Court of Justice）
ICU	イスラーム法廷連合（Islamic Courts Union）
IDP	国内避難民（internally displaced people）

IED	即席爆発装置（Improvised Explosive Device）
IGAD	政府間開発機構（Intergovernmental Authority on Development）
ILO	国際労働機関（International Labour Organization）
INTERPOL	国際刑事警察機構（International Criminal Police Organization）
IOC	初期運用能力（Initial Operational Capability）
IS	イスラーム国（Islamic State）
ISDSC	国家間防衛安全保障委員会（Inter-State Defence and Security Committee）
ISGS	大サハラのイスラーム国（Islamic State in Greater Sahara）
ISPDC	国家間政治外交委員会（Inter-State Politics and Diplomacy Committee）

■■ J ■■

JICA	国際協力機構（Japan International Cooperation Agency）

■■ K ■■

KAF	韓国・アフリカフォーラム（Korea-Africa Forum）
KAIPTC	コフィ・アナン国際平和維持訓練センター（Kofi Annan International Peacekeeping Training Centre）
KAR	王立アフリカ小銃隊（King's African Rifles）

■■ L ■■

LCBC	チャド湖流域委員会（Lake Chad Basin Commission）
LRA	神の抵抗軍（Lord's Resistance Army）

■■ M ■■

M23	3月23日運動（Mouvement du 23 mars）
MAPROBU	ブルンジ・アフリカ予防保護ミッション（African Prevention and Protection Mission in Burundi）
MARAC	中部アフリカ早期警戒メカニズム（Mécanisme d'alerte rapide de l'Afrique Centrale）
MCO	機関閣僚委員会（Ministerial Committee of the Organ）
MCPMR	紛争予防・管理・解決メカニズム（Mechanism for Conflict Prevention, Management, and Resolution）
MCPMRPS	紛争予防・管理・解決・平和維持・安全保障メカニズム（Mechanism for Conflict Prevention, Management, Resolution, Peace-keeping and Security）

MDGs	ミレニアム開発目標（Millennium Development Goals）
MICEMA	ECOWASマリ・ミッション（Mission de la CEDEAO au Mali）
MICOPAX	中央アフリカ平和定着ミッション（Mission de consolidation de la paix en Centrafrique）
MINUJUSTH	国連ハイチ司法支援ミッション（United Nations Mission for Justice Support in Haiti）
MINURSO	国連西サハラ住民投票監視団（United Nations Mission for the Referendum in Western Sahara）
MINUSCA	国連中央アフリカ多面的統合安定化ミッション（United Nations Multidimensional Integrated Stabilization Mission in the Central African Republic）
MINUSMA	国連マリ多面的統合安定化ミッション（United Nations Multidimensional Integrated Stabilization Mission in Mali）
MISCA	アフリカ主導中央アフリカ国際支援ミッション（African-led International Support Mission to the Central African Republic）
MMCC	多国間海洋調整センター（Multinational Maritime Coordination Center）
MNJTF	対ボコ・ハラム多国籍合同タスクフォース（Multinational Joint Task Force against Boko Haram）
MONUC	国連コンゴ民主共和国派遣団（United Nations Mission in the Democratic Republic of Congo）
MONUSCO	国連コンゴ民主共和国安定化ミッション（United Nations Organization Stabilization Mission in the Democratic Republic of the Congo）
MPLA	アンゴラ解放人民戦線（Movimento Popular de Libertação de Angola）
MPMC	ミッション計画管理班（Mission Planning and Management Cell）
MPRI	ミリタリー・プロフェッショナル・リソーシズ（Military Professional Resources Inc.）
MRG	仲介レファレンスグループ（Mediation Reference Group）
MSC	仲介安全保障理事会（Mediation and Security Council）
MSO	海上安全活動（Maritime Security Operation）

■■ N ■■

NATO	北大西洋条約機構（North Atlantic Treaty Organization）
NARC	北アフリカ地域能力（North African Regional Capability）
NDC	国防大学（National Defence College）

NERC	国立エボラ対策センター（National Ebola Response Centre）
NORTHCOM	北方軍（Northern Command）
NPT	核拡散防止条約（Treaty on the Non-Proliferation of Nuclear Weapons）
NSF	NARC待機軍（NARC Standby Force）

■■ O ■■

OAU	アフリカ統一機構（Organization of African Unity）
OECD	経済協力開発機構（Organisation for Economic Co-operation and Development）
OMC	監視モニタリングセンター（Observation and Monitoring Center）
OMZ	監視モニタリングゾーン（Observation and Monitoring Zone）
ONUC	国連コンゴ活動（United Nations Operation in the Congo）
OSLEG	主権的正当性作戦（Operation Sovereign Legitimacy）

■■ P ■■

PAC	パン・アフリカニスト会議（Pan Africanist Congress）
PACOM	太平洋軍（Pacific Command）
PAE	パシフィック・アーキテクツ・アンド・エンジニアーズ（Pacific Architects and Engineers Inc.）
PCC	警察派遣国（police contributing country）
PCRD	紛争後復興開発（Post-Conflict Reconstruction and Development）
PDD 25	大統領決定指令25号（Presidential Decision Directive 25）
PF	平和基金（Peace Fund）
PIS	プントランド諜報機関（Puntland Intelligence Service）
PKO	平和維持活動（Peacekeeping Operation）
PLANELM	計画策定部（Planning Element）
PMC	民間軍事会社（private military companies）
PMF	民間軍事会社（private military firms）
PMSC	民間軍事・警備会社（private military and security companies）
PoE	長老パネル（Panel of Elders）
PoW	賢人パネル（Panel of the Wise）
PREACT	東アフリカ対テロリズム地域パートナーシップ（Partnership for Regional East Africa Counterterrorism）
PSC	民間警備会社（private security companies）
PSC	平和安全保障理事会（Peace and Security Council）
PSD	平和安全保障局（Peace and Security Department）

PSI	汎サヘルイニシャティブ（Pan Sahel Initiative）
PSO	平和支援活動（Peace Support Operation）
PSOD	平和支援活動課（Peace Support Operations Division）
PSTG	平和安全保障課題グループ（Peace and Security Thematic Group）

■■ R ■■

R2P	保護する責任（Responsibility to Protect）
RCI-LRA	神の抵抗軍の撲滅のための地域協力イニシアティブ（Regional Task Force of the African Union-led Regional Cooperation Initiative for the Elimination of the Lord's Resistance Army）
RDC	早期展開能力（Rapid Deployment Capability）
RECs	地域経済共同体（Regional Economic Communities）
RECAMP	アフリカ平和維持能力強化（Renforcement des capacités africaines de maintien de la paix）
RENAMO	モザンビーク民族抵抗運動（Resistência Nacional Moçambicana）
REWC	地域早期警戒センター（Regional Early Warning Center）
RMs	地域メカニズム（Regional Mechanisms）
RPF	ルワンダ愛国戦線（Rwandan Patriotic Front）
RPTC	地域平和維持訓練センター（Regional Peacekeeping Training Centre）
RTA	地域貿易協定（Regional Trade Agreement）
RWAFF	王立西アフリカ・フロンティア軍（Royal West African Frontier Force）

■■ S ■■

SADC	南部アフリカ開発共同体（Southern African Development Community）
SADCBRIG	SADC待機軍（SADC Standby Force）
SADCC	南部アフリカ開発調整会議（Southern African Development Coordination Conference）
SADF	南アフリカ防衛軍（South African Defence Force）
SANDF	南アフリカ国防軍（South African National Defence Force）
SAPMIL	SADCレソト予防ミッション（SADC Preventive Mission in Lesotho）
SARPCCO	南部アフリカ地域警察長協力機構（Southern African Regional Police Chiefs Cooperation Organization）
SDGs	持続可能な開発目標（Sustainable Development Goals）
SIPO	SADC機関戦略指示的計画（Strategic Indicative Plan for the Organ）

SLA	サステナブル・ライブリフッド・アプローチ（Sustainable Livelihood Approach）
SPMs	特別政治ミッション（Special Political Missions）
SSF	SADC待機軍（SADC Standby Force）
SSR	治安部門改革（Security Sector Reform）

■■ T ■■

TFG	暫定連邦政府（Transitional Federal Government）
TI	トランスペアレンシー・インターナショナル（Transparency International）
TICAD	アフリカ開発会議（Tokyo International Conference on African Development）
TSCTP	トランスサハラ対テロリズムパートナーシップ（Trans-Saharan Counterterrorism Partnership）

■■ U ■■

UCDP	ウプサラ紛争データプログラム（Uppsala Conflict Data Program）
UDEAC	中部アフリカ関税経済同盟（Union douanière et économique de l'Afrique Centrale）
UMA	アラブ・マグレブ連合（Arab Maghreb Union）
UN	国際連合（United Nations）
UNAMID	ダルフール国連アフリカ連合合同ミッション（United Nations–African Union Mission in Darfur）
UNAMIR	国連ルワンダ支援団（UN Assistance Mission for Rwanda）
UNDOF	国連兵力引き離し監視隊（United Nations Disengagement Observer Force）
UNDP	国連開発計画（United Nations Development Programme）
UNEF I	第1次国連緊急軍（First United Nations Emergency Force）
UNFICYP	国連キプロス平和維持隊（United Nations Peacekeeping Force in Cyprus）
UN-HABITAT	国連人間居住計画（United Nations Human Settlements Programme）
UNHCR	国連難民高等弁務官事務所（Office of the United Nations High Commissioner for Refugees）
UNICEF	国連児童基金（United Nations Children's Fund）
UNIFIL	国連レバノン暫定隊（United Nations Interim Force in Lebanon）
UNISFA	国連アビエ暫定治安部隊（United Nations Interim Security Force for Abyei）

UNITA	アンゴラ全面独立民族同盟（União Nacional para a Independência Total de Angola）
UNMIK	国連コソボ暫定行政ミッション（United Nations Interim Administration Mission in Kosovo）
UNMIL	国連リベリア・ミッション（United Nations Mission in Liberia）
UNMISS	国連南スーダン共和国ミッション（United Nations Mission in the Republic of South Sudan）
UNMOGIP	国連インド・パキスタン軍事監視団（United Nations Military Observer Group in India and Pakistan）
UNOCI	国連コートジボワール活動（United Nations Operation in Côte d'Ivoire）
UNODC	国連薬物犯罪事務所（United Nations Office on Drugs and Crime）
UNOSOM I	第1次国連ソマリア活動（United Nations Operation in Somalia I）
UNOSOM II	第2次国連ソマリア活動（United Nations Operation in Somalia II）
UNSMIL	国連リビア支援ミッション（United Nations Support Mission in Libya）
UNTAG	国連ナミビア独立支援グループ（United Nations Transition Assistance Group）
UNTFHS	人間の安全保障基金（United Nations Trust Fund for Human Security）
UNTSO	国連休戦監視機構（United Nations Truce Supervision Organization）

■■ V ■■

| VNs | 有志国（Volunteering Nations） |

■■ W ■■

WAPIS	西アフリカ警察情報システム（West African Police Information System）
WHO	世界保健機関（World Health Organization）
WPS	女性・平和・安全保障（Women, Peace and Security）

■■ Z ■■

| ZB | ゾーン事務所（Zonal Bureau） |

人名索引

〈A〉

アル=バシール, オマル (al-Bashir, Omar)
57

アナン, コフィ (Annan, Kofi) 259

アブドゥカディール, アブドゥカディール・モ
ハメド (Abdukadir, Abdukadir Mohamed)
136

アブ・ズベイル, ムクタル・アブディラハマン
(Abu Zuberyr, Muktar Abdirahman)
136

アイディード, モハメド・フアッラ (Aidid,
Mohamed Farrah) 132

〈B〉

バーレ, モハメド・シアド (Barre, Mohammed
Siad) 132

ブッシュ, ジョージ・H・W (Bush, George H. W.)
132

ブッシュ, ジョージ・W (Bush, George W.)
135

ベディエ, アンリ・コナン (Bédié, Henri
Konan) 150

ベン・ベラ, アハメド (Ben Bella, Ahmed)
218

ビン・ラディン, オサマ (bin Lādin, Usāma)
134

ボンゴ, オマール (Bongo, Omar) 147, 149,
156

ブトロス=ガリ, ブトロス (Boutros-Ghali,
Boutros) 186

〈C〉

カスパーセン, ニナ (Caspersen, Nina) 64

シラク, ジャック (Chirac, Jacques) 149,
150

クリストファー, ウォーレン (Christpher,
Warren) 133

全斗煥 (Chun Doo-hwan) 177

クリントン, ビル (Clinton, Bill) 133

〈D〉

ド・ゴール, シャルル (de Gaulle, Charles)
145-149

ドラミニ=ズマ, ヌコサザナ (Dlamini-Zuma,
Nkosazana) 224

〈F, G〉

フォカール, ジャック (Foccart, Jacques)
147-150

バボ, ローラン (Gbagbo, Laurent) 151, 152

ゴダネ (Godane) 136

〈H, I〉

ウフェ・ボワニー, フェリックス (Houphouët-
Boigny, Félix) 147, 151, 156

ハブレ, イッセン (Habré , Hissène) 233

ハビャリマナ, ジュベナール (Habyarimana,
Juvénal) 149, 258

オランド, フランソワ (Hollande, François)
153-155

イクリマ (Ikrima) 136

〈J〉

ジャメ, ヤヒヤ (Jammeh, Yahya) 222, 240

ジョスパン, リオネル (Jospin, Lionel) 150

〈K〉

カベルカ, ドナルド (Kaberuka, Donald)
230

カビラ, ローラン (Kabila, Laurent-Désiré)
249

カガメ, ポール（Kagame, Paul）　232
カウンダ, ケネス（Kaunda, Kenneth）　218
コナレ, アルファ・ウマル（Konaré, Alpha Oumar）　71
クラズナー, スティーブン（Krasner, Stephen）　57, 58, 62–64

〈L〉

李明博（Lee Myung-bak）　177
ルムンバ, パトリス（Lumumba Patrice）　131

〈M, N〉

マンデラ, ネルソン（Mandela, Nelson）　249
ムバ, レオン（Mba, Léon）　147
モブツ・セセ・セコ（Mobutu Sese Seko）　148
モシシリ, パカリタ（Mosisili, Pakalitha）　249
ファキ、ムーサ・マハマト（Moussa Faki Mahamat）　226
ムガベ, ロバート（Mugabe, Robert）　246, 249
ムンガイ, クリスティーヌ（Mungai, Christine）　139
ムセ（Adde Muse Boquor）　98
ムセベニ, ヨウェリ（Museveni, Yoweri）　140
ムウェンチャ, エラスタス（Mwencha, Erastus）　178
ニエレレ, ジュリアス（Nyerere, Julius）　161

〈O, P〉

小渕恵三　257

朴槿恵（Park Geun-hye）　177, 178
ペッグ, スコット（Pegg, Scott）　64

〈R〉

リチャーズ, ポール（Richards, Paul）　286
リッセ, トーマス（Risse, Thomas）　58
盧武鉉（Roh Moo-hyun）　177, 178
ローズヴェルト, エレノア（Roosevelt, Eleanor）　259
ローズヴェルト, フランクリン（Roosevelt, Franklin）　259

〈S〉

サリム, アハメド（Salim, Ahmed）　218
シェカウ, アブバカル（Shekau, Abubaka）　106, 111
緒方貞子　258
セン, アマルティア（Sen, Amartya）　258, 271, 272
セセ・セコ, モブツ（Sese Seko, Mobutu）　148
シンガー, ピーター（Singer, Peter）　28, 30

〈T, U, W〉

タバネ, トム（Thabane, Tom）　250
トランプ, ドナルド（Trump, Donald）　141
ウェーバー, マックス（Weber, Max）　17, 44

〈Y〉

尹炳世（Yun Byung-se）　178
ユースフ（Abdullahi Yasuf Ahmed）　98, 99
ユスフ, ムハンマド（Yusuf, Mohammed）　106, 110–112, 114

事 項 索 引

〈ア 行〉

IS→イスラーム国
ISGS→大サハラのイスラーム国
ICU 136
アクスム王国 4
ACOTA 134
アジェンダ2063 232, 264
アダマワ州 105, 107
「新しいスパイス・ルート」 139
アデン湾 91, 92, 169, 170, 171, 175, 176
──の黎明作戦 176
アパルトヘイト 8
アバーン 92
アフガニスタン 111, 119, 122, 134, 135
アブジャ 111
アフリカ
──稲作振興のための共同体 284
──開発会議（TICAD） 178
──開発銀行（AfDB） 230
──危機早期対応能力（ACIRC） 224, 225
──危機対応イニシャティブ 133
──危機対応部隊 133
──緊急作戦訓練支援 134
──経済共同体 219, 236
──主導国際マリ支援ミッション（AFISMA） 154
──の問題はアフリカが解決する 133
──の年 65
──非核兵器地帯条約（ペリンダバ条約） 39, 182
──紛争解決・平和維持・平和構築のためのカイロ国際センター 223
──平和安全保障アーキテクチャー（APSA） 178, 215, 226, 229

──平和維持能力強化プログラム（RECAMP） 150, 156
──緑の革命のための同盟 283
──民族同盟 160
アフリカ統一機構（OAU） 68, 182, 212, 214, 215, 232
──憲章 212
──中央機関 212
──紛争予防・管理・解決メカニズム（MCPMR） 212, 214
──平和基金 212
アフリカの角 118, 119, 132, 135, 137, 139, 141
──共同統合タスクフォース 135
──共同統合任務部隊（CJTF-HOA） 175, 176
アフリカの年 65
アフリカ非核兵器地帯条約（ペリンダバ条約） 39, 182
アフリカ紛争解決・平和維持・平和構築のためのカイロ国際センター 223
アフリカ平和安全保障アーキテクチャー（APSA） 178, 215, 226, 229
アフリカ平和維持能力強化プログラム（RECAMP） 150, 156
アフリカ緑の革命のための同盟 283
アフリカ民族同盟 160
アフリカ連合（AU） 68, 71, 73, 153, 168, 177, 194, 198, 211-232, 236
──ソマリア・ミッション 10, 94, 119, 136
──0.2%徴収金 230, 231
──アフリカ主導中央アフリカ共和国国際支援ミッション（MISCA） 227, 228, 244
──アフリカ主導マリ国際支援ミッション（AFISMA） 227, 228

──アフリカ待機軍（ASF）　216, 220, 224, 225, 239

──委員会（AUC）　216, 226

──機構改革　232

──賢人パネル（PoW）　216, 218, 219

──賢人パネルの友　218

──コモロ選挙安全保障支援ミッション（MAES）　227

──コモロ選挙支援ミッション（AMISEC）227

──スーダン・ミッションⅠ（AMISⅠ）227

──スーダン・ミッションⅡ（AMISⅡ）227, 228

──政策機関（AUPOs）　216

──制定法　214, 215

──総会（首脳会議）　216

──ソマリア・ミッション（AMISOM）119, 120, 124, 227, 228

──大陸早期警戒システム（CEWS）　216, 219, 220

──ダルフール国連アフリカ連合合同ミッション（UNAMID）　227

──西アフリカエボラ出血熱発生支援（ASEOWA）　234

──ブルンジ・アフリカ予防保護ミッション（MAPROBU）　234

──ブルンジ人権軍事監視ミッション（HRMOM）　234

──ブルンジ・ミッション（AMIB）　227

──分担金未納問題　230, 231

──平和安全保障局　226

──平和安全保障理事会（PSC）　178, 216, 217, 226

──平和基金（PF）　216, 225

AFRICOM→アメリカアフリカ軍

アフル・スンナ　110

アマニ・アフリカ　223-225

AMISOM→アフリカ連合ソマリア・ミッション

アメリカ（合衆国）　10, 30, 79, 83, 131-141

──大使館爆破テロ　134, 135

──アフリカ軍（AFRICOM）　137-139, 176

──中央軍（CENTCOM）　176

アラブの春　76, 77, 79, 80, 84-86

アラブ・マグレブ連合（UMA）　219, 223

アリュシュ・ブロンデン・ベイ平和維持学校（EMP）　221

アル＝カーイダ　108, 111, 112, 118, 122, 124, 125, 134, 135

アルジェリア　46, 76, 77, 80, 81, 83, 85, 111, 112, 136, 137

──人質事件　136

──民族解放戦線　160

アンゴラ　29, 47, 48, 50, 132, 186, 190

──解放人民運動　132

──全面独立民族同盟　132

──内戦　132

アンチバラカ　243

安定化活動　228

EACTI　136

イエメン　76-79, 86, 118, 119, 122, 124, 125, 135, 176

イギリス　8, 21, 85

維持する平和がない（no peace to keep）　192

イスラーム　106, 111

──教徒　106, 111, 112

──国（IS）　79, 107, 108, 122, 122-125

──主義者　106

──教　109, 113

──社会　110

──政治エリート　110, 111

──反体制社会運動　114

イスラーム・マグレブ（諸国）のアル＝カーイダ（AQIM）　81-85, 112, 136, 192, 240

イスラーム法廷連合　63, 136

「一帯一路」構想　170

イラク戦争　27

イラン　79

ウガンダ　5, 48, 134, 139, 140, 177

UNITA　132

永続的な平和（sustainable peace）　194

AOR　137

エクゼクティブ・アウトカムズ（EO）　27-29, 34

ACRI　133

ACRF　133

エジプト　76-80, 184

エチオピア　9, 10, 48, 51, 60, 63, 119, 120, 125, 132, 288

──有機種子行動　288

エバーグリーン部隊　174

FAOハイレベル会合　282

エボラ出血熱　11, 69, 73

MPLA　132

AU海洋運輸憲章　100

エリトリア　124

LRA　→神の抵抗軍

欧州連合（EU）　10, 95, 100, 151, 153-156, 223, 243

──アフリカ平和維持能力強化（EURORECAMP）　223

──アフリカ平和ファシリティ（APF）　225

王立アフリカ小銃隊　5

王立西アフリカ・フロンティア軍　4, 5

オデュッセイの夜明け作戦　139

オブザーバント・コンパス作戦　139

〈カ 行〉

海上安全活動　175

海上武装強盗　91, 95

海賊　91, 175, 176

──行為　170

──集団　93

──訴追モデル　96, 97

──対処活動　169, 170

──ビジネス　93

開発援助委員会（DAC）　173

回復力　61

海洋航行の安全に対する不法行為防止に関する条約（SAU条約）　95, 96

海洋法に関する国際連合条約（国連海洋法条約）　91, 95, 96

核拡散防止条約（NPT）　39

核兵器禁止条約　39

カタール　79

ガーナ　4, 6, 134

ガボン　48, 80, 222, 241

──リーブルヴィル幕僚学校（EEML）　222

神の抵抗軍（LRA）　108, 139, 140, 193

──の撲滅のための地域協力イニシアティブ（RCI-LRA）　227

カメルーン　105, 107, 115, 245

管轄権　91, 96

韓国　173-180

韓国・アフリカフォーラム（KAF）　178

完全運用能力（FOC）　224, 225

ガンビア　222, 239, 240

北アフリカ地域能力（NARC）　223

──待機軍（NSF）　223

北大西洋条約機構（NATO）　78, 94, 101

北朝鮮　177-179

ギニア・カーボベルデ独立アフリカ党　160

ギニアビサウ　134

ギニア湾　91, 101, 245

9・11同時多発テロ　134, 135

恐怖からの自由　259

クウェート　77

クーデタ　6, 12, 140, 141

クラン　93

グローバル・ジハード　109, 112, 115

軍事援助　30, 31

軍閥　57

計画策定部（PLANELM）　221, 222, 242, 248

経済協力開発機構（OECD）　173

ケイパビリティ　260

欠乏からの自由　259

ゲーテッド・コミュニティ　35
ケニア　16, 19, 21-23, 44, 46, 49, 51, 119-121,
　123-125, 134, 135, 223
限定的国家性　58
現場主義　260
公安軍　5, 6
国軍改革　7, 8
国際協力機構（JICA）　259
国際刑事警察機構（INTERPOL）　241
国際刑事裁判所　57, 198
国際司法裁判所（ICJ）　70
国際労働機関（ILO）　262
国内紛争　186, 187
国連（国際連合）　183, 244
　──安全保障理事会　60, 133, 184, 186,
　188
　──介入旅団（FIB）　250
　──開発計画（UNDP）　258, 262
　──休戦監視機構（UNTSO）　165, 184
　──憲章第7章　184, 187, 188, 190
　──コートジボワール活動（UNOCI）
　152, 174
　──コンゴ活動（ONUC）　185
　──コンゴ民主共和国安定化ミッション
　（MONUSCO）　165, 192, 251
　──児童基金（UNICEF）　262, 263
　──政務平和構築局　194
　──中央アフリカ多面的統合安定化ミッショ
　ン（MINUSCA）　244
　──特別政治ミッション　194
　──ナミビア独立支援グループ　165, 186
　──平和活動局　184
　──平和活動検討パネル　189
　──平和活動ハイレベル独立パネル（HIPPO）
　192
　──南スーダン共和国ミッション　166
　──薬物犯罪事務所（UNODC）　96
　──リビア支援ミッション（UNSMIL）
　79
　──リベリア・ミッション（UNMIL）

174
　──ルワンダ支援団（UNAMIR）　188
　第1次──緊急軍　184
　第2次──ソマリア活動（UNOSOM II）
　60, 174, 188
国連平和維持活動（PKO）　9-11, 13, 21, 24,
　32, 165, 166, 169, 173-175, 183, 184, 186
　──安定化ミッション　192
　──の基本原則　185
　──の多機能化　187, 189
　──の統合化　189
　──の要員数　188, 190-192
　──の予算　191
　──派遣三原則　165
　──部隊提供国　190
　強靭な──　189, 190
　第1世代──　185, 187
　第3世代──　187, 190
　第2世代──　187, 190
　地域機構による──　133
国家　44, 46, 52, 53
　──による監視　34
国家建設　63
コートジボワール　49, 134, 190
コナレ　71
コフィ・アナン国際平和維持訓練センター
　（KAIPTC）　221
コーペラシオン　146
コミュニティ・ポリシング　21-23
コモロ　137
　──における民主主義作戦　227
孤立主義　141
ゴールドコースト　5
コンゴ共和国　49, 131, 245
コンゴ動乱　185
コンゴ民主共和国／コンゴ／ザイール　33,
　46-50, 56, 185, 192, 249, 250

〈サ 行〉

最恵国待遇　231

事項索引　311

サウジアラビア　77, 79
サステナブル・ライブリフッド・アプローチ
　286
雑穀　269
サヘル（地域、諸国）　76, 77, 79, 80, 83-86
サヘル・サハラ諸国国家共同体（CEN-SAD）
　219
ザムファラ州　110
サラセン・インターナショナル　100, 102
3月23日運動　251
暫定連邦政府（TFG）　94, 96
CIA　131
GSPC　136
ジェノサイド　56, 133, 188
CFAフラン　69
シエラレオネ　7, 8, 11, 17, 19-21, 24, 29,
　50, 134, 188, 189
指揮所演習（CPX）　224, 225
自警団説　97
CJTF-HOA　135
事実上の国家　60, 61
持続可能な開発目標　280
実働演習（FTX）　224
失敗国家　55, 56, 57
ジハード（聖戦）　106, 112, 115, 118-125
G5サヘル　155
　——合同軍　227
ジブチ　135, 170, 175, 176
　——行動指針（DCoC）　95, 96
　——補給基地　170
シャバーブ　23, 63, 112, 136, 192, 228
シャリーア　109-112
集団安全保障　183
主権的正当性作戦　249
シュトゥットガルド　137
消費の共同体　273
初期運用能力（IOC）　224
食の分配　272-274, 277
植民地軍　4, 5
食料安全保障　280, 281, 289

食料サミット　282
食料主権　280, 281, 283, 289
女性・平和・安全保障（WPS）　251, 252
シリア　76, 77, 79, 83, 86
人権　259
人道的支援　32
ジンバブエ　12, 16, 47, 222, 246, 248
人民解放軍　166, 168, 169
スーダン　46, 134, 135, 141
清海部隊　175, 176, 179
制度化された妬み　274, 275, 277
政府間開発機構（IGAD）　219
　——紛争早期警戒対応メカニズム　220
勢力圏　145, 148, 150, 155
世界保健機関（WHO）　262
責任分担地域　137
説明責任　35
セネガル　134, 221
　——狙撃兵部隊　4, 5
セーファーワールド　21, 23
セレカ　243
選挙　44, 49
　——支援　187, 189
宣教と戦闘のためのサラフィー主義集団
　136
全政府アプローチ　139
早期展開能力（RDC）　224
即席爆発装置　12
ソマリ　121, 125
ソマリア　48, 50, 51, 55-64, 111, 112, 132,
　134, 136, 140, 141, 169, 175, 186-188, 190,
　192, 194, 228
　——軍事ミッション　31
　——暫定連邦政府　136
　——連邦政府（FSG）　94, 100
ソマリア沖　91, 92
　——海賊対策コンタクトグループ（CGPCS）
　95
ソマリランド　60, 63, 93, 94
尊厳　259

〈タ 行〉

大湖地域国際会議（ICGLR）　250
大湖地域諸国経済共同体（CEPGL）　241
大サハラのイスラーム国　141
大統領決定指令25号　133
対ボコ・ハラム多国籍合同タスクフォース
　　（MNJTF）　227, 245
代理戦争　47
ダインコープ　32
ダウンサイドリスク　260
多国籍軍　175, 176
ターリバーン　122
ダルフール　32, 194
　　——国連アフリカ連合合同ミッション
　　（UNAMID）　174
　　——紛争　56
タンザニア　48, 134, 135, 251
治安部門改革（SSR）　32
地域機構　188, 194
地域経済共同体（RECs）　219, 222, 229, 230,
　　236-252
地域貿易協定（RTA）　231
地域メカニズム（RMs）　222, 229, 230
チャド　47, 48, 105, 107, 111, 115, 136, 141,
　　245
　　——湖流域委員会（LCBC）　245
中央アフリカ　48, 50
中央アフリカ共和国　134, 192, 243, 244
中央情報局　131
中国・アフリカ協力フォーラム（FOCAC）
　　178
中国国連平和発展基金　168
中部アフリカ関税経済同盟（UDEAC）　241
中部アフリカ経済通貨共同体（CEMAC）
　　243
　　——中央アフリカ多国籍軍（FOMUC）
　　243
中部アフリカ諸国経済共同体（ECCAS）
　　219, 222, 241-245

　　——閣僚理事会　242
　　——国別ビューロー（BN）　242
　　——国家首脳会議　242
　　——個別報告者（DC）　242
　　——事務総局　241
　　——待機軍（FOMAC）　222, 242
　　——多国間調整センター（CMC）　245
　　——中央アフリカ平和定着ミッション
　　（MICOPAX）　243
　　——中部アフリカ海洋安全保障地域センター
　　（CRESMAC）　245
　　——中部アフリカ早期警戒メカニズム
　　（MARAC）　242
　　——中部アフリカ多国籍軍（FOMAC）
　　222, 242
　　——中部アフリカ平和安全保障理事会
　　（COPAX）　242
　　——防衛安全保障委員会（CDS）　242
中部アフリカ諸国同盟（UEAC）　148
チュニジア　76-80, 137
TSCTI　137
TSCTP　137
TFG　136
停戦監視　185, 186
テロリズム（テロ）　105, 106, 240, 241, 245
　　劇場型——　109
　　自爆——　107, 115
　　——組織　109
　　——対策　23, 24
　　——との戦い　135, 140
　　——武装集団　192
東南部アフリカ市場共同体（COMESA）
　　219
　　——早期警戒システム（COMWARN）
　　219
東部アフリカ待機軍（EASF）　223
トーゴ　236
土地の収奪　276
ドラッグ　241
トランスサハラ対テロリズムパートナーシップ

137

トランスペアレンシー・インターナショナル
16

トルコ　79

――石作戦　149

〈ナ 行〉

ナイジェリア　5，6，8，33，46，51，105-115，
236，239

内政不干渉原則　164，170

ナミビア　47，186

ならず者国家　164

南部アフリカ開発共同体（SADC）　100，246
-252

――機関閣僚委員会（MCO）　247

――機関議長　247

――機関戦略指示的計画（SIPO）　247

――国家間政治外交委員会（ISPDC）　247

――国家間防衛安全保障委員会（ISDSC）
247

――国家元首政府首脳会議（サミット）
246，249，250

――事務局　246

――政治・防衛・安全保障機関（機関）
246，249，250

――待機軍（SSF）　248

――待機旅団（SADCBRIG）　248

――ダブル・トロイカ・サミット（DTS）
247

――地域早期警戒センター（REWC）　248

――地域平和維持訓練センター（RPTC）
248

――仲介・紛争予防・予防外交構造　248

――仲介レファレンスグループ（MRG）
248

――長老パネル（PoE）　248

――トロイカ　247

――南部アフリカ地域警察長協力機構
（SARPCCO）　251

――平和安全保障課題グループ（PSTG）

248

――レソト予防ミッション（SAPMIL）
250

――連合軍　249

南部アフリカ開発調整会議（SADCC）　245

西アフリカ諸国経済共同体（ECOWAS）
71，100，151，188，236-241，245

――委員会　238

――監視モニタリングゾーン（OMZ）
238

――ガンビア・ミッション（ECOMIG）
240

――ギニアビサウ・ミッション（ECOMIB）
239

――警戒対応ネットワーク（ECOWARN）
238

――国家元首政府首脳最高会議（AHSG）
238

――コートジボワール・ミッション
（ECOMICI）　239

――ゾーン事務所（ZB）　238

――待機軍（ESF）　239

――多国間海洋調整センター（MMCC）
241

――仲介安全保障理事会（MSC）　238

――長老会議（CE）　238

――停戦監視団（ECOMOG）　239

――統合海洋戦略（EIMS）　240

――西アフリカ海洋安全保障地域センター
（CRESMAO）　241

――西アフリカ警察情報システム（WAPIS）
241

――紛争予防・管理・解決・平和維持・安全
保障メカニズム（MCPMRPS）　238，
239

――紛争予防枠組み　239

――防衛安全保障委員会（DSC）　238

――マリ・ミッション（MICEMA）　240

――リベリア・ミッション（ECOMIL）
239

ニジェール 80-83, 85, 86, 105, 111, 112, 136, 141

ニューアライアンス 283, 285

ニュンバ・クミ 23

人間の安全保障 35

── 委員会 258

── 基金（UNTFHS） 258

ネゴシエーター 94

能力向上 259

ノルウェー 85

ノン・ルフールマン原則 95, 101

〈ハ 行〉

パシフィック・アーキテクツ・アンド・エンジニアーズ（PAE） 32

破綻国家 55-57

ハート・セキュリティ 99

バハレーン 77

パン・アフリカニスト会議 160

汎サヘルイニシャティブ 136

ハンビット部隊 174, 175, 179

ビアフラ戦争 148

PSI 136

東アフリカ対テロリズムイニシャティブ 135

── 地域パートナーシップ 136

非国家主体 58

ビジネスマン 62, 64

ビスマルク 66

PDD 25 133

ひとつの国連 261

貧困説 97

ファーミング・システム研究・普及 286

ファロレ 99, 100

不朽の自由作戦 136

普遍的管轄権 95, 97, 101

ブラヒミ報告（書） 51, 189

フランサフリック 145-156

フランス 83, 84, 244

── 領西アフリカ（AOF） 70

武力紛争 7

ブルキナファソ 80, 287

ブルンジ 12

PREACT 136

フロリダ 137

フロントライン諸国（FLS） 246

紛争ダイヤモンド 50

紛争予防 194

プントランド 93, 94, 98, 100, 102

文民の保護 190, 192

米軍

── アフリカ軍 137

── 太平洋軍 137, 138

── 中央軍 137, 138

── 北方軍 137

── ヨーロッパ軍 137, 138

平準化機構 273, 277

兵站 31

平和維持 183, 186, 189, 192, 194

平和構築 20, 24, 183, 186, 189, 194

平和支援活動（PSO） 236, 239, 243, 244, 248 -251

平和執行 185, 187-189

平和創造 186

平和への課題 186

ベナン 134

ベリンダバ条約 178

ベルリン会議 66

崩壊国家 55-57, 59, 61-64

法の支配 189

補完性 206

保護 259

── する責任（R 2 P） 50, 260

ボコ・ハラム 73, 105-115, 141, 192, 240, 245

ボツワナ 250

ボルノ州 105-107, 111, 113

ボレアス作戦 249

事項索引　315

〈マ　行〉

マグレブ（地域、人）　76, 77, 83
マグレブ・サヘル地域　135, 136, 139
マダガスカル　46, 137
マラウイ　134, 251
マラッカ・シンガポール海峡　91, 95
マリ　80-86, 112, 134, 136, 140, 192
　——帝国　66
マルクス・レーニン主義　47
未（非）承認国家　60, 61
南アフリカ　33, 47, 249-251
　——国防軍　8, 10
南スーダン　46, 174, 175, 190, 192
　——復興支援グループ　174
ミリタリー・プロフェッショナル・リソーシズ
　（MPRI）　31
ミレニアム開発目標　261, 280
民営化　30
　安全保障の——　34
民主化　8, 12
民主的警察　20
モザンビーク　47, 48, 186, 190
　——解放戦線　160
モーリタニア　79-83, 85, 86, 137
モロッコ　76, 77

モンバサ　135
　——空港航空機撃墜未遂事件　135

〈ヤ　行〉

焼畑農業　269, 276
4つの自由　259
ヨベ州　105-107, 111, 113
予防外交　186

〈ラ行・ワ行〉

ラゴス　113
リビア　47, 48, 50, 76-80, 84-86, 123, 125, 139,
　141, 176
リーヒ法　140
リベリア　32, 48, 50, 188
ルワンダ　7, 10, 11, 45, 48-50, 52, 56, 133,
　186, 188
冷戦　7
レソト　249, 250
レモニエ基地　135
連合海上部隊　175
連合部隊第151連合任務部隊（CTF-15）　95
ローカルニーズ・ポリシング　21, 22
ロシア　79
湾岸協力会議（GCC）　79

《執筆者一覧》（執筆順，＊は編著者）

＊落合 雄彦（おちあい たけひこ）［まえがき，第14章訳，第17章，第18章］
　　奥付参照

神宮司 覚（じんぐうし あきら）［第１章］
　　1985年生まれ
　　英セント・アンドリューズ大学国際関係研究科博士課程在学中
　　現在，防衛省防衛研究所研究員
　主要業績
　　"Japan-UK Co-operation on Peace and Stability in Africa," in Jonathan Eyle, Michito Tsuruoka
　　　and Edward Schwarck eds., *Partners for Global Security: The New Directions for the UK-*
　　　Japan Defense and Security Relationship, London: Royal United Services Institute, 2015.
　　「紛争後の治安部門改革と軍・警察の役割——シエラレオネを事例に——」『防衛研究所紀要』17(1)，
　　　2014.

古澤 嘉朗（ふるざわ よしあき）［第２章］
　　1981年生まれ
　　広島大学大学院国際協力研究科博士後期課程修了，博士（学術）
　　現在，広島市立大学国際学部准教授
　主要業績
　　『ハイブリッドな国家建設』（共編著），ナカニシヤ出版，2019年.
　　「平和構築と法の多元性——法執行活動に着目して——」『国際政治』194，2018年.
　　『平和構築へのアプローチ』（共著），吉田書店，2013年.

佐藤 千鶴子（さとう ちづこ）［第３章］
　　1973年生まれ
　　英オックスフォード大学大学院セントアントニーズ・カレッジ博士課程修了，D.Phil.（政治学）
　　現在，日本貿易振興機構アジア経済研究所地域研究センター研究員
　主要業績
　　Land Reform Revisited: Democracy, State Making and Agrarian Transformation in Post-
　　　Apartheid South Africa（共著），Brill, 2018.
　　『現代アフリカの土地と権力』（共著），アジア経済研究所，2017.
　　『南アフリカの経済社会変容』（共編著），アジア経済研究所，2013年.

武内 進一（たけうち しんいち）［第４章］
　　1962年生まれ
　　東京大学大学院総合文化研究科博士課程修了，博士（学術）
　　現在，東京外国語大学現代アフリカ地域研究センター・センター長・教授／日本貿易振興機構ア
　　ジア経済研究所・新領域研究センター・上席主任調査研究員

主要業績

『現代アフリカの土地と権力』（編著），アジア経済研究所，2017年.

Confronting Land and Property Problems for Peace（編著），Routledge，2014.

『現代アフリカの紛争と国家——ポストコロニアル家産制国家とルワンダ・ジェノサイド——』明石書店，2009年.

遠藤 貢（えんどう みつぎ）[第5章]

英ヨーク大学大学院博士課程修了，DPhil.（南部アフリカ研究学）

現在，東京大学大学院総合文化研究科教授

主要業績

『武力紛争を越える——せめぎ合う制度と戦略のなかで——』（編著），京都大学学術出版会，2016年.

『崩壊国家と国際安全保障——ソマリアにみる新たな国家像の誕生——』有斐閣，2015年.

『日本の国際政治学3 地域から見た国際政治』（共編著），有斐閣，2009年.

岩田 拓夫（いわた たくお）[第6章]

1972年生まれ

神戸大学大学院国際協力研究科博士後期課程修了，博士（政治学）

現在，立命館大学国際関係学部教授

主要業績

『アフリカの地方分権化と政治変容』晃洋書房，2010年.

『アフリカの民主化移行と市民社会論——国民会議研究を通して——』国際書院，2004年.

渡邊 祥子（わたなべ しょうこ）[第7章]

1979年生まれ

東京大学大学院総合文化研究科博士課程単位取得退学，博士（学術）

現在，日本貿易振興機構アジア経済研究所地域研究センター研究員

主要業績

"The Party of God: The Association of Algerian Muslim 'Ulama' in Contention with the Nationalist Movement after World War II," *International Journal of Middle East Studies* 50 (2), 2018.

"A Forgotten Mobilization: The Tunisian Volunteer Movement for Palestine in 1948," *Journal of the Economic and Social History of the Orient* 60(4), 2017.

「アラブの春とチュニジアの国家＝社会関係——歴史的視点から——」『中東の新たな秩序』ミネルヴァ書房，2016年.

杉木 明子（すぎき あきこ）[第8章]

1968年生まれ

英エセックス大学大学院政治学研究科博士課程修了，Ph.D.（政治学）

現在，慶應義塾大学法学部教授

主要業績

『国際的難民保護と負担分担——新たな難民政策の可能性を求めて——』法律文化社，2018年.

"Problems and Prospects for the 'Regional Prosecution Model': Impunity of Maritime Piracy and Piracy Trials in Kenya", *Journal of Maritime Researches*, 6, 2016.

『難民・強制移動研究のフロンティア』（共編著），現代人文，2014年.

白戸 圭一 （しらと けいいち）［第9章］

1970年生まれ

立命館大学大学院国際関係研究科修士課程修了

現在，立命館大学国際関係学部教授，京都大学アフリカ地域研究資料センター特任教授

主要業績

『ボコ・ハラム』新潮社，2017年.

『日本人のためのアフリカ入門』筑摩書房，2011年.

『ルポ資源大陸アフリカ　暴力が結ぶ貧困と繁栄』東洋経済新報社，2009年（2012年朝日新聞出版より文庫化）.

小林 周 （こばやし あまね）［第10章］

1986年生まれ

慶應義塾大学大学院政策・メディア研究科博士課程単位取得退学

現在，日本エネルギー経済研究所中東研究センター研究員

主要業績

「リビアにおける『非統治空間』をめぐる問題とハイブリッド・ガバナンスの可能性」『KEIO SFC Journal』，慶應義塾大学湘南藤沢学会，2018年.

「中東諸国の対アフリカ戦略と変化する地域安全保障——『カタル危機』以降の動向に焦点を当てて——」『中東動向分析』日本エネルギー経済研究所中東研究センター，2018年.

『中東とISの地政学』（共著），朝日新聞出版，2017年.

保坂 修司 （ほさか しゅうじ）［第10章］

慶應義塾大学大学院文学研究科修士課程修了

現在，日本エネルギー経済研究所中東研究センター副センター長（研究理事）

主要業績

『ジハード主義——アルカイダからイスラーム国へ——』岩波書店，2017年.

『サイバー・イスラーム——拡大する公共圏——』山川出版社，2014年.

『サウジアラビア——変容する石油王国——』岩波書店，2005年.

久保田 徳仁 （くぼた のりひと）［第11章］

1975年生まれ

東京大学大学院総合文化研究科博士課程中途退学

現在，防衛大学校人文社会科学群国際関係学科准教授

主要業績

「PKOの要員提供がクーデタの発生・成否に及ぼす影響：1991〜2007」『比較政治研究』（3），

2017年.

「南アフリカ共和国のPKOへの参加——アパルトヘイト後の政策変更——」『防衛大学校紀要（社会科学分冊）』(107), 2013年.

「国連平和維持活動への要員提供と政治体制，犠牲者敏感性——LebovicのHeckman Selection Modelの適用・拡張を通じて——」『防衛学研究』(38)，2008年.

加茂 省三（かも　しょうぞう）［第12章］
1969年生まれ

慶應義塾大学大学院法学研究科博士課程満期退学

現在，名城大学人間学部教授

主要業績

『国際組織・国際制度』（共著），志學社，2017年.

「アフリカの安全保障とフランス」『国際安全保障』41(4)，2014年.

『アフリカと世界』（共著），晃洋書房，2012年.

渡辺 紫乃（わたなべ　しの）［第13章］
1971年生まれ

米ヴァージニア大学大学院政治学部博士課程修了，Ph.D.（国際関係論）

現在，上智大学総合グローバル学部教授

主要業績

『中国の対外援助』（共著），日本経済評論社，2013年.

The Rise of Asian Donors: Japan's Impact on the Evolution of Emerging Donors（共著），Routledge, 2013.

A Study of China's Foreign Aid: An Asian Perspective（共著），Palgrave Macmillan, 2013.

ファン・ギュドゥク（Hwang Kyu-Deug）［第14章］
1972年生まれ

現在，韓国外国語大学校アフリカ学科教授

主要業績

"The Politics of Niger Delta Crisis Revisited: In Search of Political and Institutional Factors Fuelling Conflict in Nigeria", *Journal of the Korean Association of African Studies*, 45, 2015.

"Korea's Soft Power as an Alternative Approach to Africa in Development Cooperation", *African and Asian Studies*, 2014.

"Some Reflections on African Development Strategies in the 21st Century: From the LPA to NEPAD", *Journal of International and Area Studies*, 16(2), 2009.

山口 正大（やまぐち　まさとも）［第15章］
1974年生まれ

英オックスフォード大学大学院開発学修士過程満期退学，修士（平和学）

現在，国際連合マリ多元統合安定化ミッション武装解除・動員解除・社会再統合担当官

主要業績

「アフリカの集団安全保障における地域機構の役割，発展と特徴——ソマリアとマリの事例から——」『国際政治』193，2018年.

『Greed, Grievances and Underlying Causes of Conflict: A Case Study from Sierra Leone』HIPEC 研究報告シリーズNo.7，広島大学，2008年.

"Poverty Reduction Strategy Process in Fragile States: Do the PRSPs Contribute to Post-conflict Recovery and Peace-building in Sierra Leone?", *Journal of International Development*, 14(2), 2007.

篠田　英朗（しのだ　ひであき）[第16章]

1968年生まれ

London School of Economics and Political Science（LSE），Ph.D.

現在，東京外国語大学総合国際学研究院教授

主要業績

『国際紛争を読み解く五つの視座』講談社，2015年.

『平和構築入門』筑摩書房，2013年.

『平和構築と法の支配』創文社，2003年.

セドリック・ドゥ・コニング（Cedric H. de Coning）[第17章]

1964年生まれ

現在，ノルウェー国際問題研究所上席研究員

主要業績

United Nations Peace Operations in a Changing Global Order（共編著），Palgrave Macmillan, 2018.

The Future of African Peace Operations: From the Janjaweed to Boko Haram（共編著），Zed Books, 2016.

ダニエル・バック（Daniel C. Bach）[第18章]

1950年生まれ

現在，ボルドー政治学院名誉教授

主要業績

Regionalism in Africa: Genealogies, Institutions and Trans-state Networks, Routledge, 2015.

L' État néopatrimonial: Genèse et trajectoires contemporaines, University of Ottawa Press, 2011.

佐藤　裕太郎（さとう　ゆうたろう）[第19章]

1989年生まれ

東京大学法学部卒業

現在，同志社大学大学院グローバル・スタディーズ研究科博士課程

主要業績

アラン・ハンター『人間の安全保障の挑戦』（共訳），晃洋書房，2017年.

峯 陽一（みね よういち）[第19章]
1961年生まれ
京都大学大学院経済学研究科単位取得退学
現在，同志社大学大学院グローバル・スタディーズ研究科教授
主要業績
Human Security Norms in East Asia（編著），Palgrave, 2018.
Migration and Agency（編著），Palgrave, 2018.
Preventing Violent Conflict in Arica（編著），Palgrave, 2013.

坂梨 健太（さかなし けんた）[第20章]
1981年生まれ
京都大学大学院農学研究科博士後期課程単位取得後退学，京都大学博士（農学）
現在，龍谷大学農学部講師
主要業績
『知っておきたい食・農・環境』（共著），昭和堂，2016年.
『アフリカ熱帯農業と環境保全——カメルーンカカオ農民の生活とジレンマ——』昭和堂, 2014年.
『森棲みの社会誌——アフリカ熱帯林の人・自然・歴史Ⅱ——』（共著），京都大学学術出版会，
2010年.

西川 芳昭（にしかわ よしあき）[第21章]
1960年生まれ
英バーミンガム大学大学院公共政策研究科修了
現在，龍谷大学経済学部教授
主要業績
イアン・スクーンズ『持続可能な暮らし方と農村開発』（翻訳），明石書店，2018年.
『種子が消えればあなたも消える 共有か独占か』コモンズ，2017年.
『生物多様性を育む食と農』（編著），コモンズ，2012年.

佐藤 史郎（さとう しろう）[コラム①②]
1975年生まれ
立命館大学大学院国際関係研究科博士後期課程修了，博士（国際関係学）
現在，大阪国際大学国際教養学部准教授
主要業績
『日本外交の論点』（共編著），法律文化社，2018年.
『安全保障の位相角』（共編著），法律文化社，2018年.
『国際関係論の生成と展開——日本の先達との対話——』（共著），ナカニシヤ出版，2017年.

〈編著者紹介〉

落 合 雄 彦（おちあい たけひこ）

1965年生まれ

慶應義塾大学大学院法学研究科後期博士課程単位取得満期退学

現在，龍谷大学法学部教授

主要業績

『アフリカの女性とリプロダクション——国際社会の開発言説をたおやかに超えて
——』（編著），晃洋書房，2016年.

『アフリカ・ドラッグ考——交錯する生産・取引・乱用・文化・統制——』（編著），
晃洋書房，2014年.

『アフリカの紛争解決と平和構築——シエラレオネの経験——』（編著），昭和堂，
2011年.

アフリカ安全保障論入門

龍谷大学社会科学研究所叢書第124巻

2019年3月10日　初版第1刷発行		＊定価はカバーに 表示してあります

編著者　落 合 雄 彦©

発行者　植 田　　実

印刷者　河 野 俊一郎

発行所　株式会社　晃 洋 書 房

〒6150026　京都市右京区西院北矢掛町7番地

電話　075(312)0788番(代)

振替口座　01040-6-32280

装丁　㈱クオリアデザイン事務所　　印刷・製本　西濃印刷㈱

ISBN 978-4-7710-3144-9

JCOPY 〈㈳出版者著作権管理機構　委託出版物〉

本書の無断複写は著作権法上での例外を除き禁じられています.
複写される場合は，そのつど事前に，㈳出版者著作権管理機構
（電話 03-5244-5088, FAX 03-5244-5089, e-mail:info@jcopy.or.jp)
の許諾を得てください.